TUMU GONGCHENG

应用型本科院校
土木工程专业系列教材

YINGYONGXING BENKE YUANXIAO
TUMU GONGCHENG ZHUANYE XILIE JIAOCAI

U0379564

# 土木工程课程设计指南

TUMU GONGCHENG KECHENG SHEJI ZHINAN

**主　编**■李　燕　张广兴

**副主编**■吴　竞

**主　审**■楼梦麟

重庆大学出版社

## 内容简介

本书是《应用型本科土木工程专业系列教材》之一。全书共涉及土木工程专业课程体系中 4 门主干课程设计,包括普通钢屋架课程设计、门式刚架课程设计、混凝土课程设计、桩基础课程设计。每个课程设计独立成章,每章均包括设计任务书、设计指导书及设计实例 3 个部分。另外,在钢结构和混凝土课程设计中增加了专业软件的教学,制作了课程设计实例计算机辅助设计的教学视频;在普通钢屋架课程设计中增加了模型制作环节,实现设计到施工的全过程模拟,并录制了教学视频。

本书可作为高等院校土木工程专业、工程管理专业本科课程设计实践环节教材,也可作为工程领域的技术人员、项目管理人员和政府管理人员的参考书。

**图书在版编目(CIP)数据**

土木工程课程设计指南 / 李燕,张广兴主编. -- 重庆 : 重庆大学出版社, 2021.7
应用型本科院校土木工程专业系列教材
ISBN 978-7-5689-2700-0

Ⅰ. ①土… Ⅱ. ①李… ②张… Ⅲ. ①土木工程—课程设计—高等学校—教学参考资料 Ⅳ. ①TU -41

中国版本图书馆 CIP 数据核字(2021)第 100549 号

### 土木工程课程设计指南

主 编 李 燕 张广兴
副主编 吴 竞
主 审 楼梦麟
策划编辑:林青山 刘颖果

责任编辑:文 鹏 版式设计:林青山
责任校对:黄菊香 责任印制:赵 晟

\*

重庆大学出版社出版发行
出版人:饶帮华
社址:重庆市沙坪坝区大学城西路 21 号
邮编:401331
电话:(023) 88617190 88617185(中小学)
传真:(023) 88617186 88617166
网址:http://www.cqup.com.cn
邮箱:fxk@ cqup.com.cn(营销中心)
全国新华书店经销
重庆华林天美印务有限公司印刷

\*

开本:787mm×1092mm 1/16 印张:12.75 字数:328 千 插页:8 开 2 页
2021 年 8 月第 1 版 2021 年 8 月第 1 次印刷
印数:1—2 000
ISBN 978-7-5689-2700-0 定价:36.00 元

# 前　言

　　课程设计是土木工程专业教学过程中重要的实践性教学环节,是针对特定专业课程的专项实践训练,是在学生掌握相关理论课程的基础上进一步对学生实践能力的一种阶段性训练,其目的是通过课程设计巩固、深化和扩展所学知识,培养初步解决工程实际问题的能力,同时具备相应的规范查阅和工程制图的能力。

　　2017 年和 2018 年国家标准《钢结构设计标准》和《建筑结构可靠度设计统一标准》有更新,本书以最新国家现行规范为依据,结合编者们多年的教学和实践经验编写而成,共涉及土木工程专业课程体系中 4 门主干课程设计,包括普通钢屋架课程设计、门式刚架课程设计、混凝土课程设计、桩基础工程课程设计,每个课程设计独立成章,每章均包括设计任务书、设计指导书及设计实例三个部分。另外,钢结构和混凝土课程设计增加了专业软件教学,制作了课程设计实例计算机辅助设计的教学视频;在普通钢屋架课程设计中增加了模型制作环节,实现设计到施工的全过程模拟,并录制了教学视频。

　　本书可作为高等院校土木工程专业、工程管理专业本科课程设计实践环节的教材,也可作为工程领域的技术人员、项目管理人员和政府管理人员的参考书。

　　本书第 1 章由同济大学浙江学院李燕编写,第 2 章、第 3 章由同济大学浙江学院李燕编写,朱嘉老师校审。第 4 章由同济大学浙江学院吴竞编写,第 5 章由同济大学浙江学院张广兴编写。全书由李燕、张广兴统稿,楼梦麟主审。

　　楼梦麟老师作为本书主审老师,并对本书的编写提出了许多宝贵的建议,特致谢意。

　　本书在编写过程中,参考了许多专家、学者的相关著作与教材,在此向他们表示深深的敬意和衷心的感谢!

　　同济大学浙江学院学生刘警鸿、吴正富、余常坤、高俊杰、冯俊达、柏佳峰在本书编写过程中参与了绘图、视频制作等工作,在此向他们致以诚挚的谢意!

　　由于编者知识及水平有限,书中不足与失误之处在所难免,敬请各位读者批评指正,我们将不胜感激。

编　者

2020 年 5 月

# 目　录

# 第1章
## 概述

## 1.1 课程设计目的和内容

土木工程专业是实践性很强的专业,实践性教学环节在整个教学体系中占有很重要的地位。课程设计是土木工程专业实践教学环节的重要内容之一,其训练强度介于大作业和毕业设计之间,一般安排在 2~4 周集中完成,目的是使学生通过课程设计巩固、深化和掌握所学基础理论和专业知识,培养初步解决工程实际问题的能力,并为今后的毕业设计做必要的准备;同时通过课程设计使学生了解收集资料、方案比较、设计计算和工程绘图的全过程,初步具备规范查阅和工程制图的能力。

钢结构、混凝土结构以及基础工程是土木工程专业三大核心主干课程体系,每门课程体系都设有课程设计实践环节,钢结构课程体系包括钢结构基本原理、建筑钢结构设计、钢结构课程设计;混凝土结构课程体系包括混凝土基本原理、混凝土结构设计、混凝土课程设计;基础工程课程体系包括土力学、基础工程及基础工程课程设计。课程设计是在学生学完对应专业理论课程后而集中进行的一种阶段性实践训练,这些课程设计在内容上彼此衔接,为学生综合设计能力的培养奠定基础。

课程设计指导资料一般至少包括三方面:设计任务书、设计指导书和设计实例。设计任务书、设计指导书和设计实例是面向学生提出的,它们是指导学生完成课程设计的重要教学文件。

设计任务书提供了课程设计时所需的设计资料,提出了课程设计的具体任务要求及进度安排计划和成绩考核办法,同时任务书中给出了课程设计中需要查阅的参考规范文件。为了培养学生独立思考的能力,课程设计任务保证"一人一题","一人一题"通过同一题目,改变工程技术参数的方式实现,如改变跨度、柱距、荷载等方式。

设计指导书是学生设计时所依据的技术文件,指导书中包括完整的设计内容、设计步骤和设计方法,为学生自主完成设计提供必要的指导。设计指导书的内容和深度同教材有区别,更强调具体的实际操作,但主要工作仍需要学生通过查阅相关规范和独立思考完成。

设计实例是按照设计任务书要求,依据设计指导书的步骤和方法撰写的典型的课程设计范例,为学生提供更直观的参考思路,帮助学生了解计算书撰写的格式和工程制图的一般方法。如条件容许,可以增加计算机辅助设计的操作,对比手算和机算结果,以便于学生更清晰地理解手算与软件计算的区别。

后续章节涉及土木工程专业课程体系中4门课程设计,包括普通钢屋架课程设计、门式刚架课程设计、混凝土课程设计、基础工程课程设计,每个课程设计独立成章,每章均包括设计任务书、设计指导书及设计实例三个部分。

普通钢屋架课程设计,目的是通过普通钢屋架的设计实践,使学生了解普通钢屋架设计的全过程,掌握普通钢屋架设计的要点及施工详图的绘制方法,使学生具备能够综合运用所学钢结构原理和设计知识开展钢结构工程设计的初步能力。普通钢屋架课程设计主要内容包括:①根据任务书要求确定屋架形式和几何尺寸,并进行平面结构布置;②确定屋盖横向水平支撑和垂直支撑的布置方案;③荷载计算,杆件内力计算,确定杆件最不利内力组合;④杆件截面设计;⑤节点设计,包括一般上弦节点、一般下弦节点、屋脊拼接节点、下弦拼接节点和支座节点设计;⑥绘制钢屋架施工详图。

门式刚架课程设计目的是通过轻钢门式刚架结构的设计实践,使学生能够了解门式刚架设计的全过程,掌握门式刚架设计的要点及门式刚架施工图的绘制方法,培养学生开展钢结构工程设计的初步能力。门式刚架课程设计主要内容包括:①根据任务书要求确定刚架建筑几何尺寸并进行结构平面布置;②确定支撑、檩条和隅撑的布置方案;③荷载计算,内力计算,刚架控制截面内力组合;④刚架梁柱截面设计;⑤刚架连接节点设计,包括屋脊节点、梁柱节点和柱脚节点设计;⑥刚架柱顶侧移及刚架斜梁挠度计算;⑦绘制门式刚架施工详图。

混凝土结构课程设计的设计对象为两层两跨的钢筋混凝土框架结构,目的是使学生掌握结构平面布置、各构件间的传力路径、荷载计算及计算简图的确定、构件内力计算和配筋计算、结构施工图的绘制等方面的知识,指导学生掌握关键的混凝土结构设计要点,锻炼处理问题的能力。混凝土结构课程设计主要内容包括:①根据任务书要求确定结构平面布置方案,由构件受力情况对平面布置图中的各种构件进行编号,并初步确定板、梁、柱的截面尺寸。②按弹性理论计算连续单向板的内力,配置连续单向板的配筋,并在结构平面布置图中绘制单向板的受力筋、分布筋和板角板面构造筋等。③按塑性理论计算连续次梁的内力,配置连续次梁的纵筋和箍筋,绘制连续次梁的纵截面、横截面及平面整体表示法配筋图。④按弹性理论计算连续主梁的内力,配置连续主梁的纵筋、箍筋和主次梁交接处附加箍筋,绘制连续主梁的平面整体表示法及横截面配筋图。⑤近似按轴心受压计算框架结构内柱的内力和配筋,并绘制柱纵截面及横截面平面整体表示法配筋图。⑥按弹性理论计算连续双向板各块板的内力,配置连续双向板的配筋,并在结构平面布置图中相应位置绘制双向板的受力筋。⑦现浇钢筋混凝土板式楼梯的平面布置,完成梯段板的设计计算、平台板的设计计算、梯梁的设计计算和梯柱的构造配筋等过程,绘制楼梯各类构件的配筋图。⑧近似按轴心受压计算柱下独立基础的配筋,绘制基础底板配筋图。

基础工程课程设计的主要目的是使学生能综合运用所学基础工程原理和设计知识分析问题和解决问题,掌握桩基础的设计方法和过程,并能正确绘制基础工程施工图。基础工程课程设计主要内容包括:①根据任务书确定桩的选型以及单桩竖向承载力特征值计算;②确定桩的根数、布桩,确定承台平面尺寸;③桩基础承载力和变形验算;④桩承台剖面尺寸以及抗冲切、抗剪和抗弯计算;⑤桩身结构设计,包括混凝土强度等级、钢筋配置(钢筋型号、规格、数量、长度)、保护层厚度以及其他设计;⑥如果需要,应进行局部承压验算等。

## 1.2　课程设计考核标准

如何评定学生课程设计成绩,是一项复杂又重要的工作。客观地评定学生的课程设计成绩,一方面可以促进学生实践学习的积极性,增强对实践性教学的认识,提高课程设计质量;另一方面,在评定的过程中,能准确了解学生对知识的掌握程度,继而推动下一步实践教学方法的改进。课程设计考核主要根据设计计算书(方案)质量、图纸质量和平时表现情况三个方面进行综合评分,也可增加答辩评分环节,具体每个方面占比打分根据每门课程实际情况而定。课程设计成绩最终按优秀、良好、中等、及格和不及格 5 级计分。

# 第2章
## 普通钢屋架课程设计

## 2.1 课程性质和教学要求

"普通钢屋架课程设计"是土木工程专业学生的一门必修课,是学生在完成了"钢结构基本原理"和"建筑钢结构设计"两门理论课程学习后所进行的实践训练环节。其主要任务是通过普通钢屋架课程设计过程,使学生具备能够综合运用所学钢结构原理和设计知识开展钢结构工程设计的初步能力。具体教学要求如下:

①熟悉普通钢屋架设计全过程。

②熟悉支撑体系的作用并能正确布置支撑。

③掌握钢屋架的内力计算、杆件截面设计和节点设计方法。

④掌握焊接连接的构造要求。

⑤掌握钢屋架施工图的绘制方法。

⑥掌握利用结构设计软件进行普通钢屋架建模及设计方法。

## 2.2 普通钢屋架设计任务书

### ▶ 2.2.1 设计资料

某工程为单跨双坡封闭式厂房,厂房柱网布置图如图 2.1 所示,厂房长 90 m,厂房内设有 2 台 5 t 中级工作制吊车,厂房采用普通梯形钢屋架,屋架铰支于钢筋混凝土柱顶,柱顶标高为 9.5 m,柱截面尺寸为 600 mm×600 mm,屋面板由 1.5 m 宽预应力混凝土板拼装而成。厂房剖面示意图如图 2.2 所示。地面粗糙度类别为 B 类,地震设防烈度为 6 度,结构重要性系数为 $\gamma_0 = 1.0$,混凝土强度等级为 C25。

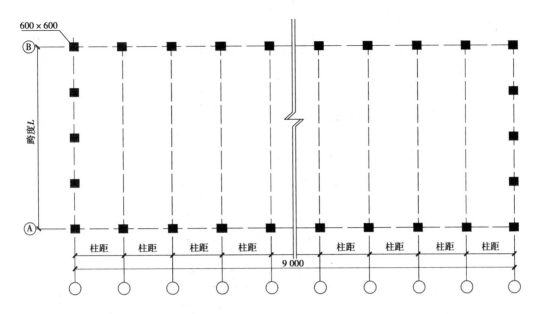

图2.1 柱网布置图

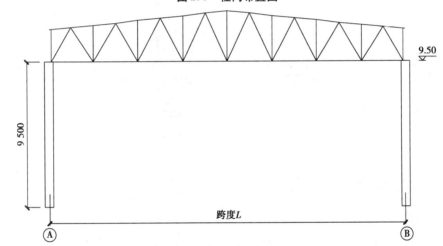

图2.2 厂房剖面示意图

屋架所受荷载工况如图2.3所示。

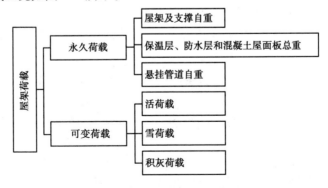

图2.3 屋架荷载

荷载取值见表 2.1 和表 2.2。

表 2.1　永久荷载

| 项次 | 永久荷载 | 标准值/(kN·m$^{-2}$) |
|---|---|---|
| 1 | 防水层 | 0.44 |
| 2 | 20 厚水泥砂浆找平层 | 0.40 |
| 3 | 保温层 | — |
| 4 | 混凝土大型屋面板 | 1.40 |
| 5 | 屋架及支撑自重 | — |
| 6 | 悬挂管道 | 0.15 |

表 2.2　可变荷载

| 项次 | 可变荷载 | 标准值/(kN·m$^{-2}$) |
|---|---|---|
| 1 | 屋面活荷载 | 0.50 |
| 2 | 雪荷载 | — |
| 3 | 积灰荷载 | — |

注：1. 雪荷载，按建造地点雪荷载采用，参见现行国家标准《建筑结构荷载规范》（GB 50009—2012）规定。

2. 由于屋面永久荷载较大，负风压设计值均小于永久荷载标准值，永久荷载与风荷载组合作用下不致使杆件内力变号，故可不考虑风荷载的作用。

## ▶ 2.2.2　设计内容及设计要求

### 1）设计内容

选一榀钢屋架进行设计，形成钢屋架设计计算书一份，绘制钢屋架施工图一张，制作钢屋架模型一个，具体内容要求如下：

（1）设计计算书

①明确设计资料和设计依据；

②确定屋架形式及几何尺寸，支撑布置；

③荷载计算，杆件内力计算，内力组合；

④杆件截面设计（上弦杆、下弦杆、斜腹杆、竖腹杆、支座竖杆及支座斜杆设计）；

⑤设置填板；

⑥节点设计（下弦一般节点、上弦一般节点、支座节点、屋脊节点及下弦中央节点设计）。

（2）钢屋架施工图

①绘制屋架几何尺寸和内力简图（1:100）；

②绘制屋架正立面图（轴线绘图比例 1:20 或 1:30，节点及杆件比例 1:10 或 1:15）；

③绘制上、下弦平面图，端部侧面图，中间部位剖面图（1:30）；

④绘制零件或节点大样图(1:5);

⑤编制材料表和设计说明;

⑥图纸大小要求:A2 图幅。

(3)屋架模型制作

①4～5 人为一组制作屋架模型,模型比例参照施工图比例完成。

②模型材料及制作工具:A2 大小硬度适中的牛皮纸或白色卡纸 2 张,胶水 1 瓶,裁纸刀和刻刀各 1 把。

③模型制作步骤:首先根据材料表中构件尺寸按照上弦杆—下弦杆—腹板—节点板—其他板件的顺序下料;然后进行节点拼装,拼装顺序建议为上弦一般节点—下弦一般节点—下弦中间拼接节点—屋脊节点—支座节点。

④每 4 个小组的屋架模型通过设置的支撑拼接在一起。

**2)设计要求**

①在规定时间内独立完成课程设计,并提交设计计算书 1 份,普通钢屋架施工图 1 张和 1 个屋架模型。

②计算书要求步骤清晰完整,条理清楚,计算公式正确,手稿字迹工整,用 A4 纸装订成册。

③施工图绘制应选择适当的图幅和比例,线型和符号应参照建筑结构制图标准。

④模型制作要求严格按图纸比例和材料表下料。

⑤成果装订顺序:封面,设计计算书(打印稿,手稿),施工图(图纸折叠成 A4 大小)。

**3)分组方案**

学生分组方案见表 2.3,表中根据跨度、钢号、保温层荷载、积灰荷载及建造地点不同给出 40 个同学的设计方案号,每个同学根据给定方案号进行相应课程设计。

表 2.3　分组方案

| 钢材材号 | 保温层/(kN·m$^{-2}$) | 积灰荷载/(kN·m$^{-2}$) | 建造地点 | 跨度 $L$ = 21 m | 跨度 $L$ = 24 m |
| --- | --- | --- | --- | --- | --- |
| | | | | 柱距 = 6 m | 柱距 = 6 m |
| Q235 | 0.4 | 0.7 | A | 1 | 2 |
| | 0.45 | 0.8 | B | 3 | 4 |
| | 0.5 | 0.9 | C | 5 | 6 |
| | 0.55 | 1 | D | 7 | 8 |
| | 0.6 | 1.1 | A | 9 | 10 |
| | 0.65 | 1.2 | B | 11 | 12 |
| | 0.7 | 1.3 | C | 13 | 14 |
| | 0.45 | 0.7 | D | 15 | 16 |
| | 0.5 | 0.8 | A | 17 | 18 |
| | 0.55 | 0.9 | B | 19 | 20 |
| | 0.6 | 1.0 | C | 21 | 22 |
| | 0.65 | 1.1 | D | 23 | 24 |

续表

| 钢材材号 | 保温层/(kN·m⁻²) | 积灰荷载/(kN·m⁻²) | 建造地点 | 跨度 $L=21$ m | 跨度 $L=24$ m |
|---|---|---|---|---|---|
| | | | | 柱距=6 m | 柱距=6 m |
| Q345 | 0.55 | 0.7 | A | 25 | 26 |
| | 0.6 | 0.8 | B | 27 | 28 |
| | 0.65 | 0.9 | C | 29 | 30 |
| | 0.7 | 1.0 | D | 31 | 32 |
| | 0.55 | 1.2 | A | 33 | 34 |
| | 0.6 | 1.3 | B | 35 | 36 |
| | 0.65 | 0.7 | C | 37 | 38 |
| | 0.7 | 0.8 | D | 39 | 40 |

注:1. 建造地点,A—山东威海市,B—浙江嘉兴市,C—湖南长沙市,D—内蒙古包头市。

2. 钢屋架杆件几何尺寸及杆件内力系数如图2.4和图2.5所示。

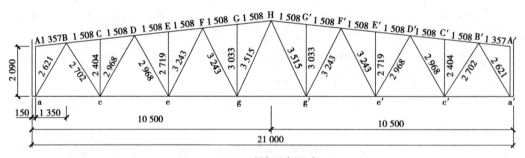

(a)21 m屋架几何尺寸

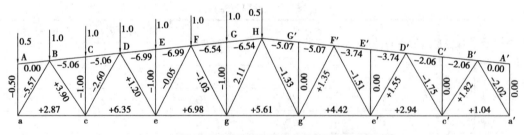

(b)屋架上弦左半跨单位集中荷载作用下的内力系数

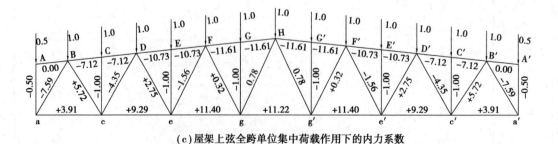

(c)屋架上弦全跨单位集中荷载作用下的内力系数

**图2.4　21 m屋架几何尺寸及内力系数图**

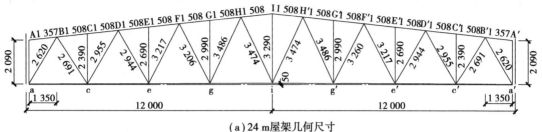

（a）24 m屋架几何尺寸

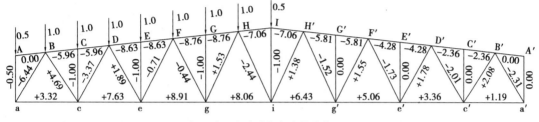

（b）屋架上弦左半跨单位集中荷载作用下的内力系数

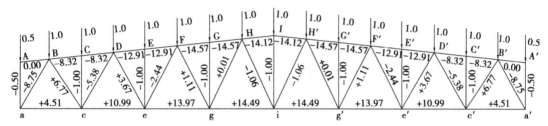

（c）屋架上弦全跨单位集中荷载作用下的内力系数

图2.5　24 m屋架几何尺寸及内力系数图

## ▶ 2.2.3　进度计划安排

具体时间进度安排如下：

| | |
|---|---|
| （1）布置设计任务 | 0.5 天 |
| （2）屋架设计 | |
| 　屋架形式及几何尺寸确定、支撑布置 | 0.5 天 |
| 　荷载计算、内力计算、内力组合 | 0.5 天 |
| 　杆件截面设计 | 1.5 天 |
| 　节点设计 | 1.0 天 |
| （3）绘制施工图 | 1.5 天 |
| （4）计算机辅助设计 | 0.5 天 |
| （5）模型制作 | 1.0 天 |

$\sum$ 7 天

## ▶ 2.2.4　成绩考核办法

普通钢屋架课程设计根据计算书质量、图纸质量、平时表现情况和模型制作四个方面进行综合评价,按优秀、良好、中等、及格和不及格5级计分。其中,计算书占35%(计算原理和计算方法正确性,计算步骤清晰性,计算内容完整性,计算书书写工整性,计算数据准确性);图纸占30%(图纸规范,图面整洁,布局合理,图纸内容完整性);平时表现占25%(知识掌握程度,学习态度和学习主动性,设计进度情况,出勤情况);模型制作占10%(模型完整性,模型精细度,小组制作模型时参与性和主动性)。

具体考核办法见表2.4。

表2.4 成绩考核办法

| 评分等级 | 设计计算书(35%),平时表现(25%),图纸(30%),模型制作(10%) |
|---|---|
| 优秀 | (1)支撑布置方案合理;杆件和节点设计方法正确;计算步骤清晰明了,计算数据正确;计算书内容完整,书写工整。<br>(2)图面布局合理、清晰整洁;绘图规范;图纸内容正确且完整。<br>(3)无迟到早退;能够严格按照进度计划完成任务;理论知识扎实,能够积极查阅规范等资料独立完成设计,遇到问题能够主动和老师同学讨论。<br>(4)模型结构完整,制作精良;按图施工,节点细节处理正确;在小组模型制作时能够做到主动承担任务。 |
| 良好 | (1)支撑布置方案合理;杆件和节点设计方法正确;计算书内容完整,书写较工整。<br>(2)图面清晰整洁,绘图较规范;图纸内容较完整,无明显错误。<br>(3)无迟到早退;能够严格按照进度计划完成任务;理论知识较扎实,能够查阅相关资料独立完成设计。<br>(4)模型结构完整,制作较精良;按图施工,节点细节处理正确;在小组模型制作时能够做到主动承担任务。 |
| 中等 | (1)支撑布置方案合理;杆件和节点设计方法正确;计算数据有部分错误;计算书内容较完整。<br>(2)图面较整洁,内容基本完整但有部分错误。<br>(3)无迟到早退,能够按照进度计划完成任务。<br>(4)模型结构基本完整;制作工艺一般;能够基本按图施工,节点细节处理基本正确;在小组模型制作时能够承担任务。 |
| 及格 | (1)支撑布置方案基本合理;杆件和节点设计方法基本正确;计算数据有错误;计算书内容基本完整。<br>(2)图面不干净,绘图不规范,内容不完整且有错误。<br>(3)偶尔有迟到早退情况,基本能够按照进度计划完成任务。<br>(4)模型结构基本完整;制作工艺一般;能够基本按图施工,节点细节处理基本正确;在小组模型制作时能够承担任务。 |
| 不及格 | (1)计算数据错误率高或计算方法有原则性错误;计算书内容不完整。<br>(2)图纸布局混乱,图面不干净,内容不完整且错误率高。<br>(3)经常迟到早退;不能按照进度计划完成任务。<br>(4)模型结构不完整,制作粗糙;没有按图施工;在小组模型制作时不愿承担制作任务或基本没有承担制作任务。 |

## 2.3　普通钢屋架设计指导书

普通钢屋架设计步骤如下：

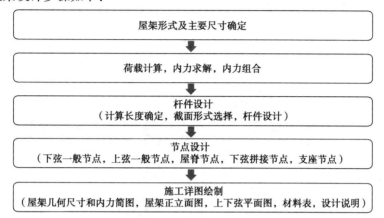

> 屋架形式及主要尺寸确定
>
> ⬇
>
> 荷载计算，内力求解，内力组合
>
> ⬇
>
> 杆件设计
> （计算长度确定，截面形式选择，杆件设计）
>
> ⬇
>
> 节点设计
> （下弦一般节点，上弦一般节点，屋脊节点，下弦拼接节点，支座节点）
>
> ⬇
>
> 施工详图绘制
> （屋架几何尺寸和内力简图，屋架正立面图，上下弦平面图，材料表，设计说明）

### ▶ 2.3.1　屋盖体系和屋架形式

#### 1）屋盖体系

屋盖结构体系分为有檩屋盖体系和无檩屋盖体系两类。有檩屋盖体系是钢屋架上设置檩条，檩条上铺设波形石棉瓦、压型钢板等轻型屋面材料，有檩屋盖质量小、用料省，但屋盖横向刚度差。无檩屋盖体系是预应力混凝土大型屋面板直接放置在屋架上，其上铺保温和防水层，无檩屋盖自重大，横向刚度大，整体性好，但抗震性能差。

#### 2）屋架形式

屋架形式主要取决于使用要求、屋面材料、屋架与柱的连接方式以及屋盖刚度等因素，在确定钢屋架外形时，应满足使用、经济和施工安装方便三方面原则。屋架外形尽量与受力弯矩图接近，这样使弦杆内力比较接近，同时应使腹杆短杆受压长杆受拉，且腹杆数量宜少，腹杆总长度也应较小。

屋架按结构形式可分为三角形屋架、梯形屋架和平行弦屋架（图2.6），按所采用的材料可分为普通钢屋架、轻型钢屋架和薄壁型钢屋架。三角形屋架适合于波形石棉瓦、瓦楞铁皮，坡度一般为1∶4～1∶2.5；梯形屋架适合于压型钢板和大型钢筋混凝土屋面板，坡度一般为1∶20～1∶8。梯形钢屋架工程图例如图2.7所示。

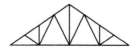

（a）三角形屋架

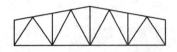 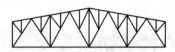

(b)梯形屋架

(c)平行弦屋架

图2.6 钢屋架形式

图2.7 梯形钢屋架工程图例

## ▶ 2.3.2 屋架尺寸和支撑布置

### 1)屋架尺寸

屋架的主要尺寸包括屋架的跨度、高度和节间长度。梯形屋架跨度 $L$ 考虑工艺及使用要求,一般以 3 m 为模数,通常为 15 ~ 36 m,计算跨度则为 $L_0 = L - 2 \times 150$ mm,柱距一般为 6 ~ 12 m。屋架高度需要综合考虑经济、刚度、运输及坡度等因素,跨中经济高度一般为 $(1/8 ~ 1/10)L$,端部高度通常取 1.8 ~ 2.2 m。当采用混凝土屋面板时,为使荷载作用在节点上,上弦杆的节间长度宜等于大型屋面板的宽度,即 1.5 m 或 3 m。

2）**支撑布置**

支撑包括上弦横向水平支撑、下弦横向水平支撑、纵向水平支撑、垂直支撑和系杆。

根据厂房长度、屋架跨度、荷载情况以及吊车设置情况，在厂房两端及伸缩缝处第一开间布置上、下弦横向水平支撑和垂直支撑，宜在其余开间设置通长系杆。

▶ ### 2.3.3　屋架荷载和内力计算

1）**屋架荷载**

（1）永久荷载

屋架永久荷载主要指屋面材料、防水保温隔热层、屋架及支撑结构、悬挂管道等的总重。屋架沿水平投影面积分布的自重（包括支撑）可按经验公式 $q = 0.12 + 0.011L$（$L$ 为屋架跨度，m）计算。

（2）可变荷载

屋架可变荷载包括屋面活荷载、雪荷载、积灰荷载、施工荷载、风荷载以及悬挂吊车荷载等。活荷载与雪荷载一般不会同时出现，计算时取两者较大值进行计算，雪荷载和风荷载取值参见现行国家标准《建筑结构荷载规范》（GB 50009—2012）。采用无檩体系-混凝土板屋面时，对屋盖可不考虑风荷载作用。

（3）偶然荷载

偶然荷载包括如地震作用、爆炸力等其他意外产生的荷载。

2）**屋架内力计算**

（1）计算基本假定及内力计算模型

屋架内力分析时，假定所有杆件的轴线均位于同一平面内，且同心交汇于节点，屋架节点均简化为铰接处理，内力计算简化模型如图 2.8 所示。同时应将荷载集中作用于节点上，节点的集中荷载按该节点的负荷面积换算。对于杆件截面为角钢，采用节点板连接时，节点刚性引起的次应力很小，不予考虑，但对于荷载很大的重型桁架有时需要计入次应力的影响。

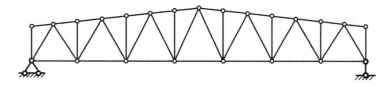

**图 2.8　内力计算简化模型**

（2）内力计算

绘出单位荷载作用于全跨和半跨屋架上弦节点的计算简图，如图 2.9 和图 2.10 所示，求出单位荷载作用下的杆件内力系数。杆件内力系数可以用有限元软件建模计算，也可用结构力学方法求解。杆件内力系数乘以各工况荷载求出杆件内力。

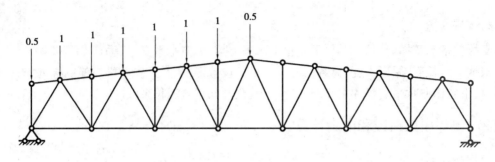

图2.9　单位荷载作用于半跨屋架的计算简图

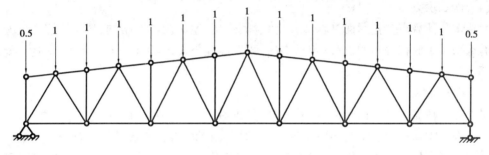

图2.10　单位荷载作用于全跨屋架的计算简图

### 3）荷载效应组合

（1）无檩体系—混凝土板屋面

如采用无檩体系—混凝土板屋面，因永久荷载较大，而风荷载对屋面为吸力，起卸载作用，所以对屋盖可不考虑风荷载作用，按以下3种荷载效应组合：

①全跨永久荷载＋全跨可变荷载。

②全跨永久荷载＋半跨可变荷载。

③全跨屋架与支撑自重＋半跨屋面板自重＋半跨屋面活荷载。

（2）有檩体系—彩钢板轻型屋面

如采用有檩体系—彩钢板轻型屋面，因永久荷载较小，此时应考虑风荷载引起的吸力作用，按以下4种荷载效应组合：

①全跨永久荷载＋全跨可变荷载。

②全跨永久荷载＋半跨可变荷载。

③全跨永久荷载＋全跨风荷载（永久荷载分项系数取为1.0）。

④全跨屋架、支撑及檩条自重＋半跨屋面板自重＋半跨屋面活荷载（或安装检修荷载）。

## ▶ 2.3.4　杆件计算长度和长细比

### 1）杆件计算长度

理想铰接节点的桁架杆件在桁架平面内的计算长度 $l_{0x}$ 应等于节点中心间的距离，即杆件的几何长度 $l$，实际桁架的节点接近于刚接，相邻杆件和节点板将约束杆件端部的转动，从而提高其整体稳定性，计算 $l_{0x}$ 时可适当折减 $l$ 来考虑杆件端部的嵌固作用。具体桁架杆件平面内和平面外计算长度取值见表2.5。

表2.5 桁架弦杆和单系腹杆的计算长度

| 项次 | 弯曲方向 | 弦杆 | 支座斜杆和支座竖杆 | 其他腹杆 |
|---|---|---|---|---|
| 1 | 在桁架平面内 | $l$ | $l$ | $0.8l$ |
| 2 | 在桁架平面外 | $l_1$ | $l$ | $l$ |
| 3 | 斜平面 | | $l$ | $0.9l$ |

注:1. $l$ 为构件的几何长度(节点中心间距离);$l_1$ 为桁架弦杆侧向支承点之间的距离。

2. 斜平面系指与桁架平面斜交的平面,适用于构件截面两个主轴均不在桁架平面内的单角钢腹杆和十字形截面的腹杆。

3. 无节点板的腹杆计算长度在任意平面内均取其几何长度。

### 2)长细比

根据现行国家标准《钢结构设计标准》(GB 50017—2018)第7.4.6和7.4.7条,拉杆、压杆容许长细比应满足如下要求:

压杆:$\lambda \leq [\lambda] = 150$;拉杆:见表2.6。

表2.6 受拉构件的容许长细比

| 构件名称 | 承受静力荷载或间接承受动力荷载的结构 | | | 直接承受动力荷载的结构 |
|---|---|---|---|---|
| | 一般建筑结构 | 对腹杆提供平面外支点的弦杆 | 有重级工作制起重机的厂房 | |
| 桁架的构件 | 350 | 250 | 250 | 250 |

注:中级、重级工作制吊车桁架下弦杆的长细比不宜超过200。

## ▶ 2.3.5 杆件截面形式和截面设计

### 1)杆件截面选取原则

①应优先选用承载能力高、抗弯强度大的薄板件或薄肢件组成的截面,工程中常选用双角钢组成的T形截面或十字形截面。热轧T型钢因避免双角钢肢背连接处出现腐蚀现象,近年来应用也较多。普通钢屋架的角钢不得小于∟45×4或∟56×36×4。

②当屋架跨度≤24 m时,上弦、下弦一般可不改变截面,按最大内力进行设计。

③同一榀屋架中,杆件的种类不宜过多。为了便于钢材备料,在用钢量增加不多的情况下,宜将杆件规格相近的加以统一。一般来说,同一榀屋架中杆件的规格不宜超过6~7种。

④当连接支撑的螺栓孔在节点范围内,且与节点板边缘距离≥100 mm时,计算杆件强度可不考虑截面削弱。

⑤截面选择及截面设计一般采用等强原则,截面主轴具有相等或相近的稳定性,即 $\lambda_x \approx \lambda_y (\lambda_{yz})$。

### 2)杆件截面形式

屋架杆件类型主要分为上下弦杆、支座腹杆、一般腹杆、再分式腹杆和跨中腹杆,如图2.11所示。

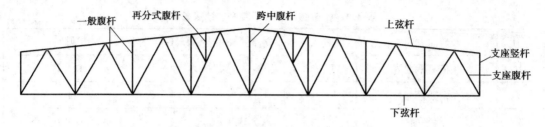

**图 2.11　屋架杆件类型示例图**

杆件截面类型可以按以下情况选择：

（1）上下弦杆

上、下弦杆平面内计算长度 $l_{0x} = l$（节间轴线长度），平面外计算长度 $l_{0y} = l_1$（平面外支撑长度），一般 $l_{0y} > > l_{0x}$（2 倍以上），根据等稳定性原则截面宜选用不等边角钢短肢相并 T 形截面[图 2.12(b)]。

（2）支座腹杆

支座腹杆包括支座竖杆和支座斜杆，平面内和平面外计算长度 $l_{0x} = l_{0y} = l$，根据等稳定性原则通常采用等边角钢 T 形截面[图 2.12(a)]或不等边角钢长肢相并 T 形截面[图 2.12(c)]。

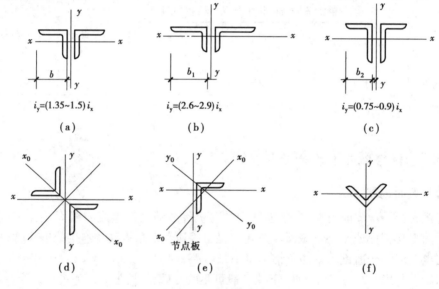

**图 2.12　角钢截面形式**

（3）一般腹杆

一般腹杆平面外计算长度 $l_{0y} = l$，平面内计算长度 $l_{0x} = 0.8 l$，$l_{0y}/l_{0x} = 1.25$，根据等稳定性原则通常采用等边角钢 T 形截面[图 2.12(a)]。

（4）跨中腹杆

桁架正中竖杆，为保证屋架在运输和安装的方便，以及与正中垂直支撑和系杆连接不偏心，并获得较大的刚度，通常采用等边角钢组成的十字形截面[图 2.12(d)]。

（5）再分式腹杆

再分式主斜杆一般是 $l_{0y}/l_{0x}=2$，因杆件较短故通常采用等边角钢 T 形截面；再分式腹杆 $l_{0x}=l_{0y}=l$，一般是杆件短且内力小，通常采用较小规格的等边角钢 T 形截面。

**3）杆件截面设计**

（1）轴心拉杆

首先按照强度要求 $A\geqslant\dfrac{N}{f}$ 初选截面，再进行刚度验算。$A$ 为杆件截面面积（$mm^2$），$N$ 为杆件轴力（N），$f$ 为材料强度（$N/mm^2$）。

刚度验算公式为：

$$\lambda_x=\frac{l_{0x}}{i_x}<[\lambda] \tag{2.1}$$

$$\lambda_y=\frac{l_{0y}}{i_y}<[\lambda] \tag{2.2}$$

式中，$\lambda_x$，$\lambda_y$ 为长细比；$l_{0x}$，$l_{0y}$ 为杆件的平面内和平面外计算长度（mm）；$i_x$，$i_y$ 为对 $x$ 轴和 $y$ 轴回转半径（mm）；$[\lambda]$ 为拉杆容许长细比，见表 2.6。

（2）轴心压杆

①初选截面：首先假定长细比（弦杆一般 $\lambda=60\sim100$，腹杆一般 $\lambda=80\sim120$），然后根据截面类型查稳定系数 $\varphi$，按稳定要求 $A\geqslant\dfrac{N}{\varphi f}$ 初选截面。

②截面验算：对于轴心压杆需进行强度、刚度和整体稳定性验算，如杆件截面无孔洞消弱可不进行强度验算。压杆刚度验算公式同拉杆，见式（2.1）和式（2.2），其中公式中 $[\lambda]$ 为压杆容许长细比，一般取 150。稳定验算按下列公式验算：

$$\frac{N}{\varphi Af}\leqslant1 \tag{2.3}$$

式中，$\varphi$ 为轴心受压构件整体稳定系数，由长细比 $\lambda$ 根据稳定系数表查得，对于双角钢组成的 T 形截面需计算绕对称轴的换算长细比 $\lambda_{yz}$，$\lambda_{yz}$ 按下列简化公式确定：

等边双角钢［图 2.12（a）］，

$$当\ \lambda_y\geqslant\lambda_z\ 时：\lambda_{yz}=\lambda_y\left[1+0.16\left(\frac{\lambda_z}{\lambda_y}\right)^2\right] \tag{2.4}$$

$$当\ \lambda_y<\lambda_z\ 时：\lambda_{yz}=\lambda_z\left[1+0.16\left(\frac{\lambda_y}{\lambda_z}\right)^2\right] \tag{2.5}$$

$$\lambda_z=3.9\frac{b}{t} \tag{2.6}$$

短肢相并不等边双角钢［图 2.12（b）］，

$$当\ \lambda_y\geqslant\lambda_z\ 时：\lambda_{yz}=\lambda_y\left[1+0.06\left(\frac{\lambda_z}{\lambda_y}\right)^2\right] \tag{2.7}$$

$$当\ \lambda_y<\lambda_z\ 时：\lambda_{yz}=\lambda_z\left[1+0.06\left(\frac{\lambda_y}{\lambda_z}\right)^2\right] \tag{2.8}$$

$$\lambda_z = 3.7 \frac{b_1}{t} \tag{2.9}$$

长肢相并不等边双角钢[图 2.12(c)],

$$当 \lambda_y \geqslant \lambda_z 时: \lambda_{yz} = \lambda_y \left[1 + 0.25 \left(\frac{\lambda_z}{\lambda_y}\right)^2\right] \tag{2.10}$$

$$当 \lambda_y < \lambda_z 时: \lambda_{yz} = \lambda_z \left[1 + 0.25 \left(\frac{\lambda_y}{\lambda_z}\right)^2\right] \tag{2.11}$$

$$\lambda_z = 5.1 \frac{b_2}{t} \tag{2.12}$$

#### 4)填板的设置

为保证双角钢组合 T 形或十字形截面的两个角钢能整体共同受力,应每隔一定间距在两角钢间放置填板。填板宽度一般采用 50~80 mm,厚度与中间节点板同厚。

压杆填板间距 $l_1 \leqslant 40i_1$,拉杆填板间距 $l_1 \leqslant 80i_1$,$i_1$ 为一个角钢对 1—1 形心轴的回转半径(图 2.13),受压构件的两个侧向支撑点之间的填板数不应少于 2 个。

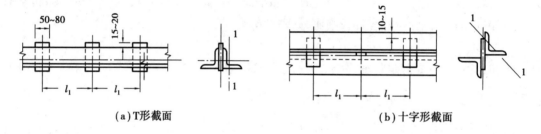

(a)T形截面        (b)十字形截面

**图 2.13 双角钢截面填板布置图**

### ▶ 2.3.6 节点设计

#### 1)节点设计基本要求

(1)基本原则

节点设计应满足承载力极限状态要求,节点强度一般应高于相连接杆件的承载力。节点连接传力路线应明确,构造形式应便于制作、运输、安装和维护。节点示例如图 2.14 所示。

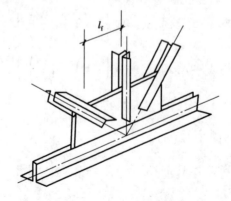

**图 2.14 节点图示例**

（2）节点板厚度

钢桁架各杆件在节点处与节点板相连，传递内力并互相平衡。节点板中应力分布复杂，通常先依经验，根据各节点处每根杆件传给节点板的内力，以其中的最大内力来确定桁架的节点板厚度。普通钢桁架节点板的厚度可参照表2.7选用。

桁架节点板除支座节点外，其余节点宜选用同一厚度的节点板，支座节点板宜比其他节点板厚2 mm。

**表2.7　钢桁架节点板厚度**

| 三角形屋架上弦杆或梯形屋架支座斜杆(最大内力设计值)/kN | Q235 | ≤160 | 161～300 | 301～500 | 501～700 | 701～950 | 951～1 200 | 1 201～1 550 | 1 551～2 000 |
|---|---|---|---|---|---|---|---|---|---|
| | Q345 | ≤240 | 241～360 | 361～570 | 571～780 | 781～1 050 | 1051～1 300 | 1 301～1 650 | 1 651～2 100 |
| 中间节点板厚度/mm | | 6 | 8 | 10 | 12 | 14 | 16 | 18 | 20 |
| 支座节点板厚度/mm | | 8 | 10 | 12 | 14 | 16 | 18 | 20 | 22 |

**2）节点设计步骤和设计原则**

节点设计一般步骤是：先计算腹杆杆端与节点板连接焊缝的焊脚尺寸和焊缝长度，然后根据焊缝长度的大小按比例绘出节点板的形状和大小，最后验算弦杆与节点板的连接焊缝。

用作图法求节点板的形状和大小时，应按角度准确画出各杆件的轴线和轮廓线，各杆件的形心线应尽量与杆件轴线重合并取5 mm的整数，并交于节点中心，以避免由于偏心所产生的附加弯矩；再考虑杆件之间应有的间隙以及制作、装配等构造要求后（各杆件之间应留有空隙$a$，在承受静力荷载时$a \geq 20$ mm，在承受动力荷载时$a \geq 50$ mm，如图2.15所示），按比例绘出各杆件端部及腹杆焊缝的位置，在此基础上作出节点详图。

节点板的形状和尺寸在绘制施工图时决定，形状应尽可能简单和规则，至少有两边平行，如矩形、梯形和直角梯形等。

屋架弦杆节点板一般伸出弦杆10～15 mm，有时为了支撑屋面结构，屋架上弦节点板（厚度为$t$）一般从弦杆缩进5～10 mm，且不小于$(t/2+2)$ mm，如图2.16所示。

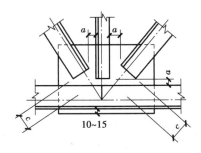

图2.15　一般节点构造

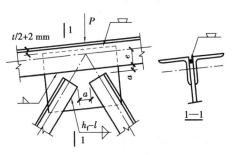

图2.16　有集中力节点构造

### 3)节点计算与构造

#### (1)腹杆与节点板连接焊缝

腹杆杆端与节点板采用角焊缝连接,角钢肢背和肢尖所需焊缝长度按下列公式计算:

$$l'_{w1} = l_{w1} + 2h_{f1} = \frac{K_1 N}{2 \times 0.7 h_{f1} f_f^w} + 2h_{f1} \tag{2.13}$$

$$l'_{w2} = l_{w2} + 2h_{f2} = \frac{K_2 N}{2 \times 0.7 h_{f2} f_f^w} + 2h_{f2} \tag{2.14}$$

式中,$N$ 为杆件轴力(N);$f_f^w$ 为角焊缝设计强度(N/mm²);$h_{f1}$、$h_{f2}$ 分别为角钢肢背和肢尖角焊缝的焊脚尺寸(mm);$l_{w1}$、$l_{w2}$ 分别为角钢肢背和肢尖角焊缝的设计长度(mm);$k_1$、$k_2$ 分别为角钢肢背和肢尖角焊缝的内力分配系数,见表2.8。

表2.8　角钢肢背和肢尖角焊缝的内力分配系数

| 项次 | 角钢类别与连接形式 | 分配系数 | |
|:---:|:---:|:---:|:---:|
| | | $k_1$ | $k_2$ |
| 1 | 等边角钢相连 | 0.70 | 0.30 |
| 2 | 不等边角钢短肢相连 | 0.75 | 0.25 |
| 3 | 不等边角钢长肢相连 | 0.65 | 0.35 |

#### (2)上弦一般节点

上弦一般节点如图2.17所示,节点板与上弦角钢肢背采用塞焊缝连接,假定塞焊缝只承受屋面集中荷载 $P$ 作用,并且忽略屋架坡度的影响,按 $P$ 垂直于焊缝计算,上弦角钢肢背塞焊缝的强度可近似按下列公式计算:

$$\sigma_f = \frac{P}{2 \times 0.7 h_{f1} l_{w1}} \leqslant 0.8 f_f^w \tag{2.15}$$

式中,$P$ 为节点集中力(N);$h_{f1}$ 为角钢肢背塞焊缝的焊脚尺寸(mm),塞焊缝可视为两条 $h_{f1} = 0.5 t_{节点板}$ 的角焊缝;$l_{w1}$ 为角钢肢背塞焊缝的计算长度(mm)。

节点板与上弦角钢肢尖采用双侧面角焊缝连接,承担上弦内力差 $\Delta N$ 和其偏心距产生的弯矩 $M = \Delta Ne$($e$ 为肢尖到轴线的距离),上弦角钢肢尖角焊缝的强度按下列公式计算:

$$\sigma_f = \frac{6M}{2 \times 0.7 h_{f2} l_{w2}^2} \tag{2.16}$$

$$\tau_f = \frac{\Delta N}{2 \times 0.7 h_{f2} l_{w2}} \tag{2.17}$$

$$\sqrt{\left(\frac{\sigma_f}{\beta_f}\right)^2 + (\tau_f)^2} \leqslant f_f^w \tag{2.18}$$

式中,$\beta_f$ 为正面角焊缝的强度设计值增大系数,对于承受静力荷载和间接承受动力荷载的屋架,$\beta_f = 1.22$,对直接承受动力荷载的屋架 $\beta_f = 1.0$;$h_{f2}$ 为角钢肢尖角焊缝的焊脚尺寸(mm);$l_{w2}$ 为角钢肢尖角焊缝的计算长度(mm),等于实际长度减去 $2h_{f2}$。

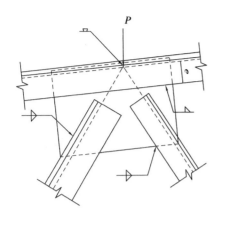

**图 2.17　上弦一般节点**

（3）下弦一般节点

下弦一般节点如图 2.18 所示，下弦杆与节点板的连接焊缝只承受弦杆内力差值 $\Delta N$，下弦角钢肢背、肢尖所需的实际焊缝长度 $l'_{w1}$、$l'_{w2}$ 按下列公式计算：

$$l'_{w1} = l_{w1} + 2h_{f1} = \frac{K_1 \Delta N}{2 \times 0.7h_{f1}f_f^w} + 2h_{f1} \tag{2.19}$$

$$l'_{w2} = l_{w2} + 2h_{f2} = \frac{K_2 \Delta N}{2 \times 0.7h_{f2}f_f^w} + 2h_{f2} \tag{2.20}$$

式中 $f_f^w$ 为角焊缝强度设计（N/mm²）；$h_{f1}$、$h_{f2}$ 分别为角钢肢背、肢尖焊缝的焊脚尺寸（mm）；$l_{w1}$、$l_{w2}$ 分别为角钢肢背、肢尖焊缝的计算长度（mm）；$k_1$、$k_2$ 分别为角钢肢背、肢尖焊缝的内力分配系数。

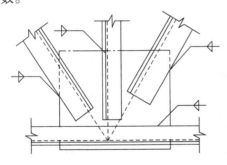

**图 2.18　下弦一般节点**

（4）下弦拼接节点

①构造

下弦拼接节点如图 2.19 所示，下弦拼接角钢采用与下弦杆相同规格截面拼接，拼接角钢竖肢切去 $\Delta = t + h_f + 5$ mm（$t$ 为拼接角钢厚度，$h_f$ 为焊脚尺寸，5 mm 为余量以避开肢尖圆角）。

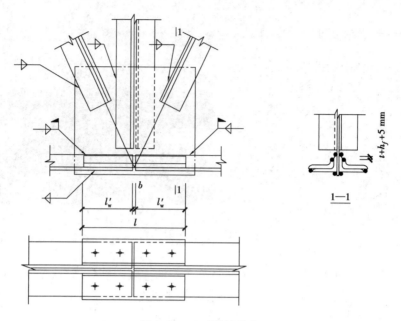

**图 2.19　下弦拼接节点**

②计算

下弦杆与拼接角钢连接一侧的焊缝实际长度按下式计算：

$$l'_w = \frac{N}{4 \times 0.7 h_f f_f^w} + 2h_f \qquad (2.21)$$

式中, N 为杆件的轴心力(N), 也可用等强公式 $N = Af$ 计算; $h_f$ 为焊脚尺寸(mm)。

拼接角钢的长度一般为 $l = 2l'_w + b$, b 为下弦拼接间隙, 常取 $b = 10 \sim 20$ mm。

下弦杆与节点板之间的焊缝承受弦杆内力之差 $\Delta N$, 下弦杆与节点板连接一侧的焊缝强度按下式计算：

角钢肢背焊缝强度验算公式: $\tau_{f1} = \dfrac{0.15K_1\Delta N}{2 \times 0.7 h_{f1} l_{w1}} \leqslant f_f^w \qquad (2.22)$

角钢肢尖焊缝强度验算公式: $\tau_{f2} = \dfrac{0.15K_2\Delta N}{2 \times 0.7 h_{f2} l_{w2}} \leqslant f_f^w \qquad (2.23)$

式中, $\Delta N$ 为弦杆内力差(N), 如 $\Delta N$ 过小, 则取下弦杆一侧较大内力的 15%, 即 $\Delta N = 0.15N_{max}$。

$l_{w1}$、$l_{w2}$ 分别为角钢肢背、肢尖焊缝的计算长度(mm), 等于实际长度减去 $2h_f$; $h_{f1}$、$h_{f2}$ 分别为角钢肢背、肢尖焊缝的焊脚尺寸(mm); $k_1$、$k_2$ 分别为角钢肢背、肢尖焊缝的内力分配系数。

(5)屋脊拼接节点

①构造

屋脊拼接节点如图 2.20 和图 2.21 所示, 上弦杆在屋脊断开处应采用与上弦杆相同截面规格的角钢进行拼接, 屋脊拼接角钢一般采用热弯成型, 当屋面较陡需要弯折较大且角钢肢较宽不易弯折时, 可将竖肢开口弯折后对焊[图 2.22(b)]。拼接角钢应切肢削棱, 切肢长度 $\Delta = t + h_f + 5$ mm。

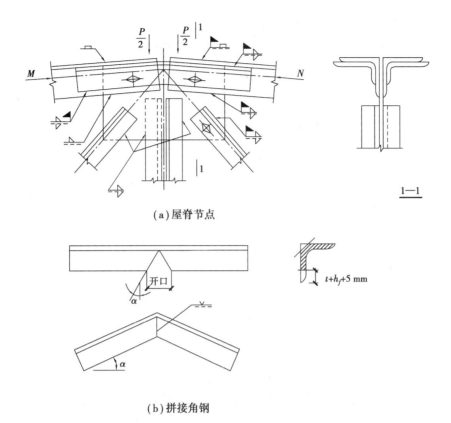

（a）屋脊节点

（b）拼接角钢

**图 2.20　屋脊拼接节点**

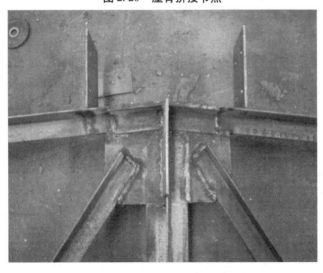

**图 2.21　屋脊拼接节点示例图**

②计算

上弦杆与拼接角钢连接一侧焊缝的实际长度按下式计算：

$$l'_w = \frac{N}{4 \times 0.7 h_f f_f^w} + 2h_f \qquad (2.24)$$

式中,$N$ 为杆件的轴心力(N);$h_f$ 为焊脚尺寸(mm)。

拼接角钢的长度一般为 $l=2l'_w+b$(图 2.22),$b$ 为上弦拼接间隙,常取 $b=30\sim50$ mm。

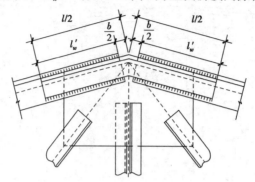

**图 2.22 屋脊拼接角钢长度**

计算上弦杆与节点板的连接焊缝时,假定节点荷载 $P$ 由上弦角钢肢背处的塞焊缝承受(满焊可不验算);肢尖与节点板的连接计算则按上弦一侧内力较大值的 15% 计算,即 $\Delta N=0.15N_{\max}$,且考虑该力所产生的弯矩 $M=0.15N_{\max}e$($e$ 为肢尖到轴线的距离)。

上弦肢背塞焊缝的强度可近似按下列公式计算:

$$\sigma_f=\frac{P}{2\times0.7h_{f1}l_{w1}}\leqslant0.8f_f^w \tag{2.25}$$

式中,$P$ 为节点集中力(N);$h_{f1}$ 为角钢肢背塞焊缝的焊脚尺寸(mm),塞焊缝可视为两条 $h_{f1}=0.5t_{节点板}$ 的角焊缝;$l_{w1}$ 为角钢肢背塞焊缝的计算长度(mm)。

上弦肢尖角焊缝的强度按下列公式计算:

$$\sigma_f=\frac{6M}{2\times0.7h_{f2}l_{w2}^2} \tag{2.26}$$

$$\tau_f=\frac{0.15N_{\max}}{2\times0.7h_{f2}l_{w2}} \tag{2.27}$$

$$\sqrt{\left(\frac{\sigma_f}{\beta_f}\right)^2+(\tau_f)^2}\leqslant f_f^w \tag{2.28}$$

式中,$l_{w2}$、$h_{f2}$ 分别为角钢肢尖焊缝的计算长度和焊脚尺寸(mm)。

(6)支座节点

屋架支承于钢筋混凝土柱上,与柱子的连接一般按铰接设计。屋架支座节点处各杆件汇交于一点,屋架杆件合力作用点位于底板中心或附近,合力通过矩形底板以分布力的形式传给下部结构。为保证底板的刚度、力的有效传递以及节点板平面外刚度的需要,支座节点处应对称设置加劲肋,加劲肋厚度的中线与各杆件合力线重合。

①构造

支座节点由底板、节点板、加劲肋和锚栓组成,如图 2.23 和图 2.24 所示。加劲肋的高度和厚度一般与节点板相同,为了便于节点焊缝施焊,下弦角钢水平肢与支座底板间的净距 $c$ 应不小于下弦水平肢的宽度(同时 $c\geqslant130$ mm);梯形屋架端竖杆角钢肢朝外时,角钢边缘与加劲肋中线距离不宜小于 60 mm。锚栓直径通常为 $d=18\sim24$ mm,底板上锚栓孔开成半圆带矩形开口孔,孔径一般取 $(2\sim2.5)d$。

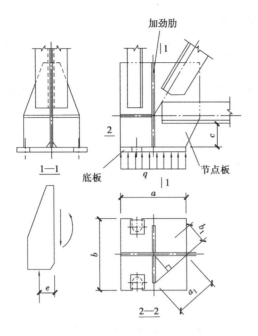

图 2.23　支座节点构造

图 2.24　支座节点图例

②计算

a. 底板面积。底板所需面积 $A$ 按下式计算：

$$A = a \times b \geqslant \frac{R}{\beta_c f_c} + A_0$$

式中, $a$ 为底板平行于屋架平面的边长尺寸(mm); $b$ 为底板垂直于屋架平面的边长尺寸(mm); $A_0$ 为实际采用的锚栓孔面积(mm²); $R$ 为支座反力(N); $f_c$ 为混凝土轴心抗压强度设计值(N/mm²); $\beta_c$ 为混凝土局部承压时的提高系数。

通常按计算需要的底板面积较小, 底板的平面尺寸可以参照表 2.9 构造要求确定。

表2.9　屋架支座底板和锚栓尺寸选用表

| 支座反力/kN | | 130 | 260 | 390 | 520 | 650 | 780 | 810 |
|---|---|---|---|---|---|---|---|---|
| 底板尺寸 /mm | C20 及以上 | 250 × (220~250) | 300 × (220~300) | 300 × (220~300) | 350 × (220~350) | 350 × (250~350) | 350 × (250~350) | 350 × (300~350) |
| 底板厚度 /mm | Q235 | 16 | 20 | 20 | 20 | 24 | 24 | 26 |
| | Q345 | 16 | 16 | 20 | 20 | 20 | 20 | 22 |
| 焊缝的焊脚尺寸/mm | | 6 | 6 | 7 | 8 | 8 | 10 | 10 |
| 锚栓直径 M/mm | | 20 | 20 | 20 | 24 | 24 | 24 | 24 |
| 底板上的锚栓孔径/mm | | 50 | 50 | 50 | 60 | 60 | 60 | 60 |

b. 底板厚度。底板厚度按均布荷载下底板的抗弯强度计算,节点板和加劲肋将底板分成四块两相邻边支承板,其单位宽度的最大弯矩 $M$ 为:

$$M = \beta q a_1^2 \tag{2.29}$$

式中,$\beta$ 为系数,由 $b_1/a_1$ 按表 2.10 查出;$q$ 为底板单位面积的压力(N/mm$^2$),$q = \dfrac{R}{A - A_0}$。

表2.10　三边支撑板及两相邻边支撑板的弯矩系数 $\beta$ 值

| $b_1/a_1$ | 0.3 | 0.4 | 0.5 | 0.6 | 0.7 | 0.8 | 0.9 | 1.0 | 1.1 | 1.2 |
|---|---|---|---|---|---|---|---|---|---|---|
| $\beta$ | 0.027 | 0.044 | 0.060 | 0.075 | 0.087 | 0.097 | 0.105 | 0.112 | 0.121 | 0.126 |

注:1. 对于三边支撑板,$a_1$ 为自由边长度,$b_1$ 为与自由边垂直的长度;对于两相邻边支撑板,$a_1$ 为两相邻支承边对角线长度,$b_1$ 支承边交点至对角线的垂直距离。

支座底板厚度 $t$ 按下式计算:

$$t \geqslant \sqrt{\frac{6M}{f}} \tag{2.30}$$

式中,$f$ 为钢材强度设计值(N/mm$^2$)。

底板不宜太薄,当桁架跨度 $\leqslant 18$ m 时,一般 $t \geqslant 16$ mm,当桁架跨度 $> 18$ m 时,一般 $t \geqslant 20$ mm。

c. 加劲肋与支座节点板连接焊缝计算。加劲肋与支座节点板连接焊缝可假定按传递支座反力 $R$ 的 1/4 计算,并考虑焊缝为偏心受力,则焊缝所受的剪力为 $V = \dfrac{R}{4}$,焊缝所受的弯矩为 $M = \dfrac{R}{4}e$。

每块加劲肋与支座节点板的连接焊缝按下列公式计算:

$$\sqrt{\left(\frac{6M}{\beta_f \times 2 \times 0.7 h_f l_w^2}\right)^2 + \left(\frac{V}{2 \times 0.7 h_f l_w}\right)^2} \leqslant f_f^w \tag{2.31}$$

式中,$l_w$、$h_f$ 分别为加劲肋与支座节点板连接焊缝的计算长度和焊接尺寸(mm)。

d. 节点板、加劲肋与支座底板的水平连接焊缝计算。节点板、加劲肋与支座底板的水平连接焊缝按下列公式计算：

$$\sigma_f = \frac{R}{0.7\beta_f h_f \sum l_w} \leqslant f_f^w \qquad (2.32)$$

式中，$\sum l_w$ 为节点板、加劲肋与支座底板的水平焊缝总长度（mm）；$R$ 为支座反力（N）。

（7）节点板计算

①连接节点处板件在拉、剪力作用下的强度应按下式计算：

$$\frac{N}{\sum (\eta_i A_i)} \leqslant f \qquad (2.33)$$

$$\eta_i = \frac{1}{\sqrt{1 + 2\cos^2\alpha_i}} \qquad (2.34)$$

式中，$N$ 为作用于板件的拉力（N）；$A_i$ 为第 $i$ 段破坏面的截面积（mm²），$A_i = t l_i$；$t$ 为板件厚度（mm）；$l_i$ 为第 $i$ 段破坏段的长度（mm）（图 2.25）；$\eta_i$ 为第 $i$ 段抗剪折算系数；$\alpha_i$ 为第 $i$ 段破坏线与拉力轴线的夹角。

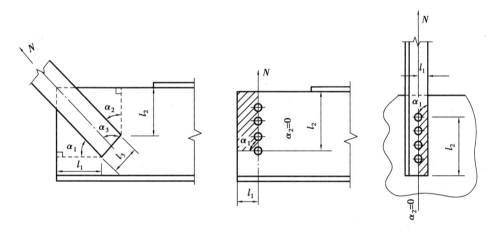

**图 2.25　板件的拉、剪撕裂**

②桁架节点板强度也可用有效宽度法按下式计算：

$$\sigma = \frac{N}{b_e t} \leqslant f \qquad (2.35)$$

式中，$b_e$ 为有效宽度（mm）（图 2.26）；当采用螺栓连接时，应减去孔径。

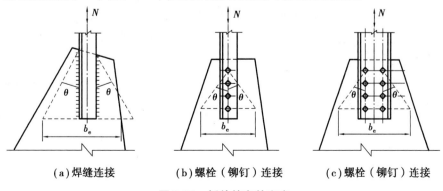

（a）焊缝连接　　　　（b）螺栓（铆钉）连接　　　　（c）螺栓（铆钉）连接

**图 2.26　板件的有效宽度**

③桁架节点板在斜腹杆压力作用下的稳定性应按下列方法进行计算:

a.对有竖腹杆相连的节点板[图2.27(a)],当 $c/t \leqslant 15\varepsilon_k$($\varepsilon_k = \sqrt{235/f_y}$)($c$ 为受压腹杆连接肢端面中点沿腹杆轴线方向至弦杆的净距离,$t$ 为节点板厚度)时,可不计算稳定性,否则应按现行国家标准《钢结构设计标准》(GB 50017—2018)附录G进行稳定计算。但在任何情况下 $c/t$ 不得大于 $22\varepsilon_k$。

b.对无竖腹杆的节点板[图2.27(b)],当 $c/t \leqslant 10\varepsilon_k$ 时,节点板稳定承载力可取为 $0.8b_e t f$;$c/t > 10\varepsilon_k$ 应按现行国家标准《钢结构设计标准》(GB 50017—2018)附录G进行稳定性计算。但在任何情况下 $c/t$ 不得大于 $17.5\varepsilon_k$。

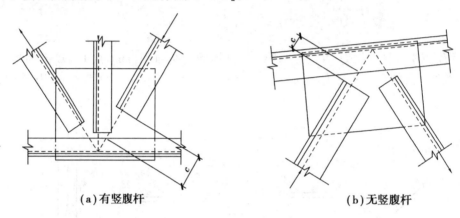

(a)有竖腹杆　　　　　　　　　　　　　(b)无竖腹杆

图2.27　节点板稳定验算简图

# 2.4　普通钢屋架设计实例

## ▶ 2.4.1　设计资料

某工程为单跨双坡封闭式厂房,厂房长90 m,厂房内设有2台5 t中级工作制吊车;厂房屋盖采用普通梯形钢屋架,屋架跨度24 m,坡度为1∶10,屋架铰支于钢筋混凝土柱顶,柱顶标高为9.5 m,柱截面尺寸为600 mm×600 mm,柱距6 m。厂房柱网布置图如图2.28所示,厂房剖面图如图2.29所示。屋面板由1.5 m×6 m预应力混凝土板拼装而成。地面粗糙度类别为B类,地震设防烈度为6度,基本雪压 $s_0 = 0.35$ kN/m²,基本风压 $w_0 = 0.45$ kN/m²,结构重要性系数为 $\gamma_0 = 1.0$。混凝土柱的强度等级为C25,屋架选用钢材型号为Q345B,焊条为E50型,手工焊。

屋架计算跨度 = 24 000 mm – 300 mm = 23 700 mm,屋架端部高度取 $H_0 = 2\ 090$ mm,跨中高度取 $H = 3\ 290$ mm,屋架几何尺寸如图2.30所示。

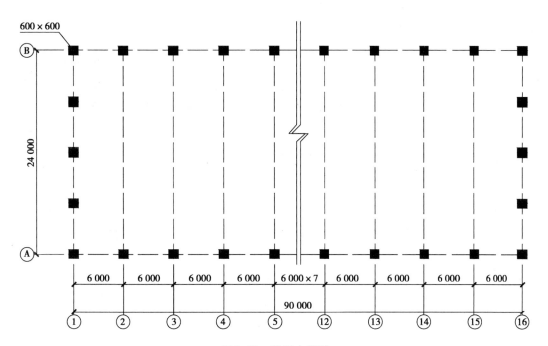

**图 2.28　柱网布置图**

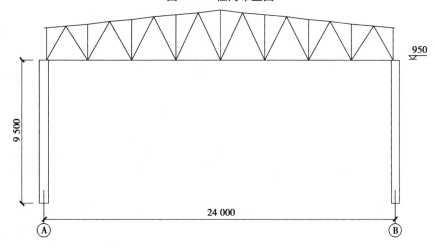

**图 2.29　厂房剖面图**

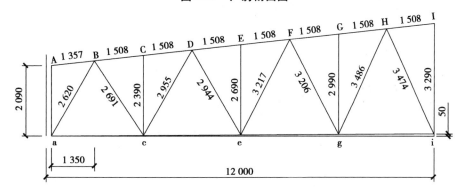

**图 2.30　屋架半跨几何尺寸**

### ▶ 2.4.2 支撑布置

支撑布置如图2.31所示,上下弦横向水平支撑和垂直支撑布置在厂房两端第一开间和厂房中间开间,在其余开间设置通长系杆。上弦杆在屋架平面外的计算长度取上弦横向水平支撑节距3 000 mm,下弦杆在屋架平面外的计算长度取下弦横向水平支撑节距6 000 mm。

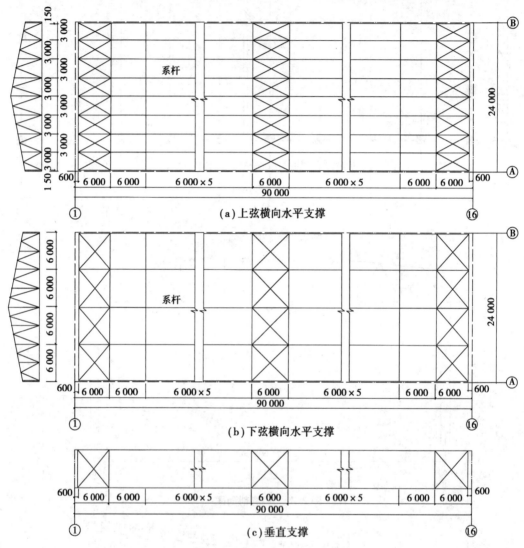

图2.31 支撑平面布置图

### ▶ 2.4.3 荷载计算及内力计算

(1)荷载计算

永久荷载和可变荷载计算见表2.11和表2.12。

表 2.11　永久荷载

| 项次 | 永久荷载 | 标准值/$(kN \cdot m^{-2})$ | 设计值 = 1.3 × 标准值/$(kN \cdot m^{-2})$ |
|---|---|---|---|
| 1 | 防水层 | 0.44 | 0.572 |
| 2 | 20 mm 厚水泥砂浆找平 | 0.40 | 0.52 |
| 3 | 保温层 | 0.45 | 0.585 |
| 4 | 混凝土大型屋面板 | 1.40 | 1.82 |
| 5 | 屋架及支撑自重 | $q = 0.12 + 0.011 \times L$ $= 0.12 + 0.011 \times 24 = 0.384$ | 0.499 |
| 6 | 悬挂管道 | 0.15 | 0.195 |
| | 永久荷载总和 | 3.224 | 4.191 |

表 2.12　可变荷载

| 项次 | 可变荷载 | 标准值/$(kN \cdot m^{-2})$ | 设计值 = 1.5 × 标准值/$(kN \cdot m^{-2})$ |
|---|---|---|---|
| 1 | 屋面活荷载 | 0.50 | 0.75 |
| 2 | 雪荷载 | 0.35 | 0.53 |
| 3 | 积灰荷载 | 0.60 | 0.90 |
| 可变荷载总和(取屋面雪荷载与活荷载的较大值 + 积灰荷载) | | 1.10 | 1.65 |

注:1. 由于屋面永久荷载较大,负风压设计值均小于永久荷载标准值,永久荷载与风荷载组合作用下不致使杆件内力变号,故可不考虑风荷载的作用。

2. 雪荷载 $S_0 = 0.35$ kN/m² $< 0.5$ kN/m²,雪荷载和活荷载不同时组合,仅考虑活荷载的作用。

3. 根据现行国家标准《建筑结构可靠度设计统一标准》(GB 50068—2018),永久荷载分项系数取 1.3,可变荷载分项系数取 1.5。

(2)荷载效应组合

采用无檩体系-混凝土板屋面时,屋架计算考虑以下 3 种荷载效应组合:

①全跨永久荷载 + 全跨可变荷载。

②全跨永久荷载 + 半跨可变荷载。

③全跨屋架与支撑自重 + 半跨屋面板自重 + 半跨屋面活荷载。

其中①,②组合为使用阶段荷载组合;③组合为施工阶段荷载组合。

(3)上弦节点荷载

由屋面板传到屋架上弦节点集中荷载设计值为:

使用阶段:永久荷载设计值 $P_G = 4.191 \times 1.5 \times 6 = 37.72 (kN)$

可变荷载设计值 $P_Q = 1.65 \times 1.5 \times 6 = 14.85 (kN)$

施工阶段:永久荷载设计值 $P'_G = 0.499 \times 1.5 \times 6 = 4.491 (kN)$

可变荷载设计值 $P'_Q = (1.82 + 0.75) \times 1.5 \times 6 = 23.13 (kN)$

屋架在永久荷载和可变荷载作用下的计算简图如图 2.32、图 2.33 和图 2.34 所示。

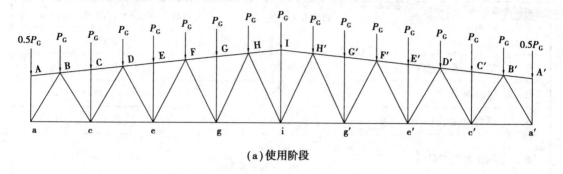

（a）使用阶段

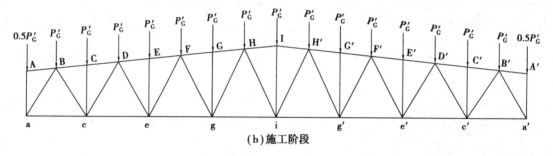

（b）施工阶段

图 2.32 上弦节点全跨永久荷载作用下的计算简图

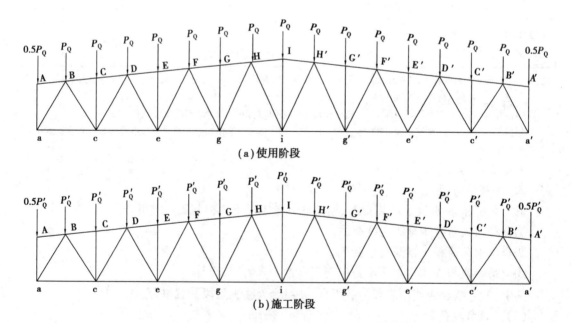

（a）使用阶段

（b）施工阶段

图 2.33 上弦节点全跨可变荷载作用下的计算简图

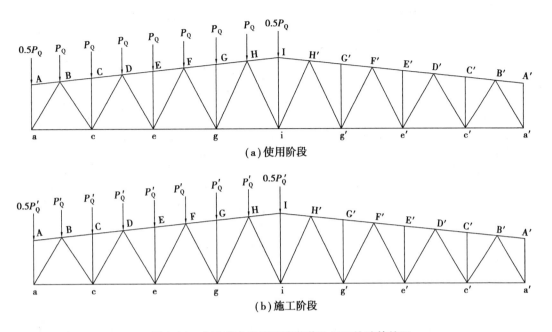

(a)使用阶段

(b)施工阶段

**图 2.34　上弦节点半跨可变荷载作用下的计算简图**

(4)内力计算和内力组合

根据节点荷载和任务书中给定的杆件内力系数,利用内力系数法进行杆件的内力计算并进行内力组合,求出各杆件的最不利内力,计算过程和结果见表 2.13。

## ▶ 2.4.4　杆件截面设计

腹杆最大设计杆力 $N_{\max}=N_{aB}=-459.99$ kN(压力),根据表 2.7 取中间节点板厚度 $t=10$ mm,支座节点板厚度 $t=12$ mm。

### 1)上弦杆截面设计

整个上弦杆不改变截面,取上弦最大设计杆力(FH 杆)计算,$N_{\mathrm{FH}}=-765.94$ kN(压力)。

(1)计算长度

平面内计算长度取节间长度 $l_{0x}=150.8$ cm,平面外计算长度取上弦横向水平支撑点之间距离 $l_{0y}=2l_{0x}=301.6$ cm。

(2)截面类型

因为 $l_{0y}=2l_{0x}$,为使 $\lambda_x\approx\lambda_y$,选用两不等边角钢短肢相并的 T 形截面,如图 2.35 所示。

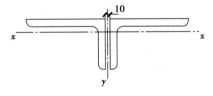

**图 2.35　上弦杆截面**

(3)初选截面型号

设 $\lambda=60$,双角钢组合 T 形截面绕 $x$ 轴和绕 $y$ 轴均属于 b 类截面。

表 2.13　杆件内力计算和内力组合表

| 杆件名称 | 项次 | 杆件内力系数 P=1 | | | 内力值 | | | | | | 内力组合 | | | | | 最不利组合内力 / kN |
| | | 全跨 (1) | 左半跨 (2) | 右半跨 (3) | 使用阶段 | | | 施工阶段 | | | 使用阶段 | | 施工阶段 | | |
| | | | | | $P_G×(1)$ 全跨恒载 (4) | $P_Q×(2)$ 活载作用在左半跨 (5) | $P_Q×(3)$ 活载作用在右半跨 (6) | $P'_G×(1)$ 全跨恒载 (7) | $P'_Q×(2)$ 活载作用在左半跨 (8) | $P'_Q×(3)$ 活载作用在右半跨 (9) | 组合① (4)+(5)+(6) | 组合② (4)+(5) | 组合③ (7)+(8) | (7)+(9) | |
|---|---|---|---|---|---|---|---|---|---|---|---|---|---|---|---|
| 上弦杆 AB | | 0 | 0 | 0 | 0 | 0 | 0 | 0 | 0.00 | 0.00 | 0.00 | 0.00 | 0.00 | 0.00 | 0.00 |
| BD | | -8.32 | -5.96 | -2.36 | -313.83 | -88.51 | -35.05 | -37.37 | -137.85 | -54.59 | -437.38 | -402.34 | -175.22 | -91.95 | -437.38 |
| DF | | -12.91 | -8.63 | -4.28 | -486.97 | -128.16 | -63.56 | -57.98 | -199.61 | -99.00 | -678.68 | -615.12 | -257.59 | -156.98 | -678.68 |
| FH | | -14.57 | -8.76 | -5.81 | -549.58 | -130.09 | -86.28 | -65.43 | -202.62 | -134.39 | -765.94 | -679.67 | -268.05 | -199.82 | -765.94 |
| HI | | -14.12 | -7.06 | -7.06 | -532.61 | -104.84 | -104.84 | -63.41 | -163.30 | -163.30 | -742.29 | -637.45 | -226.71 | -226.71 | -742.29 |
| 下弦杆 ac | | 4.51 | 3.32 | 1.19 | 170.12 | 49.30 | 17.67 | 20.25 | 76.79 | 27.52 | 237.09 | 219.42 | 97.05 | 47.78 | 237.09 |
| ce | | 10.99 | 7.63 | 3.36 | 414.54 | 113.31 | 49.90 | 49.36 | 176.48 | 77.72 | 577.74 | 527.85 | 225.84 | 127.07 | 577.74 |
| eg | | 13.97 | 8.91 | 5.06 | 526.95 | 132.31 | 75.14 | 62.74 | 206.09 | 117.04 | 734.40 | 659.26 | 268.83 | 179.78 | 734.40 |
| gi | | 14.49 | 8.06 | 6.43 | 546.56 | 119.69 | 95.49 | 65.07 | 186.43 | 148.73 | 761.74 | 666.25 | 251.50 | 213.80 | 761.74 |
| 斜腹杆 aB | | -8.75 | -6.44 | -2.31 | -330.05 | -95.63 | -34.30 | -39.30 | -148.96 | -53.43 | -459.99 | -425.68 | -188.25 | -92.73 | -459.99 |
| Bc | | 6.77 | 4.69 | 2.08 | 255.36 | 69.65 | 30.89 | 30.40 | 108.48 | 48.11 | 355.90 | 325.01 | 138.88 | 78.51 | 355.90 |
| cD | | -5.38 | -3.37 | -2.01 | -202.93 | -50.04 | -29.85 | -24.16 | -77.95 | -46.49 | -282.83 | -252.98 | -102.11 | -70.65 | -282.83 |
| De | | 3.67 | 1.89 | 1.78 | 138.43 | 28.07 | 26.43 | 16.48 | 43.72 | 41.17 | 192.93 | 166.50 | 60.20 | 57.65 | 192.93 |
| eF | | -2.44 | -0.71 | -1.73 | -92.04 | -10.54 | -25.69 | -10.96 | -16.42 | -40.01 | -128.27 | -102.58 | -27.38 | -50.97 | -128.27 |

| | | | | | | | | | | | | | | | | |
|---|---|---|---|---|---|---|---|---|---|---|---|---|---|---|---|---|
| 斜腹杆 | Fg | 1.11 | -0.44 | 1.55 | 41.87 | -6.53 | 23.02 | 4.99 | -10.18 | 35.85 | 58.35 | 35.34 | 64.89 | -5.19 | 40.84 | 64.89/ -5.19 |
| | gH | 0.01 | 1.53 | -1.52 | 0.38 | 22.72 | -22.57 | 0.04 | 35.39 | -35.16 | 0.53 | 23.10 | -22.19 | 35.43 | -35.12 | 35.43/ -35.12 |
| | Hi | -1.06 | -2.44 | 1.38 | -39.98 | -36.23 | 20.49 | -4.76 | -56.44 | 31.92 | -55.72 | -76.21 | -19.49 | -61.20 | 27.16 | 27.16/ -76.21 |
| 竖杆 | Aa | -0.50 | -0.50 | 0 | -18.86 | -7.43 | 0.00 | -2.25 | -11.57 | 0.00 | -26.29 | -26.29 | -18.86 | -13.81 | -2.25 | -26.29 |
| | Cc | | | | | | | | | | | | | | | |
| | Ee | -1.00 | -1.00 | 0 | -37.72 | -14.85 | 0.00 | -4.49 | -23.13 | 0.00 | -52.57 | -52.57 | -37.72 | -27.62 | -4.49 | -52.57 |
| | Gg | | | | | | | | | | | | | | | |
| | Ii | | | | | | | | | | | | | | | |

$$\frac{\lambda}{\varepsilon_k} = \lambda \sqrt{\frac{f_y}{235}} = 60 \times \sqrt{\frac{345}{235}} = 72.7$$

由现行国家标准《钢结构设计标准》(GB 50017—2018)附录 D 轴心受压构件稳定系数表,查得 $\varphi = 0.734$,Q345 钢设计值 $f = 310 \ \text{N/mm}^2$,需要截面为:

$$A = \frac{N}{\varphi f} = \frac{765.94 \times 10^3}{0.734 \times 310} = 3\ 366(\text{mm}^2) = 33.66(\text{cm}^2)$$

$$i_x = \frac{l_{0x}}{\lambda} = \frac{150.8}{60} = 2.51(\text{cm}), i_y = \frac{l_{0y}}{\lambda} = \frac{301.6}{60} = 5.03(\text{cm})$$

根据需要 $A$、$i_x$、$i_y$,查角钢截面特性表,初选 $2 \llcorner 140 \times 90 \times 10$(短肢相并),截面几何特性为:$A = 44.52 \ \text{cm}^2$,$i_x = 2.56 \ \text{cm}$,$i_y = 6.77 \ \text{cm}$(节点板厚为 10 mm)。

(4)截面验算

上弦 FH 杆无孔洞削弱,故不需要验算强度,只需进行刚度和整体稳定性验算。

$$\lambda_x = \frac{l_{0x}}{i_x} = \frac{150.8}{2.56} = 58.9 < [\lambda] = 150,满足刚度要求。$$

$$\lambda_y = \frac{l_{0y}}{i_y} = \frac{301.6}{6.77} = 44.5 < [\lambda] = 150,满足刚度要求。$$

$$\lambda_y < \lambda_z = 3.7 \frac{b_1}{t} = 3.7 \times \frac{140}{10} = 51.8,则换算长细比:$$

$$\lambda_{yz} = \lambda_z \left[ 1 + 0.06 \left( \frac{\lambda_y}{\lambda_z} \right)^2 \right] = 51.8 \times \left[ 1 + 0.06 \times \left( \frac{44.5}{51.8} \right)^2 \right] = 54.1$$

$$\lambda_{\max} = \max(\lambda_x, \lambda_{yz}) = 58.9,则 \frac{\lambda}{\varepsilon_k} = \lambda \sqrt{\frac{f_y}{235}} = 58.9 \times \sqrt{\frac{345}{235}} = 71.4,由 b 类截面轴心受压$$

构件稳定系数表,查得 $\varphi_{\min} = 0.743$,代入稳定公式:

$$\frac{N}{\varphi_{\min} A f} = \frac{765.94 \times 10^3}{0.743 \times 44.52 \times 10^2 \times 310} = 0.75 < 1,满足稳定要求。$$

(5)填板设置

填板每节间放置一块(满足支撑点范围内不少于两块),填板间距 $l_d = 150.8/2 = 75.4 \ \text{cm} < 40i = 40 \times 4.47 = 178.8 \ \text{cm}(i = 4.47 \ \text{cm})$。

**2)下弦杆截面设计**

整个下弦杆不改变截面,采用最大设计杆力($gi$ 杆)计算,$N_{gi} = 761.74 \ \text{kN}$(拉力)。

(1)计算长度

下弦杆平面内计算长度取节间长度 $l_{0x} = 300 \ \text{cm}$,平面外计算长度取支撑点之间距离 $l_{0y} = 600 \ \text{cm}$。

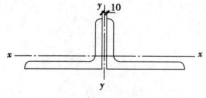

**图 2.36 下弦杆截面**

(2)截面类型

因为 $l_{0y} = 2l_{0x}$,为使 $\lambda_x \approx \lambda_y$,选用两不等边角钢短肢相并的 T 形截面,如图 2.36 所示。

(3)初选截面型号

需要截面为:

$$A = \frac{N}{f} = \frac{761.74 \times 10^3}{310} = 2\ 457\ (\text{mm}^2) = 24.57\ (\text{cm}^2)$$

根据需要截面面积 $A$，初选 2∟100×63×10（短肢相并），截面几何特性为：$A = 30.93\ \text{cm}^2$，$i_x = 1.74\ \text{cm}$，$i_y = 5.02\ \text{cm}$（节点板厚 10 mm）。

（4）截面验算

下弦杆承受拉力，需要进行强度和刚度验算。

在节点设计时，将位于 $gi$ 杆的螺栓孔包在节点板内，且使栓孔中心到节点板端边缘距离不小于 100 mm，故截面验算中不考虑栓孔对截面的削弱，按毛截面验算。

$$\lambda_x = \frac{l_{0x}}{i_x} = \frac{300}{1.74} = 172.4 < [\lambda] = 250,\quad \lambda_y = \frac{l_{0y}}{i_y} = \frac{600}{5.02} = 119.5 < [\lambda] = 250,\ 满足刚度要求。$$

$$\sigma = \frac{N}{A} = \frac{761.74 \times 10^3}{30.93 \times 10^2} = 246.28\ \text{N/mm}^2 < f = 310\ \text{N/mm}^2,\ 满足强度要求。$$

（5）填板设置

填板每节间放一块，填板间距 $l_d = 300/2 = 150\ \text{cm} < 80i = 80 \times 3.15 = 252\ \text{cm}\ (i = 3.15\ \text{cm})$。

**3）端斜杆截面设计**

选取 aB 杆，$N_{aB} = -459.99\ \text{kN}$（压力）。

（1）计算长度

$$l_{0x} = l_{0y} = 262.0\ \text{cm}$$

（2）截面类型

为使 $\lambda_x \approx \lambda_y$，选用两不等边角钢长肢相并的 T 形截面，如图 2.37 所示。

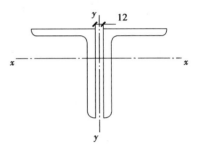

**图 2.37　端斜杆截面**

（3）初选截面型号

设 $\lambda = 80$，则 $\dfrac{\lambda}{\varepsilon_k} = \lambda\sqrt{\dfrac{f_y}{235}} = 80 \times \sqrt{\dfrac{345}{235}} = 96.9$，长肢相并的 T 形截面对 $x$ 轴和 $y$ 轴均属 $b$ 类截面，由 $b$ 类截面轴心受压构件的稳定系数表，查得 $\varphi = 0.575$，需要截面参数为：

$$A = \frac{N}{\varphi f} = \frac{459.99 \times 10^3}{0.575 \times 310} = 2\ 581\ \text{mm}^2 = 25.81\ \text{cm}^2$$

$$i_x = i_y = \frac{l_{0x}}{\lambda} = \frac{262.0}{80} = 3.28\ \text{cm}$$

根据需要 $A$、$i_x$、$i_y$，初选 2∟100×80×10（长肢相并），截面特性为 $A = 34.33\ \text{cm}^2$，$i_x = 3.12\ \text{cm}$，$i_y = 3.60\ \text{cm}$（支座节点板厚度为 12 mm）。

（4）截面验算

端斜杆 aB 杆无孔洞削弱，故不需要验算强度，只需进行刚度和整体稳定性验算。

$$\lambda_x = \frac{l_{0x}}{i_x} = \frac{262.0}{3.12} = 84.0 < [\lambda] = 150,\ 满足刚度要求。$$

$$\lambda_y = \frac{l_{0y}}{i_y} = \frac{262.0}{3.60} = 72.8 < [\lambda] = 150,\ 满足刚度要求。$$

$$\lambda_y = 72.8 > \lambda_z = 5.1\frac{b_2}{t} = 5.1 \times \frac{80}{10} = 40.8,\ 则换算长细比：$$

$$\lambda_{yz} = \lambda_y \left[ 1 + 0.25 \left( \frac{\lambda_z}{\lambda_y} \right)^2 \right] = 72.8 \times \left[ 1 + 0.25 \left( \frac{40.8}{72.8} \right)^2 \right] = 78.5$$

$\lambda_{max} = \max(\lambda_x, \lambda_{yz}) = 84.0, \dfrac{\lambda}{\varepsilon_k} = \lambda \sqrt{\dfrac{f_y}{235}} = 84.0 \times \sqrt{\dfrac{345}{235}} = 101.8$，由 $b$ 类截面轴心受压构件的稳定系数表,查得 $\varphi_{min} = 0.543$,代入稳定公式:

$$\frac{N}{\varphi_{min} A f} = \frac{459.99 \times 10^3}{0.543 \times 34.33 \times 10^2 \times 310} = 0.80 < 1，满足稳定要求。$$

(5)填板设置

填板每节间放置两块,填板间距 $l_d = 262.0/3 = 87.33 \text{ cm} < 40i = 40 \times 2.35 = 94 \text{ cm} (i = 2.35 \text{ cm})$。

**4)斜腹杆 Bc 杆截面设计**

$$N_{Bc} = 355.90 \text{ kN(拉力)}$$

(1)计算长度

$$l_{0x} = 0.8l = 269.1 \times 0.8 = 215.3 \text{ cm}, l_{0y} = l = 269.1 \text{ cm}$$

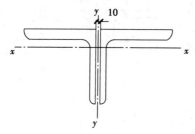

**图 2.38 斜腹杆截面**

(2)截面类型

因为 $l_{0y} = 1.25 l_{0x}$,为使 $\lambda_x \approx \lambda_y$,采用两等边角钢相并的 T 形截面,如图 2.38 所示。

(3)初选截面型号

需要截面为:

$$A = \frac{N}{f} = \frac{355.90 \times 10^3}{310} = 1\ 148 \text{ mm}^2 = 11.48 \text{ cm}^2$$

根据所需截面面积 $A$,初选 $2 \llcorner 70 \times 5$,截面特性为

$A = 6.875 \times 2 = 13.75 \text{ cm}^2, i_x = 2.16 \text{ cm}, i_y = 3.24 \text{ cm}$(节点板厚度为 $10 \text{ mm}$)。

(4)截面验算

Bc 杆承受拉力,需要进行强度和刚度验算。

$$\lambda_x = \frac{l_{0x}}{i_x} = \frac{215.3}{2.16} = 99.7 < [\lambda] = 250，满足刚度要求。$$

$$\lambda_y = \frac{l_{0y}}{i_y} = \frac{269.1}{3.24} = 83.1 < [\lambda] = 250，满足刚度要求。$$

$$\sigma = \frac{N}{A} = \frac{355.90 \times 10^3}{13.75 \times 10^2} = 258.84 \text{ N/mm}^2 < f = 310 \text{ N/mm}^2，满足强度要求。$$

(5)填板设置

填板每节间放一块,填板间距 $l_d = 269.1/2 = 134.6 \text{ cm} < 80i = 80 \times 2.16 = 172.8 \text{ cm}(i = 2.16 \text{ cm})$。

**5)斜腹杆 $Fg$ 杆截面设计**

工况一:$N = 64.89 \text{ kN(拉力)}$,工况二:$N = -5.19 \text{ kN(压力)}$。

(1)计算长度

$$l_{0x} = 0.8l = 0.8 \times 320.6 = 256.5 \text{ cm}, l_{0y} = 320.6 \text{ cm}$$

（2）截面类型

因为 $l_{0y} = 1.25l_{0x}$，为使 $\lambda_x \approx \lambda_y$，采用两等边角钢相并的 T 形截面，如图 2.39 所示，对 $x$ 轴和 $y$ 轴均属 $b$ 类截面。

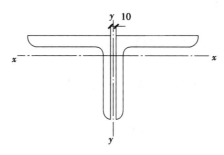

**图 2.39　斜腹杆截面**

（3）初选截面型号

按压杆选取截面。

设 $\lambda = 90$，则 $\dfrac{\lambda}{\varepsilon_k} = \lambda \sqrt{\dfrac{f_y}{235}} = 90 \times \sqrt{\dfrac{345}{235}} = 109.0$，由 $b$ 类截面轴心受压构件的稳定系数表，查得 $\varphi = 0.499$，需要截面为：

$$A = \frac{N}{\varphi f} = \frac{5.19 \times 10^3}{0.499 \times 310} = 31 \ \text{mm}^2 = 0.31 \ \text{cm}^2$$

$$i_x = \frac{l_{0x}}{\lambda} = \frac{256.5}{90} = 2.85 \ \text{cm}, \ i_y = \frac{l_{0y}}{\lambda} = \frac{320.6}{90} = 3.56 \ \text{cm}$$

根据需要 $A$、$i_x$、$i_y$，初选 2∟70×5，截面特性为 $A = 6.875 \times 2 = 13.75 \ \text{cm}^2$，$i_x = 2.16 \ \text{cm}$，$i_y = 3.24 \ \text{cm}$（节点板厚度为 10 mm）。

（4）截面验算

$\lambda_x = \dfrac{l_{0x}}{i_x} = \dfrac{256.5}{2.16} = 118.8 < [\lambda] = 150$，满足刚度要求。

$\lambda_y = \dfrac{l_{0y}}{i_y} = \dfrac{320.6}{3.24} = 99.0 < [\lambda] = 150$，满足刚度要求。

$\lambda_y = 99.0 > \lambda_z = 3.9 \dfrac{b}{t} = 3.9 \times \dfrac{70}{5} = 54.6$，则换算长细比：

$$\lambda_{yz} = \lambda_y \left[ 1 + 0.16 \left( \frac{\lambda_z}{\lambda_y} \right)^2 \right] = 99.0 \times \left[ 1 + 0.16 \left( \frac{54.6}{99.0} \right)^2 \right] = 103.8$$

$\lambda_{\max} = \max(\lambda_x, \lambda_{yz}) = 118.8$，$\dfrac{\lambda}{\varepsilon_k} = \lambda \sqrt{\dfrac{f_y}{235}} = 118.8 \times \sqrt{\dfrac{345}{235}} = 143.9$，查 $b$ 类截面轴心受压构件的稳定系数表，得 $\varphi_{\min} = 0.329$，代入稳定公式：

$$\frac{N}{\varphi_{\min} A f} = \frac{5.19 \times 10^3}{0.329 \times 13.75 \times 10^2 \times 310} = 0.04 < 1$$，满足稳定要求。

按拉杆验算：

$$\sigma = \frac{N}{A} = \frac{64.89 \times 10^3}{13.75 \times 10^2} = 47.19 \ \text{N/mm}^2 < f = 310 \ \text{N/mm}^2$$，满足强度要求。

(5)填板设置

填板每节间放 3 块，填板间距 $l_d = 320.6/4 = 80.15$ cm $< 40i = 40 \times 2.16 = 86.4$ cm $(i = 2.16$ cm$)$。

#### 6)竖杆 Ii 杆截面设计

$$N_{Ii} = -52.57 \text{ kN}(压力)$$

（1）计算长度

$$l_0 = 0.9l = 0.9 \times 329.0 = 296.1 \text{ cm}$$

（2）截面类型

单节点板双角钢截面的刚度以十字截面为大，故采用两等边角钢组成的十字形截面，如图 2.40 所示。

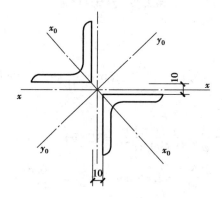

**图 2.40　竖杆截面**

（3）初选截面型号

轴心受压构件的最大容许长细比为 $[\lambda] = 150$，需要截面回转半径 $i \geqslant \dfrac{l_0}{[\lambda]} = \dfrac{296.1}{150} = 1.97$ cm，初步选用 2 ∟ 70 × 5（双角钢十字截面），$A = 6.875 \times 2 = 13.75$ cm$^2$，$i_{\min} = i_{x0} = 2.73$ cm。

（4）截面验算

$\lambda = \dfrac{l_0}{i_u} = \dfrac{296.1}{2.73} = 108.5 < [\lambda] = 150$，满足刚度要求。

$\dfrac{\lambda}{\varepsilon_k} = \lambda \sqrt{\dfrac{345}{235}} = 108.5 \times \sqrt{\dfrac{345}{235}} = 131.5$，由 $b$ 类截面轴心受压构件的稳定系数表，查得 $\varphi_{\min} = 0.381$，代入稳定公式：

$$\dfrac{N}{\varphi_{\min}Af} = \dfrac{52.57 \times 10^3}{0.381 \times 13.75 \times 10^2 \times 310} = 0.32 < 1$$，满足稳定要求。

（5）填板设置

填板每节间放置 5 块，填板间距 $l_d = \dfrac{329.0}{6} = 54.8$ cm $< 40i = 40 \times 1.39 = 55.6$ cm $(i_{\min} = 1.39$ cm$)$。

其余各杆件的截面设计见表 2.14。

**表 2.14 杆件截面设计表**

| 名称 | 杆件编号 | 内力/kN | 计算长度/cm l_0x | l_0y | 截面形式和规格/mm | 截面面积/cm² | 回转半径/cm i_x | i_y | 长细比 λ_x | λ_y | λ_yz | 容许长细比[λ] | 稳定系数 φ_min | 强度/(N·mm⁻²) | 稳定性 N/φ_min·Af | 强度设计值/(N·mm⁻²) |
|---|---|---|---|---|---|---|---|---|---|---|---|---|---|---|---|---|
| 上弦 | FH | -765.94 | 150.8 | 301.6 | ⌐140×90×10（短肢相并） | 44.52 | 2.56 | 6.77 | 58.9 | 44.5 | 54.1 | 150 | 0.743 | | 0.75 | 310 |
| 下弦 | gi | 761.74 | 300 | 600 | ⌐100×63×10（短肢相并） | 30.93 | 1.74 | 5.02 | 172.4 | 119.5 | | 250 | | 246.3 | | 310 |
| 斜腹杆 | aB | -459.99 | 262.0 | 262.0 | ⌐100×80×10（长肢相并） | 34.33 | 3.12 | 3.60 | 84.0 | 72.8 | 78.5 | 150 | 0.543 | | 0.80 | 310 |
| | Bc | 355.90 | 215.3 | 269.1 | ⌐70×5 | 13.75 | 2.16 | 3.24 | 99.7 | 83.1 | | 250 | | 258.8 | | 310 |
| | cD | -282.83 | 236.4 | 295.5 | ⌐90×6 | 21.27 | 2.79 | 4.05 | 84.7 | 73.0 | 80.5 | 150 | 0.538 | | 0.80 | 310 |
| | De | 192.93 | 235.5 | 294.4 | ⌐70×5 | 13.75 | 2.16 | 3.24 | 109.0 | 90.9 | | 250 | 0.482 | 140.3 | | 310 |
| | eF | -128.27 | 257.4 | 321.7 | ⌐90×6 | 21.27 | 2.79 | 4.05 | 92.3 | 79.4 | 86.3 | 150 | 0.482 | | 0.40 | 310 |
| | Fg | 64.89/-5.19 | 256.5 | 320.6 | ⌐70×5 | 13.75 | 2.16 | 3.24 | 118.8 | 99.0 | 103.8 | 150 | 0.329 | 47.2 | 0.04 | 310 |
| | gH | 35.43/-35.12 | 278.9 | 348.6 | ⌐90×6 | 21.27 | 2.79 | 4.05 | 100.0 | 86.1 | 92.5 | 150 | 0.431 | | 0.12 | 310 |
| | Hi | 27.16/-76.21 | 277.9 | 347.4 | ⌐90×6 | 21.27 | 2.79 | 4.05 | 99.6 | 85.8 | 92.2 | 150 | 0.434 | | 0.27 | 310 |

续表

| 名称 | 杆件编号 | 内力/kN | 计算长度/cm | | 截面形式和规格/mm | 截面面积/cm² | 回转半径/cm | | 长细比 | | | 容许长细比[λ] | 稳定系数 φ_min | 强度/(N·mm⁻²) | 稳定性 N/φ_min Af | 强度设计值 f/(N·mm⁻²) |
|---|---|---|---|---|---|---|---|---|---|---|---|---|---|---|---|---|
| | | | $l_{0x}$ | $l_{0y}$ | | | $i_x$ | $i_y$ | $\lambda_x$ | $\lambda_y$ | $\lambda_{yz}$ | | | | | |
| 竖杆 | Aa | -26.29 | 209 | 209 | ∟63×5 | 12.29 | 1.94 | 3.04 | 107.7 | 68.8 | 74.4 | 150 | 0.385 | | 0.18 | 310 |
| | Cc | -52.57 | 191.2 | 239 | ∟63×5 | 12.29 | 1.94 | 2.96 | 98.6 | 80.7 | 85.5 | 150 | 0.440 | | 0.31 | 310 |
| | Ee | -52.57 | 215.2 | 269 | ∟63×5 | 12.29 | 1.94 | 2.96 | 110.9 | 90.9 | 95.1 | 150 | 0.368 | | 0.38 | 310 |
| | Gg | -52.57 | 239.2 | 299 | ∟63×5 | 12.29 | 1.94 | 2.96 | 123.3 | 101.0 | 104.8 | 150 | 0.310 | | 0.45 | 310 |
| | Ii | -52.57 | 斜平面 $l_0=296.1$ | | ∟70×5 | 13.75 | $i_{min}=2.73$ cm | | $\lambda=108.5$ | | | 150 | 0.381 | | 0.32 | 310 |

注:容许长细比取值见表2.6。

## ▶ 2.4.5 节点设计

**1)腹杆杆端焊缝尺寸**

角钢肢背焊缝实际长度：$l'_{w1} = l_{w1} + 2h_{f1} = \dfrac{K_1 N}{2 \times 0.7 h_{f1} f_f^w} + 2h_{f1}$

角钢肢尖焊缝实际长度：$l'_{w2} = l_{w2} + 2h_{f2} = \dfrac{K_2 N}{2 \times 0.7 h_{f2} f_f^w} + 2h_{f2}$

以腹杆 aB 杆为例，$N_{aB} = -459.99$ kN，截面型号 $2 \llcorner 100 \times 80 \times 10$（长肢相并），节点板厚度 $t = 10$ mm。

（1）焊脚尺寸

肢背的焊脚尺寸 $h_{f1}$：

$$h_{max} = 1.2 t_{min} = 1.2 \times 10 = 12 \text{ mm}, h_{min} = 1.5\sqrt{t_{max}} = 1.5\sqrt{10} = 5 \text{ mm}$$
$$h_{min} \leq h_{f1} \leq h_{max}，即 5 \text{ mm} \leq h_{f1} \leq 12 \text{ mm}，取 h_{f1} = 8 \text{ mm}$$

肢尖的焊脚尺寸 $h_{f2}$：

$$h_{max} = t_{角钢} - (1 \sim 2) = 8 \sim 9 \text{ mm}, h_{min} = 1.5\sqrt{t_{max}} = 1.5\sqrt{10} = 5 \text{ mm}$$
$$h_{min} \leq h_{f2} \leq h_{max}，即 5 \text{ mm} \leq h_{f2} \leq 8 \sim 9 \text{ mm}，取 h_{f2} = 6 \text{ mm}$$

（2）焊缝长度

$Q345$ 钢，焊缝的强度设计值 $f_f^w = 200$ N/mm²；根据表 2.8 长肢相并不等边角钢肢背和肢尖焊缝的内力分配系数分别为 $K_1 = 0.65, K_2 = 0.35$；焊缝最小计算长度需满足 $l_{wmin} \geq 8h_f$ 且 $\geq 40$ mm。

杆端肢背焊缝和肢尖焊缝实际长度：

$$l'_{w1} = l_{w1} + 2h_{f1} = \frac{K_1 N}{2 \times 0.7 h_{f1} f_f^w} + 2h_{f1} = \frac{0.65 \times 459.99 \times 10^3}{2 \times 0.7 \times 8 \times 200} + 2 \times 8 = 149.5 (\text{mm})$$

取 $l'_{w1} = 150$ mm $> l_{wmin} + 2h_{f1} = 80$ mm

$$l'_{w2} = l_{w2} + 2h_{f2} = \frac{K_2 N}{2 \times 0.7 h_{f2} f_f^w} + 2h_{f2} = \frac{0.35 \times 459.99 \times 10^3}{2 \times 0.7 \times 6 \times 200} + 2 \times 6 = 107.8 \text{ mm}$$

取 $l'_{w2} = 110$ mm $> l_{wmin} + 2h_{f2} = 60$ mm

各腹杆的杆端焊缝尺寸计算结果见表 2.15。

**表 2.15　腹杆杆端焊缝尺寸**

| 杆件名称 | 杆件编号 | 设计内力 /kN | 肢背焊缝/mm | | 肢尖焊缝/mm | | 截面形式和规格 |
|---|---|---|---|---|---|---|---|
| | | | $l'_{w1}$ | $h_{f1}$ | $l'_{w2}$ | $h_{f2}$ | |
| 斜腹杆 | aB | -459.99 | 150 | 8 | 110 | 6 | ⌐⌐100×80×10（长肢相并） |
| | Bc | 355.90 | 165 | 6 | 90 | 5 | ⌐⌐70×5 |
| | cD | -282.83 | 135 | 6 | 65 | 6 | ⌐⌐90×6 |
| | De | 192.93 | 95 | 6 | 55 | 5 | ⌐⌐70×5 |
| | eF | -128.27 | 70 | 6 | 60 | 6 | ⌐⌐90×6 |
| | Fg | 64.89 | 60 | 6 | 50 | 5 | ⌐⌐70×5 |

续表

| 杆件名称 | 杆件编号 | 设计内力/kN | 肢背焊缝/mm | | 肢尖焊缝/mm | | 截面形式和规格 |
| --- | --- | --- | --- | --- | --- | --- | --- |
| | | | $l'_{w1}$ | $h_{f1}$ | $l'_{w2}$ | $h_{f2}$ | |
| 斜腹杆 | gH | 35.43 | 60 | 6 | 60 | 6 | ⌐ ⌐90×6 |
| | Hi | −76.21 | 60 | 6 | 60 | 6 | ⌐ ⌐90×6 |
| 竖杆 | Aa | −26.29 | 50 | 5 | 50 | 5 | ⌐ ⌐63×5 |
| | Cc | −52.57 | 50 | 5 | 50 | 5 | ⌐ ⌐63×5 |
| | Ee | −52.57 | 50 | 5 | 50 | 5 | ⌐ ⌐63×5 |
| | Gg | −52.57 | 50 | 5 | 50 | 5 | ⌐ ⌐63×5 |
| | Ii | −52.57 | 50 | 5 | 50 | 5 | ⌐70×5 |

**2)下弦节点"c"**

根据腹杆 Bc 杆、cD 杆、Cc 杆端焊缝设计长度,确定节点板的形状和尺寸如图 2.41 所示。下弦杆与节点板的连接焊缝满焊,焊缝设计长度为 380 mm。

(1)下弦杆与节点板连接焊缝长度验算

下弦截面采用 2∟100×63×10(短肢相并),节点板厚度 $t=10$ mm。

肢背、肢尖最小焊脚尺寸:$h_{min}=1.5\sqrt{t_{max}}=1.5\sqrt{10}=5$ mm

肢背最大焊脚尺寸 $h_{f1}$:$h_{max}=1.2t_{min}=1.2×10=12$ mm

肢尖最大焊脚尺寸 $h_{f2}$:$h_{max}=t_{角钢}-(1\sim2)=8\sim9$ mm

$$h_{min}\le h_f\le h_{max},实际取 h_{f1}=h_{f2}=6 mm。$$

焊缝承受节点左、右弦杆的内力差 $\Delta N=N_{ce}-N_{ac}=577.74-237.09=340.65$ kN,受力较大肢背处所需焊缝长度为:

$$l'_{w1}=\frac{K_1\Delta N}{2×0.7h_{f1}f_f^w}+2h_{f1}=\frac{0.75×340.65×10^3}{2×0.7×6×200}+2×6=164.1(mm),远小于焊缝设计长度$$

380 mm,满足要求。

(2)节点板强度计算

Bc 杆,由图 2.41 中放样量得板件的有效宽度 $b_e=251$ mm。

$$\sigma=\frac{N}{b_e t}=\frac{355.90×10^3}{251×10}=141.79 \text{ N/mm}^2<f=310 \text{ N/mm}^2,满足要求。$$

cD 杆,由图 2.41 中放样量得板件的有效宽度 $b_e=260$ mm。

$$\sigma=\frac{N}{b_e t}=\frac{282.83×10^3}{260×10}=108.78 \text{ N/mm}^2<f=310 \text{ N/mm}^2,满足强度要求。$$

Cc 杆,由图 2.41 中放样量得板件的有效宽度 $b_e=331$ mm。

$$\sigma=\frac{N}{b_e t}=\frac{52.57×10^3}{331×10}=15.88 \text{ N/mm}^2<f=310 \text{ N/mm}^2,满足强度要求。$$

(3)节点板稳定计算

节点"c"中的节点板为有竖腹杆相连的节点板,由图 2.41 中放样量得受压腹杆 Dc 杆杆端中点至下弦杆的净距离 $c=108$ mm,节点板厚度 $t=10$ mm。

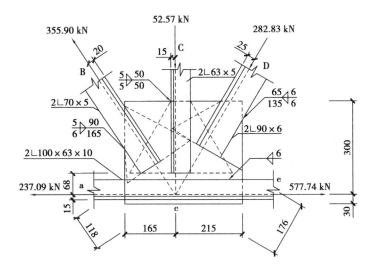

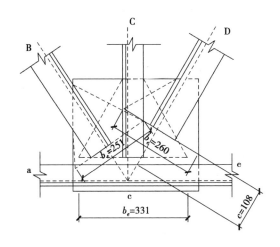

**图 2.41 下弦节点"c"**

$$\frac{c}{t} = \frac{108}{10} = 10.8 < 15\varepsilon_k = 15\sqrt{\frac{235}{f_y}} = 15\sqrt{\frac{235}{345}} = 12.4,不需要计算稳定。$$

### 3)上弦节点"B"

根据腹杆 aB 杆、Bc 杆端焊缝设计长度,确定节点板的形状和尺寸,如图 2.42 所示。

屋架上弦节点承受由屋面板传来的集中荷载 P 的作用,为了放置上部构件,节点板缩入深度为 10 mm,并用塞焊缝连接,塞焊缝设计长度为 385 mm。

（1）上弦杆与节点板连接焊缝验算

节点板与上弦的连接焊缝受力假定:节点板与上弦角钢肢背采用塞焊缝连接,假定塞焊缝只承受屋面集中荷载 P 作用;节点板与上弦角钢肢尖采用双侧面角焊缝连接,承担上弦内力差 $\Delta N$。

①肢背塞焊缝验算

$$h_{f1} = \frac{t_{节点板}}{2} = 5 \text{ mm},节点集中力 P = P_G + P_Q = 37.72 + 14.85 = 52.57(\text{kN})。$$

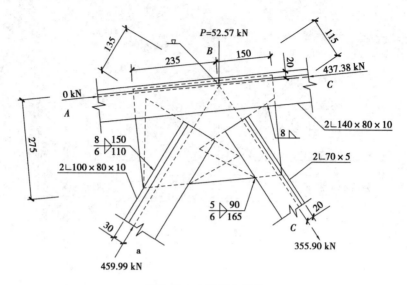

图 2.42　上弦节点"B"

$$\sigma_f = \frac{P}{2 \times 0.7 h_{f1} l_{w1}} = \frac{52.57 \times 10^3}{2 \times 0.7 \times 5 \times (385 - 2 \times 5)} = 20.03 (\text{N/mm}^2) < 0.8 f_f^w = 160 (\text{N/mm}^2),$$

满足要求。

可见塞焊缝所受应力非常小,一般塞焊缝不起控制作用,仅需验算肢尖焊缝。

②肢尖角焊缝验算

上弦肢尖角焊缝的焊脚尺寸 $h_{f2} = 8$ mm,相邻节间弦杆的内力差

$\Delta N = N_{BD} - N_{AB} = 437.38 - 0 = 437.38$ kN 和由其产生的偏心弯矩 $M = \Delta Ne = 437.38 \times (90 - 20) \times 10^{-3} = 30.62$ kN·m($e$ 为肢尖至上弦杆轴线的距离)。

$$\sigma_f = \frac{6M}{2 \times 0.7 h_{f2} l_{w2}^2} = \frac{6 \times 30.62 \times 10^6}{2 \times 0.7 \times 8 \times (385 - 2 \times 8)^2} = 120.47 (\text{N/mm}^2)$$

$$\tau_f = \frac{\Delta N}{2 \times 0.7 h_{f2} l_{w2}} = \frac{437.38 \times 10^3}{2 \times 0.7 \times 8 \times (385 - 2 \times 8)} = 105.83 (\text{N/mm}^2)$$

$$\sqrt{\left(\frac{\sigma_f}{\beta_f}\right)^2 + \tau_f^2} = \sqrt{\left(\frac{120.47}{1.22}\right)^2 + 105.83^2} = 144.74 \text{ N/mm}^2 < f_f^w = 200 \text{ N/mm}^2,$$满足要求。

(2)节点板强度计算

aB 杆,由图 2.42 中放样量得板件的有效宽度 $b_e = 302$ mm,

$$\sigma = \frac{N}{b_e t} = \frac{459.99 \times 10^3}{302 \times 10} = 152.31 \text{ N/mm}^2 < f = 310 \text{ N/mm}^2,满足强度要求。$$

Bc 杆,由图 2.42 中放样量得板件的有效宽度 $b_e = 250$ mm,

$$\sigma = \frac{N}{b_e t} = \frac{355.90 \times 10^3}{250 \times 10} = 142.36 \text{ N/mm}^2 < f = 310 \text{ N/mm}^2,满足强度要求。$$

(3)节点板稳定计算

节点"B"中的节点板为无竖腹杆相连的节点板,由图 2.42 中放样量得受压腹杆 aB 杆杆端中点至上弦杆的净距离 $c = 63$ mm。

$$\frac{c}{t} = \frac{63}{10} = 6.3 < 10\varepsilon_k = 10\sqrt{\frac{235}{f_y}} = 10\sqrt{\frac{235}{345}} = 8.3,此时节点板稳定承载力可取为$$

$0.8b_etf = 0.8 \times 302 \times 10 \times 310 \times 10^{-3} = 748.96 \text{ kN} > N = 459.99 \text{ kN}$，节点板满足稳定要求。

**4）下弦中央拼接节点"i"**

根据腹杆 iI 杆、iH 杆、iH′杆杆端焊缝设计长度，确定节点板的形状和尺寸，如图 2.43 所示。下弦与节点板的焊缝满焊，焊缝设计长度为 235 × 2 = 470 mm。

跨度为 24 m 的屋架可分为两个运输单元，跨中节点采用工地焊接拼接，左半边的弦杆和腹杆与节点板连接用工厂焊缝，而右半边的弦杆和腹杆与节点板连接用工地焊缝。

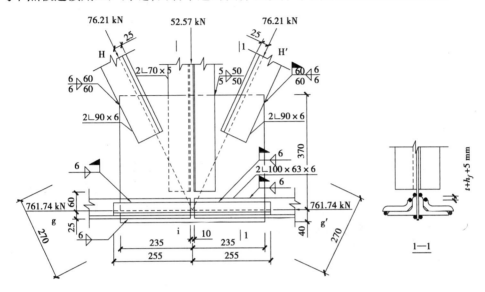

**图 2.43　下弦中央拼接节点"i"**

（1）拼接角钢计算

拼接角钢采用与下弦杆相同规格截面 2∟ 100 × 63 × 10（短肢相并），下弦杆与拼接角钢之间角焊缝的焊脚尺寸 $h_f = 6$ mm，竖直肢切去 $\Delta = t + h_f + 5 = 10 + 6 + 5 = 21$ mm，切肢后剩余高度 $h - \Delta = 63 - 21 = 42$ mm。

下弦杆与拼接角钢接头一侧每条焊缝长度为：

$$l'_w = \frac{N_{gi}}{4 \times 0.7h_ff_f^w} + 2h_f = \frac{761.74 \times 10^3}{4 \times 0.7 \times 6 \times 200} + 2 \times 6 = 239 \text{（mm）}$$

则拼接角钢需要的最小长度为 $l = 2l'_w + b = 2 \times 239 + 10 = 488$ mm，实际取 $l = 510$ mm。

（2）下弦与节点板的连接焊缝计算

下弦杆与节点板的连接焊缝按节点一侧较大下弦杆件内力 15% 计算，节点一侧下弦肢背焊缝和肢尖焊缝所需长度为：

$$l_{w1} = \frac{K_1 0.15N_{max}}{2 \times 0.7h_ff_f^w} + 2h_{f1} = \frac{0.15 \times 0.75 \times 761.74 \times 10^3}{2 \times 0.7 \times 6 \times 200} + 2 \times 6 = 63.0 \text{（mm）}$$

$$l_{w2} = \frac{K_2 0.15N_{max}}{2 \times 0.7h_ff_f^w} + 2h_{f2} = \frac{0.15 \times 0.25 \times 761.74 \times 10^3}{2 \times 0.7 \times 6 \times 200} + 2 \times 6 = 29.0 \text{（mm）}$$

由以上计算可知，实际焊缝设计长度（满焊）远大于需要的焊缝长度，满足要求。

**5）屋脊节点"i"**

根据腹杆 iI 杆杆端焊缝设计长度，确定节点板的形状和尺寸，如图 2.44 所示。屋脊节点承受由屋面板传来的集中荷载 $P$ 的作用,节点板缩入深度为10 mm,并用塞焊缝连接。

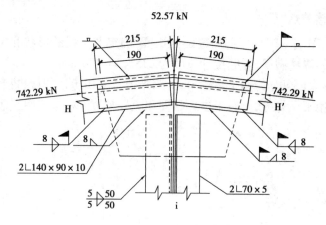

**图2.44 屋脊节点"i"**

(1)拼接角钢计算

拼接角钢采用与上弦杆相同规格截面 $2 \llcorner 140 \times 90 \times 10$(短肢相并),因节点两侧上弦杆内力相等,故用一侧杆件内力 $N_{HI} = -742.29$ kN(压力)(也可按轴心受压等强度设计)计算。

上弦杆与拼接角钢之间的角焊缝的焊脚尺寸 $h_f = 8$ mm,竖直肢应切去 $\Delta = t + h_f + 5 = 10 + 8 + 5 = 23$ mm,切肢后剩余高度 $h - \Delta = 90 - 23 = 67$ mm。

上弦杆与拼接角钢接头一侧每条焊缝所需长度为:

$$l'_w = \frac{N_{HI}}{4 \times 0.7 h_f f^w_f} + 2h_f = \frac{742.29 \times 10^3}{4 \times 0.7 \times 8 \times 200} + 2 \times 8 = 182 \text{ mm}$$

则屋脊拼接角钢的需要的最小总长度 $l = 2l'_w + b = 2 \times 182 + 30 = 394$ mm,实际取 $l = 430$ mm。

(2)上弦杆与节点板的连接焊缝计算

计算上弦杆与节点板的连接焊缝时,假定节点荷载 $P$ 由上弦角钢肢背处的塞焊缝承受,肢尖与节点板的连接计算则按一侧较大上弦杆内力的15%计算,且考虑该力所产生的弯矩 $M = 0.15 N_{max} e$。

①肢背塞焊缝验算

$h_{f1} = \dfrac{t_{节点板}}{2} = 5$ mm,上弦和节点板的塞焊缝设计长度为380 mm。

$$\sigma_f = \frac{P}{2 \times 0.7 h_{f1} l_{w1}} = \frac{52.57 \times 10^3}{2 \times 0.7 \times 5 \times (380 - 2 \times 5)} = 20.30 \text{ N/mm}^2 < 0.8 f^w_f = 160 \text{ N/mm}^2,满足$$

要求。

②肢尖焊缝验算

角钢肢尖角焊缝的焊脚尺寸 $h_{f2} = 8$ mm,一侧焊缝设计长度为180 mm。

$$M = 0.15 N_{max} \cdot e = 0.15 \times 742.29 \times (90 - 20) \times 10^{-3} = 7.79 (\text{kN} \cdot \text{m})$$

$$\sigma_f = \frac{6M}{2 \times 0.7 h_{f2} l^2_{w2}} = \frac{6 \times 7.79 \times 10^6}{2 \times 0.7 \times 8 \times (180 - 2 \times 8)^2} = 155.16 (\text{N/mm}^2)$$

$$\tau_f = \frac{0.15 N_{max}}{2 \times 0.7 h_{f2} l_{w2}} = \frac{0.15 \times 742.29 \times 10^3}{2 \times 0.7 \times 8 \times (180 - 2 \times 8)} = 60.62 (\text{N/mm}^2)$$

$$\sqrt{\left(\frac{\sigma_f}{\beta_f}\right)^2 + (\tau_f)^2} = \sqrt{\left(\frac{155.16}{1.22}\right)^2 + (60.62)^2} = 140.89 \text{ N/mm}^2 < f_f^w = 200 \text{ N/mm}^2, \text{满足}$$

要求。

**6) 支座节点"a"**

根据腹杆 Aa 杆、aB 杆端焊缝设计长度,在大样图中放样确定节点板的形状和尺寸,如图 2.45 所示。下弦角钢水平肢与支座底板间的净距取 170 mm,满足≥130 mm 净距要求。同时在支座节点板两侧设置加劲肋,考虑到支座加劲肋是主要传力构件,为保证其有较强的刚度,加劲肋厚度和高度同节点板一样,$t_{加劲肋} = t_{支座节点板} = 12$ mm,锚栓采用 2M22。

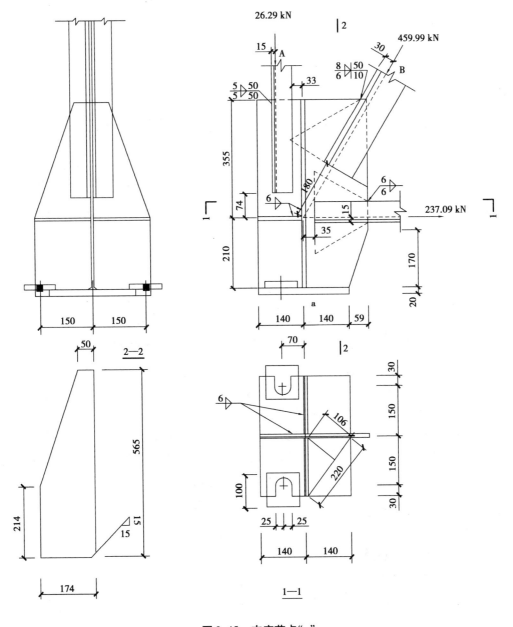

**图 2.45　支座节点"a"**

（1）底板计算

①底板面积

底板承受屋架的支座反力 $R = \dfrac{16P}{2} = 8P = 8 \times 52.57 = 420.56$ kN。

柱采用 C25，混凝土的轴心抗压强度设计值 $f_c = 11.9$ N/mm$^2$，柱子截面面积 $A_b = 600 \times 600 = 360\,000$ mm$^2$。

底板需净面积：$A_n \geqslant \dfrac{R}{f_c} = \dfrac{420.56 \times 10^3}{11.9} = 35\,341\,(\text{mm}^2)$

底板锚栓孔径 $d = 50$ mm，栓孔面积：$\Delta A = 50 \times 30 \times 2 + \dfrac{\pi}{4} \times 50^2 = 4\,963\,(\text{mm}^2)$

底板需毛面积：$A = A_n + \Delta A = 35\,341 + 4\,963 = 40\,304\,(\text{mm}^2)$

从上式计算可以看出根据受力要求求出的底板面积较小，构造要求底板面积取为 $A = 280 \times 360 = 100\,800\,(\text{mm}^2)$。

柱顶混凝土抗压强度：

$$q = \frac{R}{A - \Delta A} = \frac{420.56 \times 10^3}{100\,800 - 4\,963} = 4.39\,(\text{N/mm}^2) < \beta_c f_c = \sqrt{\frac{A_b}{A}}f_c = \sqrt{\frac{360\,000}{100\,800}} \times 11.9 = 22.49\,(\text{N/mm}^2)$$

②底板厚度

节点板和加劲肋将底板分成 4 块两相邻边支承板，$a_1 = \sqrt{(140-6)^2 + (180-6)^2} = 220$ mm，$b_1 = 106$ mm，$\dfrac{b_1}{a_1} = \dfrac{106}{220} = 0.48$，查弯矩系数表 2.10 得 $\beta = 0.054$，则两相邻边支承单位板宽的最大弯矩为：

$$M = \beta q a_1^2 = 0.054 \times 4.39 \times 220^2 = 11\,473.70\,(\text{N} \cdot \text{mm})$$

假设所需底板厚度在 16～35 mm 范围内，钢材的强度设计值 $f = 295$ N/mm$^2$。

所需底板厚度为：

$$t \geqslant \sqrt{\frac{6M}{f}} = \sqrt{\frac{6 \times 11\,473.70}{295}} = 15.3\,(\text{mm})，取 t = 20\,\text{mm}。$$

（2）加劲肋与节点板的焊缝计算

加劲肋与节点板的角焊缝的焊脚尺寸 $h_f = 6$ mm，焊缝长度等于加劲肋高度，也等于节点板高度，焊缝计算长度 $l_w = 565 - 2 \times 6 - 15 = 538\,(\text{mm})$。

两个加劲肋近似传递支座总反力 $R$ 的一半，则每块加劲肋承受 $R/4$，$R/4$ 作用点到焊缝的距离近似取为 $e = (360 - 12)/4 = 87$ mm，则焊缝所受剪力 $V$ 及弯矩 $M$ 为：

$$V = \frac{R}{4} = \frac{420.56}{4} = 105.14\,(\text{kN})$$

$M = V \times e = 105.14 \times 0.087 = 9.15\,(\text{kN} \cdot \text{m})$

$$\sqrt{\left(\frac{6M}{\beta_f \times 2 \times 0.7 h_f l_w^2}\right)^2 + \left(\frac{V}{2 \times 0.7 h_f l_w}\right)^2}$$

$$= \sqrt{\left(\frac{6 \times 9.15 \times 10^6}{1.22 \times 2 \times 0.7 \times 6 \times 538^2}\right)^2 + \left(\frac{105.14 \times 10^3}{2 \times 0.7 \times 6 \times 538}\right)^2} = 29.73\,\text{N/mm}^2 < f_f^w = 200\,\text{N/mm}^2$$

满足要求。

（3）加劲肋和节点板、底板的焊缝计算

取 $h_f = 6$ mm，由图可知，加劲肋和节点板、底板的焊缝实际总计算长度为：

$$\sum l_w = 2 \times (280 - 2h_f) + 4 \times (174 - 15 - 2h_f) = 2 \times (280 - 2 \times 6) + 4 \times (174 - 15 - 2 \times 6)$$
$$= 1\ 124 (\text{mm})$$

$$\sigma_f = \frac{R}{0.7\beta_f h_f \sum l_w} = \frac{420.56 \times 10^3}{1.22 \times 0.7 \times 6 \times 1\ 124} = 73.03 (\text{N/mm}^2) < f_f^w = 200 (\text{N/mm}^2)，满$$

足要求。

（4）支座节点板与下弦的连接焊缝

节点板和下弦焊缝承受内力 $N = 237.09$ kN，受力较大肢背处所需焊缝长度为：

$$l_{w1}' \geq \frac{K_1 N}{2 \times 0.7 h_{f1} f_f^w} + 2h_f = \frac{0.75 \times 237.09 \times 10^3}{2 \times 0.7 \times 6 \times 200} + 2 \times 6 = 118 (\text{mm})，小于焊缝实际设计长度，$$

满足要求。

（5）节点板强度计算

aB 杆，由图 2.45 中放样量得板件的有效宽度 $b_e = 277$ mm，支座节点板的厚度 $t = 12$ mm。

$$\sigma = \frac{N}{b_e t} = \frac{459.99 \times 10^3}{277 \times 12} = 138.38 (\text{N/mm}^2) < f = 310 (\text{N/mm}^2)，满足要求。$$

ab 杆，由图 2.45 中放样量得板件的有效宽度 $b_e = 252$ mm。

$$\sigma = \frac{N}{b_e t} = \frac{237.09 \times 10^3}{252 \times 12} = 78.40 (\text{N/mm}^2) < f = 310 (\text{N/mm}^2)，满足要求。$$

（6）节点板稳定计算

节点"a"中的节点板为有竖腹杆相连的节点板，由图 2.45 中放样量得受压腹杆杆端中点至弦杆的净距离 $c = 112$ mm。

$$\frac{c}{t} = \frac{112}{12} = 9.33 < 15\varepsilon_k = 15\sqrt{\frac{235}{f_y}} = 15\sqrt{\frac{235}{345}} = 12.4，不需要进行稳定验算。$$

其他节点构造详见施工图，所有无竖杆相连的节点板，受压腹杆杆端中点至弦杆的净距离 $c$ 与节点板厚度 $t$ 之比，均小于或等于 $10\sqrt{\frac{235}{f_y}}$；与竖杆相连的节点板，$\frac{c}{t}$ 均小于或等于 $15 \times \sqrt{\frac{235}{f_y}}$，因此节点板的稳定均能保证。所有节点板在拉杆的拉力作用下，也都满足 $\frac{N}{b_e t} \leq f$ 的要求，因此节点板的强度均能保证。

## ▶ 2.4.6　屋架施工图

详见附图屋架施工图。

## ▶ 【本章参考文献】

［1］中华人民共和国国家标准. 钢结构设计标准（GB 50017—2017）［S］. 北京：中国工业出版社，2018.

［2］《新钢结构设计手册》编辑委员会. 新钢结构设计手册.［M］. 北京：中国计划出版社，2018.

[3] 中华人民共和国国家标准.建筑结构可靠度设计统一标准(GB 50068—2018)[S].北京:中国建筑工业出版社,2018.

[4] 中华人民共和国国家标准.建筑制图标准(GB/T 50104—2010)[S].北京:中国计划出版社,2012.

[5] 中华人民共和国国家标准.建筑结构荷载规范(GB 50009—2012)[S].北京:中国计划出版社,2012.

[6] 中华人民共和国国家标准.建筑结构抗震设计规范(2016 版)(GB 50011—2010)[S].北京:中国建筑工业出版社,2016.

[7] 董军,曹周平.钢结构原理与设计[M].北京:中国建筑工业出版社,2008.

[8] 姚谏,夏志斌.钢结构—原理与设计[M].2 版.北京:中国建筑工业出版社,2008.

[9] 郑廷银.钢结构设计[M].重庆:重庆大学出版社,2017.

[10] 沈祖言,陈以一,陈扬暨,等.钢结构[M].北京:中国建筑工业出版社,2018.

[11] 张三柱.土木工程专业建筑工程方向课程设计指导书[M].北京:中国水利水电出版社,2007.

[12] 陈安英,陈昌宏.土木工程专业课程设计[M].北京:冶金工业出版社,2012.

[13] 姚继涛.土木工程专业课程设计指南[M].北京:科学出版社,2012.

[14] 裴巧玲.土木工程专业课程设计指导[M].北京:科学出版社,2016.

[15] 孙强,马巍.钢结构基本原理[M].武汉:武汉大学出版社,2014.

[16] 国家建筑标准设计图集.轻型屋面三角形钢屋架(05G517)[S].北京:中国建筑标准设计研究院,2008.

[17] 国家建筑标准设计图集.梯形钢屋架(05G511)[S].北京:中国建筑标准设计研究院,2006.

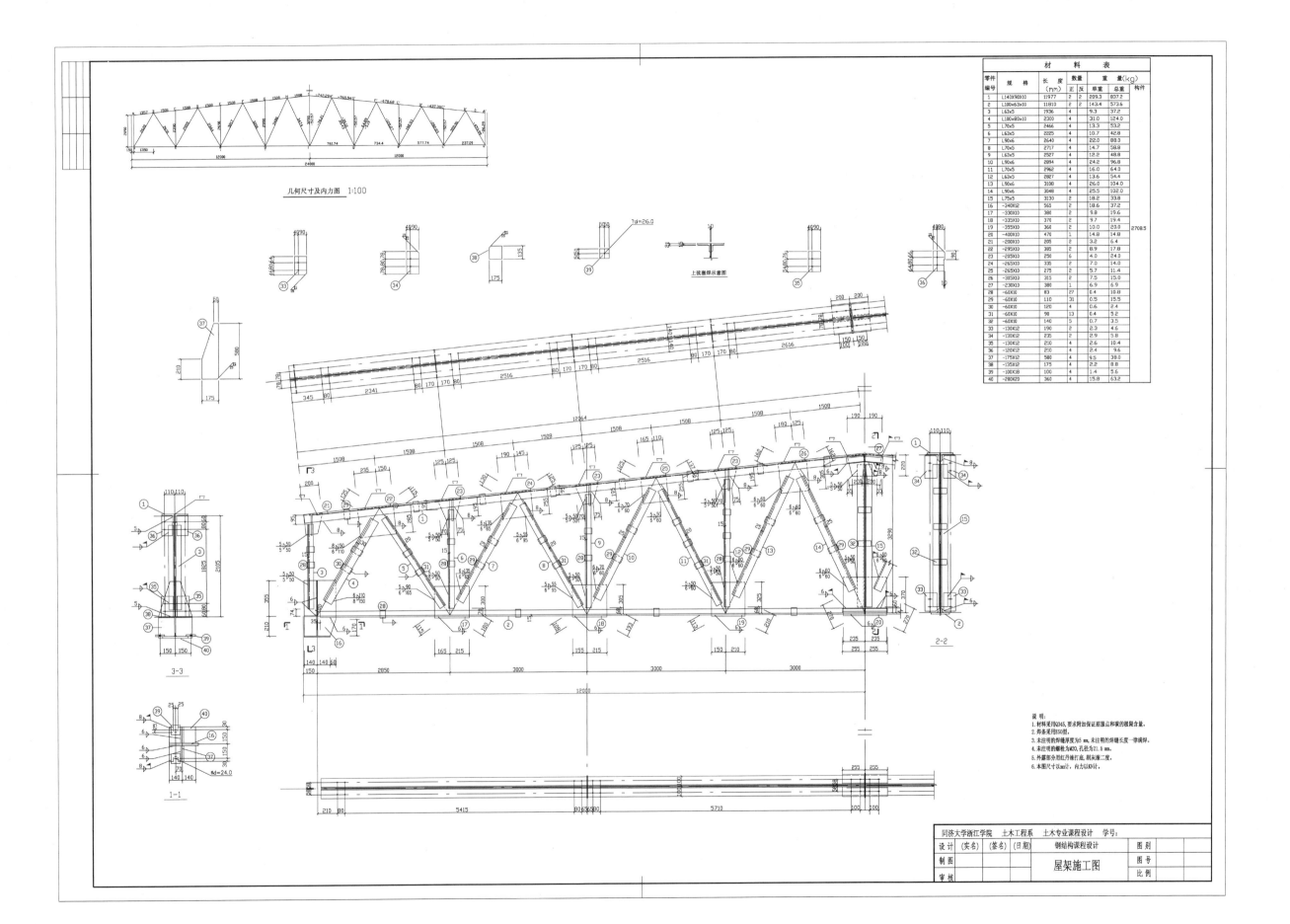

材 料 表

| 零件编号 | 规 格 | 长 度 (mm) | 数量 正 反 | | 重 量(kg) 单重 | 总重 | 构件 |
|---|---|---|---|---|---|---|---|
| 1 | L140X90X10 | 11977 | 2 | 2 | 209.3 | 837.2 | |
| 2 | L100x63x10 | 11810 | 2 | 2 | 143.4 | 573.6 | |
| 3 | L63x5 | 1936 | 4 | | 9.3 | 37.2 | |
| 4 | L100x80x10 | 2300 | 4 | | 31.0 | 124.0 | |
| 5 | L76x5 | 2466 | 4 | | 13.3 | 53.2 | |
| 6 | L63x5 | 2225 | 4 | | 10.7 | 42.8 | |
| 7 | L90x6 | 2640 | 4 | | 22.0 | 88.0 | |
| 8 | L70x5 | 2717 | 4 | | 14.7 | 58.8 | |
| 9 | L63x5 | 2527 | 4 | | 12.2 | 48.8 | |
| 10 | L90x6 | 2994 | 4 | | 24.2 | 96.8 | |
| 11 | L70x5 | 2962 | 4 | | 16.0 | 64.0 | |
| 12 | L63x5 | 2827 | 4 | | 13.6 | 54.4 | |
| 13 | L90x6 | 3108 | 4 | | 26.0 | 104.0 | |
| 14 | L90x6 | 3048 | 4 | | 25.5 | 102.0 | |
| 15 | L75x5 | 3130 | 4 | | 18.2 | 33.8 | |
| 16 | -340X12 | 565 | 2 | | 18.6 | 37.2 | |
| 17 | -330X10 | 380 | 2 | | 9.8 | 19.6 | |
| 18 | -335X10 | 370 | 2 | | 9.7 | 19.4 | |
| 19 | -355X10 | 360 | 2 | | 10.0 | 20.0 | |
| 20 | -400X10 | 470 | 1 | | 14.8 | 14.8 | 2708.5 |
| 21 | -200X10 | 205 | 2 | | 3.2 | 6.4 | |
| 22 | -295X10 | 385 | 2 | | 8.9 | 17.8 | |
| 23 | -205X10 | 250 | 6 | | 4.0 | 24.0 | |
| 24 | -265X10 | 335 | 2 | | 7.0 | 14.0 | |
| 25 | -265X10 | 275 | 2 | | 5.7 | 11.4 | |
| 26 | -305X10 | 315 | 2 | | 7.5 | 15.0 | |
| 27 | -230X10 | 380 | 1 | | 6.9 | 6.9 | |
| 28 | -60X10 | 83 | 27 | | 0.4 | 10.8 | |
| 29 | -60X10 | 110 | 31 | | 0.5 | 15.5 | |
| 30 | -60X10 | 120 | 4 | | 0.6 | 2.4 | |
| 31 | -60X10 | 90 | 13 | | 0.4 | 5.2 | |
| 32 | -60X10 | 140 | 5 | | 0.7 | 3.5 | |
| 33 | -130X12 | 190 | 2 | | 2.3 | 4.6 | |
| 34 | -130X12 | 235 | 2 | | 2.9 | 5.8 | |
| 35 | -130X12 | 210 | 4 | | 2.6 | 10.4 | |
| 36 | -120X12 | 210 | 4 | | 2.4 | 9.6 | |
| 37 | -175X12 | 580 | 4 | | 9.5 | 38.0 | |
| 38 | -135X12 | 175 | 4 | | 2.2 | 8.8 | |
| 39 | -100X18 | 100 | 4 | | 1.4 | 5.6 | |
| 40 | -280X20 | 360 | 4 | | 15.8 | 63.2 | |

几何尺寸及内力图  1:100

上弦塞焊示意图

说 明：

1. 材料采用Q345，要求附加保证屈服点和碳的极限含量。
2. 焊条采用E50型。
3. 未注明的焊缝厚度为5mm，未注明的焊缝长度一律满焊。
4. 未注明的螺栓为M20，孔径为21.6 mm。
5. 外露部分用红丹漆打底，刷灰漆二度。
6. 本图尺寸以mm计，内力以KN计。

| 同济大学浙江学院 | 土木工程系 | 土木专业课程设计 | 学号： | | | |
|---|---|---|---|---|---|---|
| 设 计 | (实名) | (签名) | (日期) | 钢结构课程设计 | 图别 | |
| 制 图 | | | | 屋架施工图 | 图号 | |
| 审 核 | | | | | 比例 | |

3-3

1-1

2-2

# 第**3**章
## 门式刚架课程设计

## 3.1 课程性质和教学要求

本课程设计是在完成了《钢结构基本原理》和《建筑钢结构设计》两门理论课程学习后所进行的实践训练环节。其主要任务是通过轻钢门式刚架结构的设计实践,了解门式刚架设计的全过程,掌握门式刚架设计方法及施工图绘制方法,加深对钢结构设计过程的认识,提高对所学知识的综合运用能力。具体教学要求:

①熟悉门式刚架结构组成,掌握支撑和檩条布置原则和布置方法。

②掌握刚架内力计算和内力组合计算方法。

③掌握刚架柱顶水平侧移和竖向挠度计算方法。

④掌握刚架斜梁和刚架柱设计方法。

⑤掌握屋脊拼接节点、梁柱拼接节点和柱脚节点的设计方法,熟悉节点的构造措施。

⑥掌握利用设计软件进行门式刚架设计及施工图详图绘制的方法。

## 3.2 门式刚架设计任务书

### ▶ 3.2.1 设计资料

某地区轻钢汽配加工厂,厂房采用单层单跨双坡门式刚架结构。厂房总长度90 m,柱网布置图如图3.1所示,一榀刚架剖面示意图如图3.2所示。屋面和墙面材料采用双层压型复合保温板,钢材采用Q235钢,焊条采用E43型,基础混凝土采用C25。地震设防烈度为6度,设计地震分组为第二组,场地类别二类,地面粗糙度类别 B 类,设计使用年限50年,建筑结构安全等级为二级,结构重要性系数为 $\gamma_0 = 1.0$。

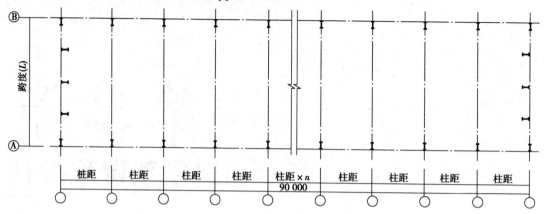

图 3.1 柱网布置图

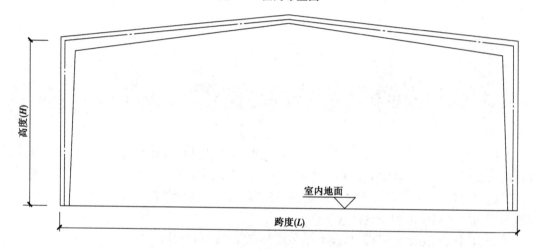

图 3.2 一榀刚架剖面示意图

荷载取值如下:

恒荷载标准值(对水平投影面):

屋面荷载(水平投影面):

| | |
|---|---|
| 双层压型复合保温屋面板 | 0.20 kN/m² |
| 檩条及屋面支撑 | 0.10 kN/m² |
| 悬挂设备 | 0.05 kN/m² |
| 合计: | 0.35 kN/m² |

墙面荷载:

| | |
|---|---|
| 双层压型复合保温墙面板 | 0.20 kN/m² |
| 墙梁及柱间支撑 | 0.10 kN/m² |
| 合计: | 0.30 kN/m² |

可变荷载标准值:

| | |
|---|---|
| 屋面活荷载 | 0.5 kN/m² |

| 风荷载 | _____ kN/m² |
|---|---|
| 雪荷载 | _____ kN/m² |

注:1. 雪荷载:按建造地点雪荷载采用,参见现行国家标准《建筑结构荷载规范》(GB 50009—2012);
   2. 风荷载:采用建造地点基本风压,参见现行国家标准《建筑结构荷载规范》(GB 50009—2012);风载体型系数参见现行国家标准《门式刚架轻型房屋钢结构技术规范》(GB 51022—2015),在后续文中出现的该规范简称《门规》。

## ▶ 3.2.2 设计内容及设计要求

### 1)设计内容

取一榀刚架进行设计,形成门式刚架设计计算书一份,绘制门式刚架施工图一张。具体内容要求如下:

(1)设计计算书

①设计资料及设计依据。

②柱网布置方案、支撑体系布置方案及屋面檩条及隅撑布置方案。

③荷载计算,各荷载工况作用下的内力计算,内力组合,刚架柱顶侧移及刚架斜梁挠度计算。

④刚架斜梁和刚架柱设计。

⑤刚架连接节点(梁柱连接节点,屋脊拼接节点,柱脚节点)设计。

(2)门式刚架施工图

①结构设计说明。

②结构布置图(平面布置图,柱间支撑布置图,屋面檩条布置图,绘图比例1:200)。

③门式刚架主构件详图(绘图比例1:50)。

④节点详图(梁柱拼接节点,屋脊拼接节点,柱脚节点,绘图比例1:10或1:20)。

⑤图纸大小要求:A2图幅。

### 2)设计要求

①在规定时间内独立完成课程设计,并提交设计计算书和施工图。

②计算书要求内容完整,步骤清晰,条理清楚,计算公式正确,手稿字迹工整。

③施工图绘制应选择适当的图幅和比例,线型和符号应参照建筑结构制图标准。

④装订顺序:封面,设计计算书,施工图(图纸折叠成A4大小)。

### 3)分组方案

学生分组设计方案见表3.1,表中根据跨度、柱距、檐口高度、房屋坡度及建造地点的不同给出90个同学的设计方案号,每个同学根据给定方案号进行相应课程设计。

表3.1 学生分组设计方案号

| 檐高/m | 坡度 | 建造地点 | 跨度 L=15 m 柱距/m | | | 跨度 L=18 m 柱距/m | | | 跨度 L=21 m 柱距/m | | | 跨度 L=24 m 柱距/m | | | 跨度 L=27 m 柱距/m | | |
|---|---|---|---|---|---|---|---|---|---|---|---|---|---|---|---|---|---|
| | | | 6 | 7.5 | 9 | 6 | 7.5 | 9 | 6 | 7.5 | 9 | 6 | 7.5 | 9 | 6 | 7.5 | 9 |
| 7.5 | 0.1 | A | 1 | 2 | 3 | 4 | 5 | 6 | 7 | 8 | 9 | 10 | 11 | 12 | 13 | 14 | 15 |
| | 0.12 | B | 16 | 17 | 18 | 19 | 20 | 21 | 22 | 23 | 24 | 25 | 26 | 27 | 28 | 29 | 30 |

续表

| 檐高/m | 坡度 | 建造地点 | 跨度 $L=15$ m 柱距/m | | | 跨度 $L=18$ m 柱距/m | | | 跨度 $L=21$ m 柱距/m | | | 跨度 $L=24$ m 柱距/m | | | 跨度 $L=27$ m 柱距/m | | |
|---|---|---|---|---|---|---|---|---|---|---|---|---|---|---|---|---|---|
| | | | 6 | 7.5 | 9 | 6 | 7.5 | 9 | 6 | 7.5 | 9 | 6 | 7.5 | 9 | 6 | 7.5 | 9 |
| 9.0 | 0.1 | A | 31 | 32 | 33 | 34 | 35 | 36 | 37 | 38 | 39 | 40 | 41 | 42 | 43 | 44 | 45 |
| | 0.12 | B | 46 | 47 | 48 | 49 | 50 | 51 | 52 | 53 | 54 | 55 | 56 | 57 | 58 | 59 | 60 |
| 10.5 | 0.1 | A | 61 | 62 | 63 | 64 | 65 | 66 | 67 | 68 | 69 | 70 | 71 | 72 | 73 | 74 | 75 |
| | 0.12 | B | 76 | 77 | 78 | 79 | 80 | 81 | 82 | 83 | 84 | 85 | 86 | 87 | 88 | 89 | 90 |

注:1. 建造地点,A.浙江省嘉兴市,B.内蒙古包头市。

2. 图 3.1 中抗风柱仅是示意图,具体抗风柱布置根据跨度选择合适的布置方案。

## ▶ 3.2.3 进度计划安排

布置设计任务          0.5 天
刚架设计
     支撑体系及檩条布置          0.5 天
     荷载计算,内力和位移计算,内力组合          1.0 天
     刚架斜梁和刚架柱设计          1.5 天
     梁柱节点、屋脊节点和柱脚节点设计          1.0 天
计算机辅助设计绘制门式刚架施工详图          0.5 天

$$\sum 5\ 天$$

## ▶ 3.2.4 成绩考核办法

门式刚架课程设计根据计算书质量、图纸质量和平时表现情况 3 个方面进行综合评价,按优秀、良好、中等、及格和不及格五级计分。其中,计算书占 45%(计算原理和计算方法正确性,计算步骤清晰性,计算内容完整性以及计算数据准确性);图纸占 25%(图纸规范性,图纸内容完整性);平时表现占 30%(知识掌握程度,学习态度和学习主动性,设计进度情况以及出勤情况),具体评分细则见表 3.2。

表 3.2   成绩评分细则

| 评分等级 | 设计计算书质量(45%),图纸质量(25%),平时表现(30%) |
|---|---|
| 优秀 | ①支撑和檩条布置方案合理;刚架构件设计和节点设计方法完全正确;计算步骤清晰明了,计算数据正确;计算书内容完整充实。<br>②绘图规范;图纸内容正确且完整。<br>③无迟到早退,全勤;能够严格按照进度计划完成任务;理论知识扎实,能够积极尝试查阅规范等资料独立完成设计。 |

| 评分等级 | 设计计算书质量(45%),图纸质量(25%),平时表现(30%) |
| --- | --- |
| 良好 | ①支撑和檩条布置方案合理;刚架构件设计和节点设计方法正确;计算数据基本正确;计算书内容完整。<br>②绘图较规范;图纸内容较完整,无明显错误。<br>③无迟到早退,全勤;能够按照进度计划完成任务;理论知识较扎实,能够查阅规范等资料独立完成设计。 |
| 中等 | ①支撑和檩条布置方案合理,刚架构件设计和节点设计方法正确;计算数据有部分错误;计算书内容较完整。<br>②图纸内容较完整但有部分错误。<br>③无迟到早退;能够按照进度计划完成任务。 |
| 及格 | ①结构方案布置基本正确,刚架构件设计和节点设计方法基本正确;计算数据有错误;计算书内容基本完整。<br>②绘图不规范,图纸内容基本完整,但有错误。<br>③偶尔有迟到早退情况,基本能够按照进度计划完成任务。 |
| 不及格 | ①计算原理和计算方法错误;计算数据错误率高;计算书内容不完整。<br>②图纸布局混乱,图纸内容不完整且错误率高。<br>③经常迟到早退;不能按照进度计划完成任务。 |

# 3.3　门式刚架设计指导书

## ▶ 3.3.1　结构组成和结构形式

门式刚架轻型房屋结构体系(图3.3)主要由主体承重结构和围护结构两部分组成。

**图3.3　单层门式轻钢厂房工程图例**

主体承重结构由刚架斜梁、刚架柱、支撑系统和系杆等组成。根据跨度、高度和荷载不同,刚架梁柱可采用变截面或等截面的轧制 H 型钢或焊接工字钢,设有桥式吊车时,刚架柱宜采用等截面。变截面与等截面相比,前者可以适应弯矩变化,节约材料,但在构造连接及加工制造方面,不如等截面方便。

围护结构包括屋面围护结构和墙面围护结构两部分。屋面围护结构由压型钢板屋面板和冷弯薄壁型钢檩条构成,墙面围护结构由压型钢板墙面板和冷弯薄壁型钢墙梁构成。檩条和墙梁多采用 C 型和 Z 型冷弯薄壁型钢。

门式刚架结构形式多样,如图 3.4 所示,在单层工业与民用房屋钢结构中,应用较多的为单跨、双跨、多跨的双坡门式刚架结构。

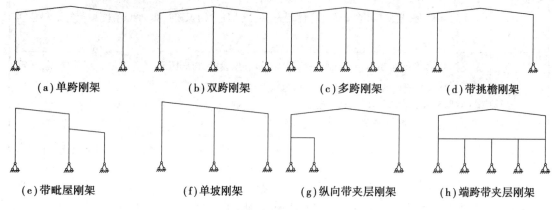

(a)单跨刚架      (b)双跨刚架      (c)多跨刚架      (d)带挑檐刚架

(e)带毗屋刚架      (f)单坡刚架      (g)纵向带夹层刚架      (h)端跨带夹层刚架

图 3.4    门式刚架形式

### ▶ 3.3.2   结构布置

**1)刚架建筑尺寸**

(1)刚架跨度和刚架柱距

门式刚架跨度取横向刚架轴线间的距离,一般为 12 ~ 48 m,以 3 m 为模数。确定门式刚架的柱距应综合考虑刚架跨度、荷载条件及使用要求等因素,柱距是否合理直接影响结构单位面积的耗钢量,一般柱距宜取为 6 ~ 9 m。挑檐长度根据使用要求确定,宜为 0.5 ~ 1.2 m。

(2)刚架高度

刚架高度取室外地面到地坪柱轴线与斜梁轴线交点高度(图 3.5),高度应根据使用要求的净高确定,宜为 4.5 ~ 9 m。檐口高度应取室外地面至房屋外侧檩条上缘的距离。

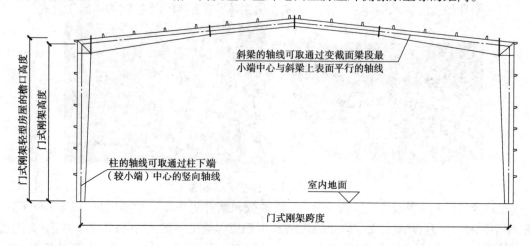

图 3.5    刚架建筑尺寸示例

（3）轴线

柱的轴线可取柱下端（较小端）中心的竖向轴线（图 3.5），但对于工业建筑，边柱的定位轴线应取柱外皮。斜梁的轴线可取通过变截面梁段（最小端）中心与斜梁上表面平行的轴线。

（4）屋面坡度

宜取 1:8 ~ 1:20，在雨水较多的地区宜取其中较大值。

（5）温度区段

纵向温度区段不宜大于 300 m，横向温度区段不宜大于 150 m，当横向温度区段大于150 m 时，应考虑温度的影响。

**2）檩条和墙梁布置**

檩条：屋面檩条宜等间距布置，同时应考虑天窗、通风口、檩条规格和屋面材料等因素影响，在屋脊处应沿屋脊两侧各布置一道檩条，在檐口天沟附近应布置一道檩条，以便于天沟的固定。檩条布置图例如图 3.6 所示。

拉条：一般在檩条跨中布置，当檩条跨度大于 6 m 时，在 1/3 处设置。

墙梁：墙梁的布置应考虑设置门窗、挑檐、遮阳、遮雨篷等构件和围护材料的要求。

**图 3.6 檩条布置图例**

**3）支撑布置**

支撑系统应能明确简洁地传递纵向水平荷载，保证结构体系整体稳定性，为结构和构件提供侧向支撑点，满足必要的强度和刚度要求。门式刚架轻型房屋钢结构所设支撑有两类：一类是屋面横向水平支撑，一类是柱间支撑。在每个温度区段或分期建设的区段中，应分别设置能独立构成空间稳定结构的支撑体系。支撑可采用圆钢和钢索交叉支撑及型钢交叉支撑等多种形式。

屋面横向水平支撑宜设在温度区段端部的第一或第二个开间。当建筑物或温度伸缩区段较长时，应增设一道或多道水平支撑，间距一般不大于 50 m。

柱间支撑宜与屋面横向水平支撑设置在同一开间，柱间支撑间距应根据房屋纵向柱距、受力情况和安装条件确定，当无吊车时，柱间支撑间距宜取 30 ~ 45 m；当有吊车时，宜在温度区段中部设置，或当温度区段较长时宜在三分点处设置，且间距不大于 50 m。

支撑布置图例如图 3.7 所示。

图 3.7　支撑布置图例

### ▶ 3.3.3　荷载计算与荷载组合

**1)荷载计算**

**(1)永久荷载**

作用在门式刚架上的永久荷载包括结构构件的自重和悬挂在结构上的非结构构件的自重。

结构构件自重包括屋面板、檩条、支撑、墙面板、墙梁和刚架梁柱及连接部分的自重。课程设计中如采用手工计算内力,结构构件自重荷载标准值(包括刚架自重)一般取为 0.45 ~ 0.55 kN/m²;若采用设计软件计算内力,软件一般会自动考虑刚架自重,此时屋面板、檩条、支撑、吊顶和墙面构件等自重标准值可取为 0.30 ~ 0.45 kN/m²。

非结构构件的自重包括吊顶、管道、电器管线以及喷淋设施等自重,根据工程实际情况取值。

**(2)可变荷载**

**①活荷载**

门式刚架轻型房屋钢结构的屋面一般采用压型钢板轻型屋面,自重很小,因此《门式刚架轻型房屋钢结构技术规程》(简称《门规》)中将活荷载标准值加大,屋面竖向均布活荷载标准值(按水平投影面积计算)取为 0.5 kN/m²,但对于承受荷载水平投影面积大于 60 m² 的刚架构件,则活荷载标准值的取值可适当降低,此时屋面均布活荷载的标准值可取不小于 0.3 kN/m²。

**②雪荷载**

门式刚架雪荷载标准值,按下式计算:

$$S_k = \mu_r S_0 \tag{3.1}$$

式中,$S_k$ 为雪荷载标准值(kN/m²);$S_0$ 为基本雪压(kN/m²),按《建筑结构荷载规范》(GB 50009—2012)规定的 100 年重现期选用;$\mu_r$ 为屋面积雪分布系数,$\theta \leqslant 25°$时,$\mu_r = 1.0$。

**③风荷载**

风荷载作用面积应取垂直于风向的最大投影面积,垂直于建筑物表面的单位面积风荷载标准值应按下式计算:

$$w_k = \beta \mu_w \mu_z w_0 \tag{3.2}$$

式中,$w_k$ 为风荷载标准值(kN/m²);$\omega_0$ 为地区基本风压,按《建筑结构荷载规范》(GB 50009—2012)规定采用;$\mu_z$ 为风荷载高度变化系数,当高度小于 10 m 时,应按 10 m 高度处的数值采用;$\beta$ 为系数,是对于风敏感性结构基本风压的提高,计算主刚架时 $\beta = 1.1$,计算檩条、墙梁、屋面板、墙面板及其连接时 $\beta = 1.5$;$\mu_w$ 为风荷载系数(见表3.3和图3.8),可按《门规》4.2.1条采用,也可按《建筑结构荷载规范》(GB 50009—2012)规定采用。

表3.3　主刚架横向风荷载系数

| 房屋类型 | 屋面坡度角 | 荷载工况 | 端区系数 | | | | 中间区系数 | | | |
|---|---|---|---|---|---|---|---|---|---|---|
| | | | (1E) | (2E) | (3E) | (4E) | 1 | 2 | 3 | 4 |
| 封闭式 | $0° \leq \theta \leq 5°$ | ( + i) | + 0.43 | − 1.25 | − 0.71 | − 0.60 | + 0.22 | − 0.87 | − 0.55 | − 0.47 |
| | | ( − i) | + 0.79 | − 0.89 | − 0.35 | − 0.25 | + 0.58 | − 0.51 | − 0.19 | − 0.11 |
| | $\theta = 10.5°$ | ( + i) | + 0.49 | − 1.25 | − 0.76 | − 0.67 | + 0.26 | − 0.87 | − 0.58 | − 0.51 |
| | | ( − i) | + 0.85 | − 0.89 | − 0.40 | − 0.31 | + 0.62 | − 0.51 | − 0.22 | − 0.15 |
| | $\theta = 15.6°$ | ( + i) | + 0.54 | − 1.25 | − 0.81 | − 0.74 | + 0.30 | − 0.87 | − 0.62 | − 0.55 |
| | | ( − i) | + 0.90 | − 0.89 | − 0.45 | − 0.38 | + 0.66 | − 0.51 | − 0.26 | − 0.19 |

注:( + i)表示内压为压力,为鼓风效应,( − i)表示内压为吸力,为吸风效应。

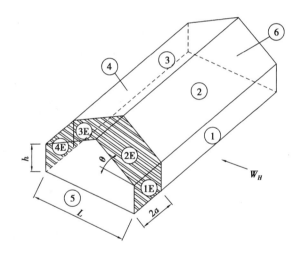

图3.8　双坡屋面横向

④地震作用

由于单层门式刚架轻型房屋钢结构自重较小,一般在抗震设防烈度小于7度(0.1 g)的地区可不进行抗震计算。当抗震设防烈度为7度(0.15 g)以上时,应进行地震作用效应验算。

**2)荷载组合**

根据《门规》,荷载组合原则如下:

①屋面均布活荷载不与雪荷载同时考虑,应取两者中的较大值。

②积灰荷载应与雪荷载或屋面均布活荷载中的较大值同时考虑。

③施工或检修集中荷载不与屋面材料或檩条自重以外的其他荷载同时考虑。

④多台吊车的组合应符合现行国家标准《建筑结构荷载规范》(GB 50009—2012)的规定。

⑤当需要考虑地震作用时,风荷载不与地震作用同时考虑。

### ▶ 3.3.4 内力计算和控制截面内力组合

#### 1)刚架内力计算

门式刚架应按弹性方法计算,不宜考虑蒙皮效应(目前《门规》将蒙皮效应只作为安全储备),可按平面结构分析内力。如采用平面结构模型分析内力时一般应将整体空间结构简化为横向平面刚架体系和柱间支撑体系。横向水平刚架承受全部竖向荷载和横向水平荷载,支撑体系(包括屋盖支撑和柱间支撑)承担纵向水平荷载。

平面刚架内力计算步骤为:

①取出一榀(中榀或边榀)刚架计算单元。

②绘制各工况荷载作用下的计算简图。

确定平面刚架计算跨度和高度,将作用于计算单元的面荷载转化为作用于平面刚架上的线荷载,平面刚架线荷载=面荷载×受荷宽度(中榀刚架的受荷宽度取柱距,边榀刚架的受荷宽度取一半柱距)。

③求解各工况荷载作用下的内力值,绘制内力图。

平面刚架计算单元和典型计算简图如图3.9和图3.10所示。

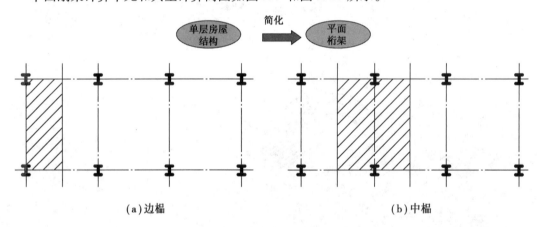

(a)边榀　　　　　　　　　　　　　　(b)中榀

**图3.9　平面刚架计算单元**

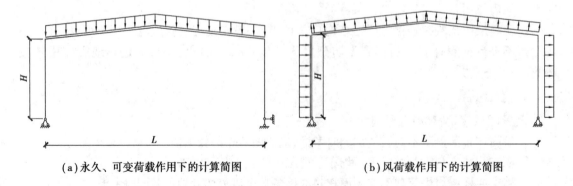

(a)永久、可变荷载作用下的计算简图　　　　　(b)风荷载作用下的计算简图

**图3.10　平面刚架典型计算简图**

课程设计中平面刚架的内力,可以采用结构力学方法计算,也可采用有限元软件计算,如需考虑地震作用时,可以采用底部剪力法确定。为了能直观了解刚架的内力分布情况,在结构计算书中应有刚架在不同工况荷载作用下的弯矩图、轴力图及剪力图。

**2)刚架梁柱控制截面内力组合**

门式刚架内力计算结束后,应分别进行刚架柱与刚架斜梁控制截面的内力组合,以确定控制截面的最不利内力,一般控制截面选取柱底、柱顶、梁端及梁变截面处,如图 3.11 所示。

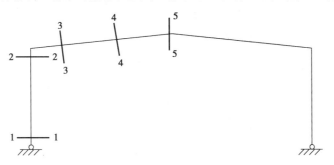

**图 3.11　控制截面示例图**

刚架柱为压弯构件,最不利内力组合主要有:弯矩最大的组合,轴力最大的组合,以及弯矩和轴力都较大的组合。

刚架梁虽然为压弯构件,但轴力较小,一般可以以弯矩最大的组合作为最不利组合来验算校核构件截面。

## ▶　3.3.5　刚架挠度和侧移计算

### 1)竖向挠度与侧移计算

按照 1.0 永久荷载标准值 + 1.0 活荷载标准值组合作用计算刚架斜梁竖向挠度,按照水平风荷载标准值作用于刚架柱计算柱顶水平侧移。

当单跨变截面刚架梁上缘坡度不大于 1:5 时,柱顶水平力作用下的侧移也可按下列公式估算:

柱脚铰接刚架:$\Delta = \dfrac{PH^3}{12EI_c}(2 + \xi_t)$ 　　　　　　　　　　　　　　　　　(3.3)

柱脚刚接刚架:$\Delta = \dfrac{PH^3}{12EI_c} \cdot \dfrac{3 + 2\xi_t}{6 + 2\xi_t}$ 　　　　　　　　　　　　　　　　(3.4)

式中,$\xi_t = \dfrac{I_c L}{H I_b}$;$H$、$L$ 刚架柱高度和刚架梁跨度(mm),当坡度大于 1:10 时,$L$ 应取横梁折线的总长度;$I_c$、$I_b$ 为刚架柱和刚架梁的平均惯性矩(mm$^4$);$P$ 为刚架柱顶等效水平力(N)。

刚架柱顶等效水平力 $P$(图 3.12)可按下列公式计算:

柱脚铰接刚架:$P = 0.67W$ 　　　　　　　　　　　　　　　　　　　　(3.5)

柱脚刚接刚架:$P = 0.45W$ 　　　　　　　　　　　　　　　　　　　　(3.6)

式中,$W$ 为均布风荷载的总值(kN),$W = (w_1 + w_2) \cdot H$,$w_1$、$w_2$ 为刚架柱两侧风荷载的均布值(kN/m)。

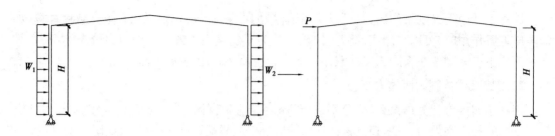

图 3.12　刚架在均布风荷载作用下柱顶等效水平力

**2）刚架竖向挠度与柱顶侧移限值**

根据《门规》3.3 条规定,刚架斜梁竖向挠度值不应大于表 3.4 中规定的限值,在风荷载或多遇地震作用下,单层门式刚架的柱顶位移值不应大于表 3.5 规定的限值。

表 3.4　刚架受弯构件竖向挠度限值

| 构件类别 | | 竖向挠度限值 |
|---|---|---|
| 门式刚架斜梁 | 仅支撑压型钢板屋面和冷弯型钢檩条 | $L/180$ |
| | 尚有吊顶 | $L/240$ |
| | 有悬挂起重机 | $L/400$ |
| 檩条 | 仅支撑压型钢板屋面 | $L/150$ |
| | 尚有吊顶 | $L/240$ |

注:表中 $L$ 为跨度,对门式刚架斜梁,$L$ 为刚架斜梁全跨。

表 3.5　刚架柱顶侧移限值

| 吊车情况 | 其他情况 | 柱顶位移限值 |
|---|---|---|
| 无吊车 | 当采用轻型钢墙板时 | $h/60$ |
| | 当采用砌体墙时 | $h/240$ |
| 有桥式吊车 | 当吊车有驾驶室时 | $h/400$ |
| | 当吊车地面操作时 | $h/180$ |

注:$h$ 为刚架柱高度。

### ▶ 3.3.6　刚架斜梁和刚架柱设计

**1）刚架截面初选**

初步确定刚架梁柱的宽度和高度时,可结合结构的跨度、高度及荷载情况估算。一般刚架斜梁截面高度可取梁跨度的 1/30～1/45,刚架柱截面高度可取柱高 1/10～1/20,截面高度与宽度之比 $\dfrac{h}{b}$ 可取 2～5,截面高度和宽度一般以 10 mm 为模数,翼缘板和腹板厚度一般情况 $t \geqslant 4$ mm,以 2 mm 为模数。

刚架梁柱的截面尺寸同时需满足构件局部稳定的要求,局部稳定主要由以下板件宽厚比

条件控制:

工字形截面构件受压翼缘板的宽厚比应满足:

$$\frac{b_1}{t} \leq 15\sqrt{\frac{235}{f_y}} \tag{3.7}$$

工字形截面构件腹板的高厚比应满足:

$$\frac{h_w}{t_w} \leq 250\sqrt{\frac{235}{f_y}} \tag{3.8}$$

式中,$b_1$、$t$ 为翼缘悬挑宽度与翼缘厚度(mm),$h_w$、$t_w$ 为腹板高度与腹板厚度(mm)。

**2)刚架有效截面计算**

在进行刚架斜梁和刚架柱截面设计时,为了节省钢材,允许腹板发生局部构件的屈曲,并利用其屈曲后强度。当刚架梁柱设计考虑屈曲后强度时,需按有效宽度理论和拉力场理论进行受弯和受剪计算,上述因素的存在使门式刚架斜梁和刚架柱截面校核过程异常复杂。因此,在刚架斜梁和刚架柱截面校核前必须先计算其有效截面,有效截面的计算步骤如下。

(1)计算截面正应力 $\sigma$ 及正应力比值 $\beta$

$$\sigma_1 = \frac{N}{A} + \frac{Mh_w}{W_x h} \tag{3.9}$$

$$\sigma_2 = \frac{N}{A} - \frac{Mh_w}{W_x h} \tag{3.10}$$

$$\beta = \frac{\sigma_2}{\sigma_1} 且 -1 \leq \beta \leq 1 \tag{3.11}$$

式中,$M$ 为截面所受弯矩(N·mm);$N$ 为截面所受轴力(N);$A$ 为截面面积(mm²),$W_x$ 为截面抵抗距(mm³);$h_w$ 为腹板高度(mm),对楔形腹板取腹板板幅平均高度;$h$ 为截面高度(mm)。

(2)计算参数 $k_\sigma$、$\lambda_p$

$$\kappa_\sigma = \frac{16}{\sqrt{(1+\beta)^2 + 0.112(1-\beta)^2} + (1+\beta)} \tag{3.12}$$

$$\lambda_p = \frac{h_w/t_w}{28.1\sqrt{\kappa_\sigma}\sqrt{235/f_y}} \tag{3.13}$$

式中,当腹板板边最大应力 $\sigma_1 < f$ 时,对 Q235 和 Q345 钢,计算 $\lambda_p$ 可用 $1.1\sigma_1$ 代替式中的 $f_y$。

(3)计算有效宽度系数

有效宽度系数 $\rho$ 与参数 $\lambda_p$ 有关,按下列公式计算:

$$\rho = \frac{1}{(0.243 + \lambda_p^{1.25})^{0.9}} \tag{3.14}$$

当 $\rho > 1$ 时,取 $\rho = 1$。

(4)计算腹板受压区有效宽度 $h_e$

$$h_e = \rho h_c \tag{3.15}$$

式中,$h_c$ 腹板受压区宽度(mm)。

(5)腹板受压区有效宽度 $h_e$ 按下列规则分布(图3.13)

当截面全部受压,$\beta \geq 0$ 时,$h_{e1} = \frac{2h_e}{(5-\beta)}$,$h_{e2} = h_e - h_{e1}$ \tag{3.16}

当截面部分受拉，$\beta < 0$ 时，$h_{e1} = 0.4h_e$，$h_{e2} = 0.6h_e$      (3.17)

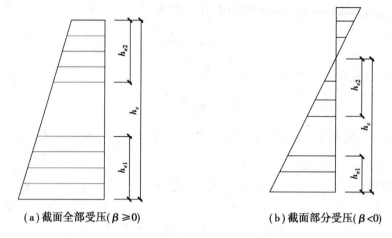

  （a）截面全部受压（$\beta \geqslant 0$）       （b）截面部分受压（$\beta < 0$）

**图 3.13 腹板有效宽度的分布**

**3）考虑屈曲后强度受剪承载力**

腹板高度变化的区格，考虑屈曲后强度，其抗剪承载力设计值 $V_d$ 应按下列公式计算：

$$V_d = \chi_{tap}\varphi_{ps}h_{w1}t_wf_v \leqslant h_{w0}t_wf_v \tag{3.18}$$

$$\varphi_{ps} = \frac{1}{(0.51 + \lambda_s^{3.2})^{\frac{1}{2.6}}} \leqslant 1.0 \tag{3.19}$$

$$\chi_{tap} = 1 - 0.35\alpha^{0.2}\gamma_p^{\frac{2}{3}} \tag{3.20}$$

$$\gamma_p = \frac{h_{w1}}{h_{w0}} - 1 \tag{3.21}$$

$$\alpha = \frac{a}{h_{w1}} \tag{3.22}$$

式中，$f_v$ 为抗剪强度设计值（N/mm²）；$h_{w1}$、$h_{w0}$ 为楔形腹板大端和小端高度（mm）；$t_w$ 为腹板厚度（mm）；$\chi_{tap}$ 为腹板屈曲后抗剪强度的楔率折减系数；$\gamma_p$ 为腹板区格的楔率；$\alpha$ 为区格长度和宽度之比；$a$ 为加劲肋间距（mm）；$\lambda_s$ 为与板件受剪有关的参数。

$\lambda_s$ 按下列公式计算：

$$\lambda_s = \frac{\dfrac{h_{w1}}{t_w}}{37\sqrt{k_\tau}\sqrt{\dfrac{235}{f_y}}} \tag{3.23}$$

当 $a/h_{w1} < 1$ 时，     $k_\tau = 4 + \dfrac{5.34}{(a/h_{w1})^2}$      (3.24)

当 $a/h_{w1} \geqslant 1$ 时，     $k_\tau = \eta_s\left[5.34 + \dfrac{4}{(a/h_{w1})^2}\right]$    (3.25)

$$\eta_s = 1 - \omega_1\sqrt{\gamma_p} \tag{3.26}$$

$$\omega_1 = 0.41 - 0.897\alpha + 0.363\alpha^2 - 0.041\alpha^3 \tag{3.27}$$

式中，$k_\tau$ 为受剪板件屈曲系数，当不设加劲肋时，取 $k_\tau = 5.34\eta_s$。

#### 4)刚架柱计算长度

截面高度呈线形变化的柱,在刚架平面内的计算长度应取为:

$$H_0 = \mu H \tag{3.28}$$

式中,$H$ 为柱的几何高度(mm);$\mu$ 为计算长度系数。

(1)单层单跨刚架 $\mu$ 计算方法

根据《门规》附录 A,小端铰接的变截面刚架柱计算长度系数 $\mu$ 可按下列公式计算:

$$\mu = 2\left(\frac{I_1}{I_0}\right)^{0.145}\sqrt{1+\frac{0.38}{K}} \tag{3.29}$$

$$K = \frac{K_z}{6i_{c1}}\left(\frac{I_1}{I_0}\right)^{0.29} \tag{3.30}$$

式中,$\mu$ 为变截面柱换算成以大端截面为准的等截面柱的计算长度系数;$I_0$ 为立柱小端截面的惯性矩(mm$^4$);$I_1$ 为大端截面的惯性矩(mm$^4$);$i_{c1}$ 为柱的线刚度(N·mm),$i_{c1}=\dfrac{EI_1}{H}$;$K_z$ 为梁对柱的转动约束。

$K_z$ 应按刚架梁变截面情况(一段变截面,两段变截面,三段变截面)分别计算,这里给出一段变截面(图 3.14)的计算公式,其他两种情况参见《门规》附录 A.0.3 条:

$$K_z = 3i_1\left(\frac{I_0}{I_1}\right)^{0.2} \tag{3.31}$$

$$i_1 = \frac{EI_1}{s} \tag{3.32}$$

式中,$s$ 为变截面梁的斜长(mm);$I_0$ 为变截面梁小端截面的惯性矩(mm$^4$);$I_1$ 为变截面梁大端截面的惯性矩(mm$^4$)。

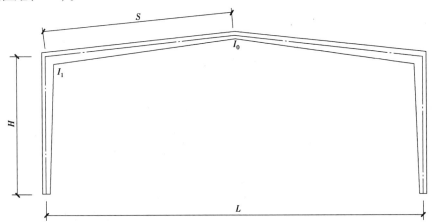

**图 3.14　刚架梁一段变截面**

当有摇摆柱时(图 3.15),摇摆柱的计算长度系数 $\mu=1.0$,框架柱的计算长度系数应乘以放大系数 $\eta$,放大系数 $\eta$ 应按下列公式计算:

$$\eta = \sqrt{1+\frac{\sum\dfrac{N_j}{h_j}}{1.1\sum\dfrac{P_i}{H_i}}} \tag{3.33}$$

$$N_j = \frac{1}{h_j} \sum_k N_{jk} h_{jk} \qquad (3.34)$$

$$P_i = \frac{1}{H_i} \sum_k P_{ik} H_{ik} \qquad (3.35)$$

式中，$N_j$ 为换算到柱顶的摇摆柱的轴压力（N）；$N_{jk}$、$h_{jk}$ 为第 $j$ 个摇摆柱上第 $k$ 个竖向荷载（N）和其作用的高度（mm）；$P_{ik}$、$H_{ik}$ 为第 $i$ 个框架柱子上第 $k$ 个竖向荷载（N）和其作用的高度（mm）；$P_i$ 为换算到柱顶的框架柱的轴压力（N）；$h_j$ 为第 $j$ 个摇摆柱的高度（mm），$H_i$ 为第 $i$ 个框架柱的高度（mm）。

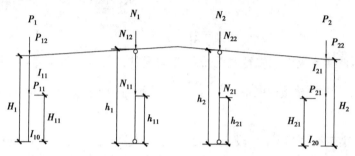

**图 3.15　带有摇摆柱的框架**

（2）单层多跨房屋 $\mu$ 计算方法

根据《门规》附录 A.0.8 条，对单层多跨房屋，无高低跨时，可考虑各柱的相互支援作用，采用修正的计算长度系数进行刚架柱的平面内稳定计算，修正的计算长度系数按下列公式计算。当计算值小于 1.0 时，应取 1.0。

$$\mu_j' = \frac{\pi}{h_j} \sqrt{\frac{EI_{ej}[1.2 \sum (P_i/H_i) + \sum (N_k/h_k)]}{P_j \cdot K}} \qquad (3.36)$$

式中，$N_k$、$h_k$ 分别为摇摆柱的上的轴力（N）和高度（mm）；$K$ 为在檐口高度作用水平力求得的抗侧刚度（N/mm）；$P_i$ 为换算到柱顶的框架柱的轴压力（N）。

**5）刚架柱截面校核**

门式刚架柱属于压弯构件，压弯构件的验算包括强度验算、局部稳定验算和整体稳定验算。局部稳定验算在截面初选时已相应考虑，这里重点考虑整体稳定验算。整体稳定验算分为平面内稳定验算和平面外稳定验算。平面内稳定验算中需注意刚架柱计算长度系数的选取。

（1）强度验算

工字形截面受弯构件在剪力 $V$、弯矩 $M$ 共同作用下的强度应符合下列公式要求：

当 $V \leqslant 0.5V_d$ 时，　　　　　　　$M \leqslant M_e$ 　　　　　　　　　　（3.37）

当 $0.5V_d < V \leqslant V_d$ 时，　$M \leqslant M_f + (M_e - M_f)\left[1 - \left(\frac{V}{0.5V_d} - 1\right)^2\right]$ 　　　（3.38）

$$M_e = W_e f \qquad (3.39)$$

式中，$M_e$ 为构件有效截面所承担的弯矩（N·mm）；$M_f$ 为两翼缘所承担的弯矩（N·mm），当截面为双轴对称时，$M_f = A_f(h_w + t_f)f$；$W_e$ 为构件有效截面最大受压纤维的截面模量（mm³）；$A_f$ 为构件翼缘截面面积（mm²）；$t_f$ 为构件翼缘厚度（mm）；$V_d$ 为腹板抗剪承载力设计值（N）。

工字形截面压弯构件在剪力 $V$、弯矩 $M$ 和轴压力 $N$ 共同作用下的强度应符合下列公式要求：

当 $V \leq 0.5V_d$ 时，
$$\frac{N}{A_e} + \frac{M}{W_e} \leq f \tag{3.40}$$

当 $0.5V_d < V \leq V_d$ 时，$M \leq M_f^N + (M_e^N - M_f^N)\left[1 - \left(\frac{V}{0.5V_d} - 1\right)^2\right]$ (3.41)

$$M_e^N = M_e - NW_e/A_e \tag{3.42}$$

式中，$A_e$ 为构件有效截面面积（$mm^2$）；$M_f^N$ 为兼承压力 $N$ 时翼缘所能承受的弯矩（N·mm），当截面为双轴对称时，$M_f^N = A_f(h_w + t)(f - N/A_e)$。

（2）平面内稳定验算

变截面柱在刚架平面内的整体稳定按下列公式计算：

$$\frac{N_1}{\eta_t \varphi_x A_{e1}} + \frac{\beta_{mx} M_1}{[1 - (N_1/N_{cr})]W_{e1}} \leq f \tag{3.43}$$

$$N_{cr} = \pi^2 E A_{e1}/\lambda_1^2 \tag{3.44}$$

当 $\overline{\lambda_1} \geq 1.2$ 时

$$\eta_t = 1 \tag{3.45}$$

当 $\overline{\lambda_1} < 1.2$ 时

$$\eta_t = \frac{A_0}{A_1} + \left(1 - \frac{A_0}{A_1}\right) \times \frac{\overline{\lambda_1}^2}{1.44} \tag{3.46}$$

$$\lambda_1 = \frac{\mu H}{i_{x1}} \tag{3.47}$$

$$\overline{\lambda_1} = \frac{\lambda_1}{\pi}\sqrt{\frac{f_y}{E}} \tag{3.48}$$

式中，$N_1$ 为大端的轴向压力设计值（N），$M_1$ 为大端的弯矩设计值（N·mm）；$A_{e1}$ 为大端的有效截面面积（$mm^2$）；$W_{e1}$ 为大端有效截面最大受压纤维的截面模量（$mm^3$）；$\beta_{mx}$ 为等效弯矩系数，有侧移刚架柱 $\beta_{mx}$ 取为 1.0；$\varphi_x$ 为杆件轴心受压稳定系数，可根据柱的长细比查《钢结构设计规范》（GB 50017—2017）附录 D 稳定系数表确定，计算长细比时取大端截面的回转半径；$N_{cr}$ 为欧拉临界力（N）；$i_{x1}$ 为大端截面绕强轴的回转半径（mm）；$\mu$ 为柱计算长度系数；$H$ 为柱高（mm）；$\overline{\lambda_1}$ 为通用长细比；$A_0$、$A_1$ 为小端和大端截面的毛截面面积（$mm^2$）；$f_y$ 为钢材屈服强度设计值。

注：当柱的最大弯矩不出现在大端时，$M_1$ 和 $W_{e1}$ 分别取最大弯矩和该弯矩所在截面的有效截面模量。

（3）平面外稳定验算

变截面柱在刚架平面外的整体稳定应分段按下列公式计算，当不能满足时，应设置侧向支撑或隅撑。

$$\frac{N_1}{\eta_{ty}\varphi_y A_{e1}f} + \left(\frac{M_1}{\varphi_b \gamma_x W_{e1}f}\right)^{1.3 - 0.3k_\sigma} \leq 1 \tag{3.49}$$

当 $\overline{\lambda_{1y}} \geq 1.3$ 时

$$\eta_{ty} = 1 \tag{3.50}$$

当 $\overline{\lambda}_{1y} < 1.3$ 时

$$\eta_{ty} = \frac{A_0}{A_1} + \left(1 - \frac{A_0}{A_1}\right) \times \frac{\overline{\lambda}_{1y}^2}{1.69} \tag{3.51}$$

$$\overline{\lambda}_{1y} = \frac{\lambda_{1y}}{\pi} \sqrt{\frac{f_y}{E}} \tag{3.52}$$

$$\lambda_{1y} = \frac{L}{i_{y1}} \tag{3.53}$$

式中，$N_1$ 为所计算构件段大端截面的轴向压力（N），$M_1$ 为所计算构件段大端截面的弯矩（N·mm）；$\varphi_y$ 为轴心受压构件弯矩作用平面外稳定系数，以大端为准，由 $\lambda_{1y}$ 查《钢结构设计标准》（GB 50017—2017）附录 D 的稳定系数表得到；$A_0$、$A_1$ 为小端和大端截面的毛截面面积（$mm^2$）；$\lambda_{1y}$ 为绕弱轴的长细比；$\overline{\lambda}_{1y}$ 为绕弱轴通用长细比；$i_{y1}$ 为大端截面绕弱轴回转半径（mm）；$L$ 为平面外计算长度（mm），取柱侧向支撑点间的距离；$\varphi_b$ 为稳定系数，$\varphi_b \leq 1.0$，按下列公式计算：

$$\varphi_b = \frac{1}{(1 - \lambda_{b0}^{2n} + \lambda_b^{2n})^{1/n}} \tag{3.54}$$

$$\lambda_{b0} = \frac{0.55 - 0.25 k_\sigma}{(1 + \gamma)^{0.2}} \tag{3.55}$$

$$\lambda_b = \sqrt{\frac{\gamma_x W_{x1} f_y}{M_{cr}}} \tag{3.56}$$

$$n = \frac{1.51}{\lambda_b^{0.1}} \sqrt{\frac{b_1}{h_1}} \tag{3.57}$$

$$k_\sigma = k_M \frac{W_{x1}}{W_{x0}} \tag{3.58}$$

$$k_M = \frac{M_0}{M_1} \tag{3.59}$$

$$\gamma = (h_1 - h_0)/h_0 \tag{3.60}$$

式中，$\gamma_x$ 为塑性发展系数，按现行国家规范《钢结构设计标准》（GB 50017—2017）6.1.2 条的规定采用；$M_1$、$M_0$ 为大端弯矩和小端弯矩（N·mm）；$W_{x1}$、$W_{x0}$ 为弯矩较大截面受压边缘截面模量和小端截面受压边缘截面模量（$mm^3$）；$b_1$、$h_1$ 为弯矩较大截面受压翼缘宽度和上下翼缘中面之间的距离（mm）；$h_0$ 为小端截面上下翼缘中面间的距离（mm）；$\gamma$ 为变截面梁契率（图 3.16），等截面梁时 $\gamma = 0$；$k_\sigma$ 为小端截面压应力除以大端截面压应力的比值；$M_{cr}$ 为变截面梁弹性屈曲临界弯矩（N·mm），按下列公式计算：

$$M_{cr} = C_1 \frac{\pi^2 E I_y}{L^2} \left[ \beta_{x\eta} + \sqrt{\beta_{x\eta}^2 + \frac{I_{\omega\eta}}{I_y}\left(1 + \frac{G J_\eta L^2}{\pi^2 E I_{\omega\eta}}\right)} \right] \tag{3.61}$$

$$C_1 = 0.46 k_M^2 \eta_i^{0.346} - 1.32 k_M \eta_i^{0.132} + 1.86 \eta_i^{0.023} \tag{3.62}$$

$$\beta_{x\eta} = 0.45(1 + \gamma\eta) h_0 \frac{I_{yT} - I_{yB}}{I_y} \tag{3.63}$$

$$I_{\omega\eta} = I_{\omega0}(1 + \gamma\eta)^2 \tag{3.64}$$

$$J_\eta = J_0 + \frac{1}{3}\gamma\eta\left(h_0 - t_f\right)t_w^3 \tag{3.65}$$

$$\eta = 0.55 + 0.04\left(1 - k_\sigma\right)\sqrt[3]{\eta_i} \tag{3.66}$$

$$I_{\omega 0} = I_{yT}h_{sT0}^2 + I_{yB}h_{sB0}^2 \tag{3.67}$$

$$\eta_i = \frac{I_{yB}}{I_{yT}} \tag{3.68}$$

式中，$C_1$ 为等效弯矩系数，$C_1 \leqslant 2.75$；$L$ 为梁段平面外计算长度；$\beta_{x\eta}$ 为截面不对称系数，对称截面时，$\beta_{x\eta} = 0$；$I_{\omega\eta}$ 为变截面梁的等效翘曲惯性矩（$mm^4$）；$I_{\omega 0}$ 为小端截面翘曲惯性矩（$mm^4$）；$J_\eta$ 为变截面梁等效圣维南扭转常数；$J_0$ 为小端截面自由扭转常数，$J_0 = \dfrac{k}{3}\sum b_i t_i^3$，其中 $k$ 为系数，可取为 1.3，$b_i$ 为翼缘宽度，$t_i$ 为翼缘厚度；$I_{yT}$、$I_{yB}$ 为弯矩最大截面受压翼缘和受拉翼缘绕弱轴的惯性矩（$mm^4$）；$h_{sT0}$、$h_{sB0}$ 分别为小端截面上、下翼缘的中心到剪切中心的距离（mm）；$t_f$、$t_w$ 为翼缘厚度和腹板厚度（mm）；$h_0$ 为小端截面上、下翼缘中面之间的距离（mm）。

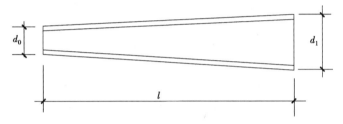

**图 3.16　变截面构件的楔率**

根据式（3.54）计算稳定系数 $\varphi_b$，步骤多，手算工作量大，《新钢结构设计手册》第 14.4.2 条给出了计算 $\varphi_b$ 的近似简化公式，具体公式见表 3.6。

**表 3.6　等截面焊接双轴对称工字型组合截面稳定系数 $\varphi_b$ 简化计算公式**

| |
|---|
| $\lambda_y \leqslant 150,\varphi_b = \alpha_1 - \dfrac{\lambda_y^2}{45\,000}\dfrac{1}{\varepsilon_k^2} \leqslant 1$ |
| $\lambda_y > 150,\varphi_b = 0.50$（无吊车）或 $\varphi_b = 0.55$（有吊车） |
| 式中：有吊车时 $\alpha_1 = 1.05$；无吊车等截面和楔形截面 $\alpha_1 = 1.0$；<br>　　　$\varepsilon_k$ 为钢号修正系数，$\varepsilon_k = \sqrt{\dfrac{235}{f_y}}$。 |

注：近似公式与精确公式相比，一般偏小 3% ~ 7%，利用近似公式算得的 $\varphi_b$，不需要再进行修正。

### 6）刚架斜梁校核

①刚架斜梁虽承受弯矩、轴力、剪力共同作用，但轴向力一般较小，该类构件平面外稳定是其控制因素。根据《门规》第 7.1.6 条规定，实腹式刚架斜梁在平面内按压弯构件进行强度验算，在平面外按压弯构件进行平面外稳定验算，强度与平面外稳定计算可参照变截面刚架柱计算公式。

②实腹式刚架斜梁平面外计算长度，应取侧向支撑点间的距离；当斜梁两翼缘侧向支撑点间的距离不等时，应取最大受压翼缘侧向支撑点间的距离。侧向支撑点由檩条和隅撑配合支撑体系来提供。

③当实腹式刚架斜梁的下翼缘受压时,支撑在屋面斜梁上翼缘的檩条,不能单独作为屋面斜梁的侧向支撑。为保证斜梁平面外稳定性,通常在刚架斜梁下翼缘受压区两侧设置隔撑,隔撑的另一侧连接在檩条上,如图3.17所示。隔撑应按轴心受压构件设计,截面宜采用角钢形式,轴心力设计值可取为:

$$N = \frac{Af}{60 \cos \theta} \sqrt{\frac{f_y}{235}} \tag{3.69}$$

式中,$A$为斜梁支撑翼缘的截面面积($mm^2$);$f$为被支撑钢材的强度设计值($N/mm^2$);$\theta$为隔撑与檩条轴线的夹角(°)。

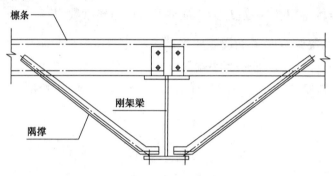

**图3.17  隔撑构造图**

④屋面斜梁和檩条之间设置的隔撑满足下列条件时,下翼缘受压的屋面斜梁的平面外计算长度可考虑隔撑的作用(即斜梁平面外计算长度可取隔撑间距):

a. 屋面斜梁的两侧均设置隔撑;

b. 隔撑上支撑点的位置不低于檩条形心线;

c. 符合对隔撑的设计要求。

⑤梁腹板加劲肋的配置。梁腹板应在中柱连接处、较大固定集中荷载作用处和翼缘转折处设置横向加劲肋。其他部位是否设置中间加劲肋,根据计算需要确定。

## ▶ 3.3.7  刚架节点设计

节点设计应传力简捷,构造合理,便于安装与加工,门式刚架梁柱节点连接宜采用摩擦型高强螺栓或承压型高强螺栓连接。门式刚架节点连接设计包括刚架斜梁与柱的连接设计、斜梁的连接设计、屋脊节点的连接设计以及柱脚的设计。

**1)刚架斜梁与柱连接**

(1)斜梁与柱连接形式

刚架斜梁与柱的节点连接按刚接节点设计,采用端板连接,端板连接有端板竖放、端板斜放和端板平放三种形式,如图3.18所示。等截面边柱与梁连接宜采用端板竖放节点;当竖向荷载起控制作用,宜采用端板平放节点,可减少节点的设计剪力;节点弯矩很大,宜采用端板斜放节点,加长抗弯连接的力臂,有利于布置螺栓。

端板连接的螺栓应成对布置,和梁端板相连的柱翼缘部分应与端板厚度相等。在斜梁与刚架柱连接的受拉区,宜采用端部外伸式连接,外伸端板可同时在上、下翼缘外加螺栓,也可在上翼缘外伸出,下翼缘外不伸出,上下是否都加螺栓取决于所承受的弯矩是否有变号的情况。为保证节点连接刚度,在柱与梁上下翼缘处应设置加劲肋。

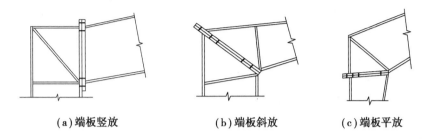

（a）端板竖放　　　　　（b）端板斜放　　　　　（c）端板平放

**图 3.18　刚架斜梁与柱的连接**

（2）端板连接节点设计

端板连接节点（图 3.19）设计包括连接螺栓设计、端板厚度确定、节点域剪应力验算、端板螺栓处构件腹板强度验算及端板连接刚度验算。

①高强螺栓连接设计

刚架斜梁与柱连接节点螺栓同时承受拉力和剪力共同作用,在拉力和剪力共同作用下,摩擦型高强螺栓的验算公式为：

$$\frac{N_V}{N_V^b} + \frac{N_t}{N_t^b} \leqslant 1 \tag{3.70}$$

在拉力和剪力共同作用下,承压型高强螺栓的验算公式为：

$$\sqrt{\left(\frac{N_V}{N_V^b}\right)^2 + \left(\frac{N_t}{N_t^b}\right)^2} \leqslant 1 \tag{3.71}$$

式中,$[N_t^b]$为单个螺栓所能承受的抗拉容许承载力（N）;$[N_V^b]$单个螺栓所能承受的抗剪容许承载力（N）;$N_V$为一个螺栓的剪力设计值（N）;$N_t$为最外排一个受拉螺栓的拉力设计值（N）。

高强度螺栓直径通常采用 M16~M24。螺栓排列应符合构造要求,螺栓中心至翼缘板表面距离应满足扣紧螺栓所用工具的净空要求,通常不小于 45 mm,螺栓端距不应小于 2 倍螺栓孔径,螺栓中心距不应小于 3 倍螺栓孔径。端板上两对螺栓间的最大距离大于 400 mm 时,应在端板的中部增设一对螺栓。

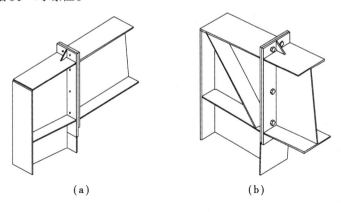

（a）　　　　　　　　　　（b）

**图 3.19　端板竖放梁柱螺栓连接示意图**

②端板厚度确定

端板厚度对保证节点的承载力具有重要意义,由于端板的承载力与周边约束条件有关,因此应根据其在各区域的支撑条件分别验算,最后取厚度最大值。端板的厚度 $t$ 根据支承条件(图3.20)按下列公式计算,但不应小于16 mm和0.8倍的高强螺栓直径。

伸臂类区格:
$$t \geqslant \sqrt{\frac{6e_f N_t}{bf}} \tag{3.72}$$

无加劲肋类区格:
$$t \geqslant \sqrt{\frac{3e_w N_t}{(0.5a + e_w)f}} \tag{3.73}$$

两邻边支承类区格:

当端板外伸时
$$t \geqslant \sqrt{\frac{6e_f e_w N_t}{[e_w b + 2e_f(e_f + e_w)]f}} \tag{3.74}$$

当端板平齐时
$$t \geqslant \sqrt{\frac{12e_f e_w N_t}{[e_w b + 4e_f(e_f + e_w)]f}} \tag{3.75}$$

三边支承类区格:
$$t \geqslant \sqrt{\frac{6e_f e_w N_t}{[e_w(b + 2b_s) + 4e_f^2]f}} \tag{3.76}$$

式中, $N_t$ 为一个高强螺栓的受拉承载力设计值(N); $e_w$、$e_f$ 分别为螺栓中心至腹板和翼缘板表面的距离(mm); $b$、$b_s$ 分别为端板和加劲肋的宽度(mm); $a$ 为螺栓的间距(mm); $f$ 为端板钢材的抗拉强度设计值(N/mm²)。

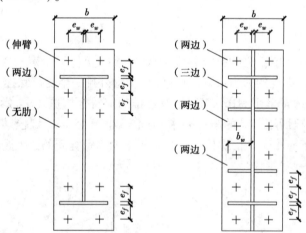

**图3.20 端板的支撑条件**

③刚架斜梁与柱相交的节点域验算

在门式刚架斜梁与柱相交的节点域[图3.21(a)]应按下列公式验算剪应力,当不满足时,应加厚腹板或设置斜加劲肋[图3.21(b)]。

$$\tau = \frac{M}{d_b d_c t_c} \leqslant f_v \tag{3.77}$$

式中, $d_c$、$t_c$ 分别为节点域宽度和厚度(mm),也可近似取柱腹板的高度和厚度; $d_b$ 为斜梁端部高度或节点域高度(mm); $M$ 为节点承受的弯矩(N·mm),对多跨刚架中间处,应取两侧斜梁端弯矩的代数和或柱端弯矩;$f_v$ 为节点域钢材的抗剪强度设计值($N/mm^2$)。

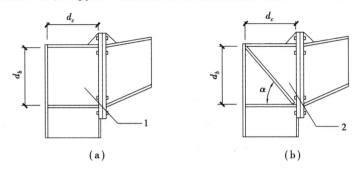

**图3.21 节点域**

1—节点域;2—采用斜向加劲肋补强的节点域

④端板螺栓处构件腹板强度验算

刚架构件的翼缘与端板的连接应采用全熔透对接焊缝,腹板与端板的连接应采用角焊缝。在端板设置螺栓处,应保证在螺栓拉力作用下端板连接腹板的强度具有足够承载力,应按下列公式验算构件腹板的强度:

当 $N_{t2} \leqslant 0.4P$ 时, $\qquad \dfrac{0.4P}{e_w t_w} \leqslant f$ $\hfill$ (3.78)

当 $N_{t2} > 0.4P$ 时, $\qquad \dfrac{N_{t2}}{e_w t_w} \leqslant f$ $\hfill$ (3.79)

式中,$N_{t2}$ 为翼缘内第二排一个螺栓的轴向拉力设计值(N);$P$ 为高强螺栓的预拉力(N);$e_w$ 为螺栓中心至腹板表面的距离(mm);$t_w$ 为腹板厚度(mm),$f$ 为腹板钢材的抗拉强度设计值($N/mm^2$)。

⑤端板连接刚度验算

梁柱连接节点刚度应满足下式要求:

$$R \geqslant \frac{25EI_b}{l_b} \tag{3.80}$$

式中,$I_b$ 为刚架横梁跨间的平均截面惯性矩($mm^4$);$l_b$ 为刚架横梁跨度(mm),中间为摇摆柱时,取摇摆柱与刚架柱距离的2倍;$R$ 为刚架梁柱转动刚度($N \cdot mm$),按下式计算:

$$R = \frac{R_1 R_2}{R_1 + R_2} \tag{3.81}$$

$$R_1 = Gh_1 d_c t_p + Ed_b A_{st} \cos^2\alpha \sin\alpha \tag{3.82}$$

$$R_2 = \frac{6EI_e h_1^2}{1.1 e_f^3} \tag{3.83}$$

式中,$R_1$ 为与节点域剪切变形对应的刚度($N \cdot mm$);$R_2$ 为连接的弯曲刚度($N \cdot mm$),包括端板弯曲、螺栓拉伸和柱翼缘弯曲对应的刚度;$G$ 为钢材剪切模量($N/mm^2$);$h_1$ 为梁端翼缘板中心间的距离(mm);$t_p$ 为柱节点域腹板厚度(mm);$I_e$ 为端板惯性矩($mm^4$);$e_f$ 为端板外伸部分的螺栓中心到其加劲肋外边缘的距离(mm);$A_{st}$ 为两条斜加劲肋的总面积($mm^2$);$\alpha$ 为斜加劲肋倾角(°)。

**2）斜梁拼接节点**

**（1）节点形式**

门式刚架斜梁拼接节点包含两种形式：一种是屋脊拼接节点，另一种是斜梁的拼接节点。屋脊节点主要是从结构上解决屋面坡度变化；斜梁拼接节点主要是解决斜梁变截面问题和跨度较大斜梁的运输问题。

屋脊拼接节点和斜梁的拼接节点一般采用端板连接，在被连接斜梁的端部设置端板，端板与斜梁焊接，两斜梁的端板间通过高强螺栓连接。为保证节点具有足够的刚度，端板需伸出翼缘，外伸部分应设置螺栓。屋脊节点连接构造如图3.22所示。

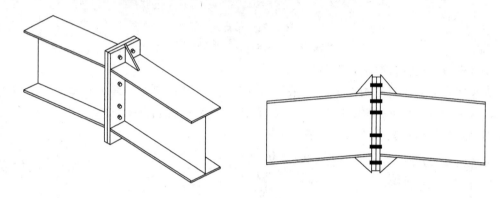

**图3.22　屋脊节点连接示意图**

**（2）节点连接设计**

采用端板连接的屋脊节点，端板厚度与螺栓连接计算可参照斜梁与柱连接的方法验算。

**3）柱脚节点设计**

**（1）柱脚形式及构造要求**

柱脚根据受力要求，分为刚接柱脚和铰接柱脚两类。铰接柱脚节点只传递轴力和剪力，刚接柱脚节点可传递弯矩、剪力和轴力。刚接柱脚节点构造复杂，可以降低柱截面内力，减小柱截面尺寸，但基础需承受较大的弯矩，使得基础构造复杂。门式刚架轻型房屋钢结构的柱脚宜采用平板式铰接柱脚[图3.23（a）（b）]，当吊车起重量≥5 t时应考虑采用刚接柱脚[图3.23（c）（d）]，抗风柱的柱脚一般采用铰接柱脚。带加劲肋的刚接柱脚工程图例如图3.24所示。

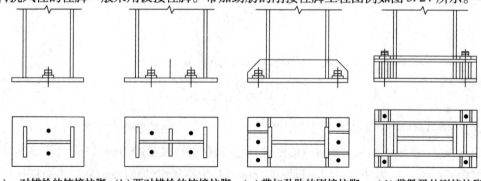

**（a）一对锚栓的铰接柱脚　（b）两对锚栓的铰接柱脚　（c）带加劲肋的刚接柱脚　（d）带靴梁的刚接柱脚**

**图3.23　门式刚架房屋的柱脚连接形式**

**图 3.24 柱脚连接图**

柱脚锚栓直径不宜小于 24 mm,柱脚底板锚栓孔径至板边距离不宜小于 2 倍孔径,且不小于 40 mm,柱脚底板边缘至混凝土基础柱边缘的距离不小于 50 mm。

(2)铰接柱脚计算

柱脚锚栓不宜用以承受柱底水平剪力,此水平剪力应由底板与混凝土之间的摩擦力(摩擦系数可取 0.4)或设置抗剪键来承受。如风荷载和永久荷载组合作用效应使柱脚承受抗拔力,此时柱脚锚栓需要进行风荷载作用下抗拔力验算。柱脚底板尺寸确定按如下公式计算。

①底板所需面积

$$A \geqslant \frac{N}{f_c} + A_0 \tag{3.84}$$

注:$A_0$ 为实际采用的锚栓孔面积($mm^2$);$N$ 为柱底轴力(N);$f_c$ 为混凝土轴心抗压强度设计值($N/mm^2$)。

②底板厚度

底板厚度按均布荷载下板的抗弯计算,则底板的厚度为:

$$t \geqslant \sqrt{\frac{6M}{f}} \tag{3.85}$$

同时底板不宜太薄,厚度需满足构造要求 $t \geqslant 16$ mm。

式中,$M$ 为支座底板单位宽度上的最大弯矩(N·mm),$M = \beta q a_1^2$,$\beta$ 为系数,按表 2.9 选用;$q$ 为底板单位面积的压力($N/mm^2$),$q = \dfrac{N}{(A - A_0)} \leqslant f_c$。

# 3.4 门式刚架设计实例

▶ **3.4.1 设计资料**

某轻钢原材料加工厂,厂房采用单层单跨双坡门式刚架结构。厂房总长度 90 m,不设置温度区段,柱距6 m,跨度21 m,檐高7.5 m,屋面坡度为1:10,柱网布置如图3.25所示,刚架立面建筑几何尺寸如图3.26所示。地震设防烈度为6度,设计地震分组为第二组,场地类别二类,地面粗糙度为B类,基本风压0.45 kN/m²,基本雪压0.40 kN/m²。屋面和墙面材料采用双层压型复合保温板,檩条和墙梁采用薄壁卷边C型钢,柱脚采用铰接柱脚。钢材采用Q235钢,焊条采用E43型,基础混凝土采用C25,结构重要性系数$\gamma_0 = 1.0$。

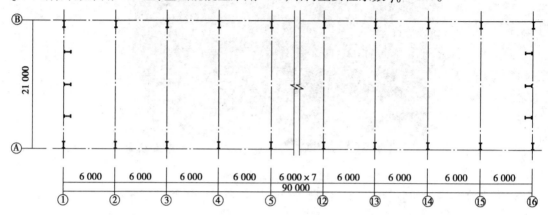

图3.25　柱网布置图

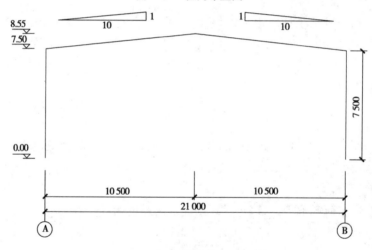

图3.26　刚架立面建筑几何尺寸

荷载情况如下:

(1)恒荷载标准值

屋面荷载:

| | |
|---|---|
| 双层压型复合保温屋面板 | 0.20 kN/m² |
| 檩条及屋面支撑 | 0.10 kN/m² |
| 悬挂设备 | 0.05 kN/m² |
| 刚架梁自重(估算) | 0.15 kN/m² |
| 合计: | 0.50 kN/m² |

墙面荷载:

| | |
|---|---|
| 双层压型复合保温墙面板 | 0.20 kN/m² |

| 墙梁及柱间支撑 | 0.10 kN/m² |
|---|---|
| 刚架柱及墙骨架及门窗自重(估算) | 0.20 kN/m² |
| 合计: | 0.50 kN/ m² |

(2)可变荷载标准值

屋面活荷载标准值:　　　　　　　　　　　　　　　0.50 kN/m²

雪荷载标准值:　　　　　　　　　　$S_k = \mu_r S_0 = 1.0 \times 0.40 = 0.40$ kN/m²

雪荷载 $S_k = 0.40$ kN/m² $< 0.5$ kN/m²,雪荷载和活荷载不同时组合,故可变荷载仅考虑活荷载的作用。

风荷载标准值:

基本风压 $w_0 = 0.45$ kN/m²,地面粗糙度 B 类;本例房屋高度小于 10 m,风荷载高度变化系数按 10 m 高度处的数值采用 $\mu_z = 1.0$;风荷载系数 $\mu_w$ 根据《门规》4.2.2 条要求分别考虑鼓风效应和吸风效应,本例风荷载系数如图 3.27 所示,风荷载标准值为 $w_k = \beta \mu_w \mu_z w_0 = 1.1 \times 1.0 \times 0.45 \mu_w = 0.5 \mu_w$。

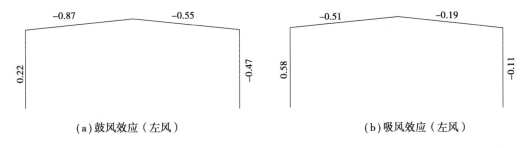

图 3.27　风荷载系数

### ▶ 3.4.2　檩条、支撑及平面结构布置

檩条采用冷弯薄壁 C 型钢 C200×70×20×2.5,根据屋面板对檩条的要求,取檩条间距 1.5 m,檩条跨中设拉条一道,间隔设置隔撑。

在端部开间及中间开间设置屋面横向水平支撑及柱间支撑,在其他开间设置拉通的系杆,屋面支撑和柱间支撑的斜杆采用张紧的圆钢,直径为 φ20。在两侧山墙各设置 3 根抗风柱,抗风柱与斜梁采用铰接连接。刚架平面布置图如图 3.28 所示,柱间支撑布置图如图 3.29 所示。

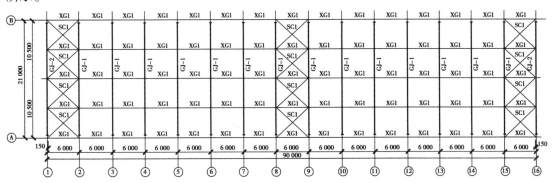

图 3.28　刚架平面布置图

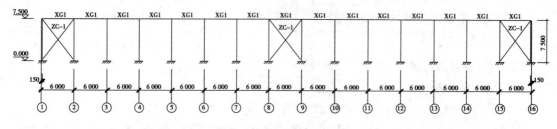

图 3.29　柱间支撑布置图

## ▶ 3.4.3　荷载计算

取中榀平面刚架进行设计,将作用于屋面和墙面的面荷载转化为作用于平面刚架线荷载,线荷载计算如下:

（1）恒荷载标准值

刚架梁:$0.5 \times 6 = 3.00$ kN/m

刚架柱:$0.5 \times 6 = 3.00$ kN/m

（2）活荷载标准值

刚架梁:$0.5 \times 6 = 3.00$ kN/m

（3）风荷载标准值

鼓风效应:

迎风面:刚架柱 $q_w = 0.50 \times 6 \times 0.22 = 0.66(\text{kN/m})$

　　　　刚架梁 $q_w = 0.50 \times 6 \times -0.87 = -2.61(\text{kN/m})$

背风面:刚架柱 $q_w = 0.50 \times 6 \times -0.47 = -1.41(\text{kN/m})$

　　　　刚架梁 $q_w = 0.50 \times 6 \times -0.55 = -1.65(\text{kN/m})$

吸风效应:

迎风面:刚架柱 $q_w = 0.50 \times 6 \times 0.58 = 1.74(\text{kN/m})$

　　　　刚架梁 $q_w = 0.50 \times 6 \times -0.51 = -1.53(\text{kN/m})$

背风面:刚架柱 $q_w = 0.50 \times 6 \times -0.11 = -0.33(\text{kN/m})$

　　　　刚架梁 $q_w = 0.50 \times 6 \times -0.19 = -0.57(\text{kN/m})$

## ▶ 3.4.4　内力计算

不考虑空间刚度影响,按单榀刚架进行内力计算,本例采用结构力学求解器求解结构内力。

### 1）计算简图

各工况荷载作用下的计算简图如图 3.30 所示。

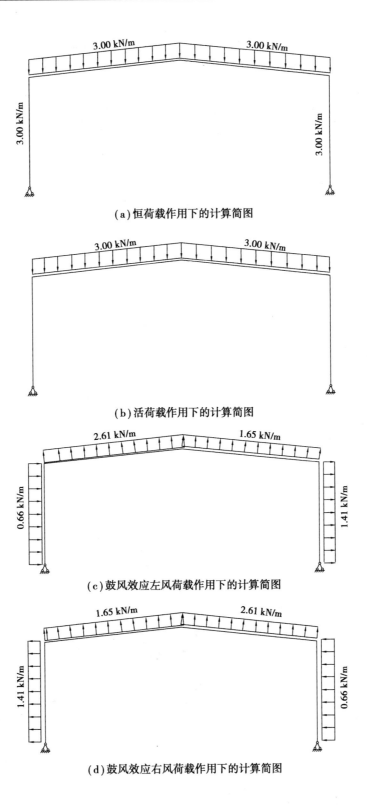

(a)恒荷载作用下的计算简图

(b)活荷载作用下的计算简图

(c)鼓风效应左风荷载作用下的计算简图

(d)鼓风效应右风荷载作用下的计算简图

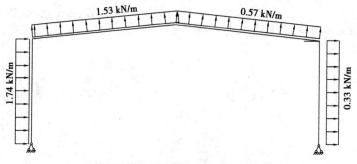

（e）吸风效应左风荷载作用下的计算简图

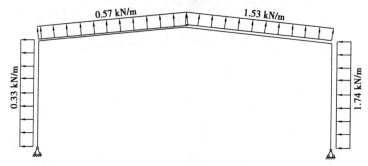

（f）吸风效应右风荷载作用下的计算简图

图 3.30　各工况荷载作用下的计算简图

## 2）内力图

内力图如图 3.31—图 3.36 所示。

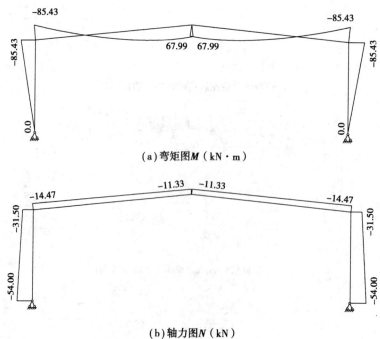

（a）弯矩图 $M$（kN·m）

（b）轴力图 $N$（kN）

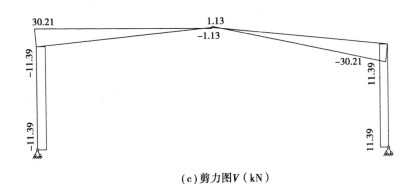

(c) 剪力图 *V*（kN）

**图 3.31　恒荷载作用下的内力图**

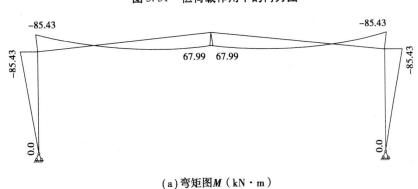

(a) 弯矩图 *M*（kN·m）

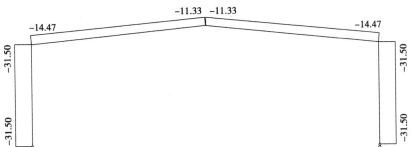

(b) 轴力图 *N*（kN）

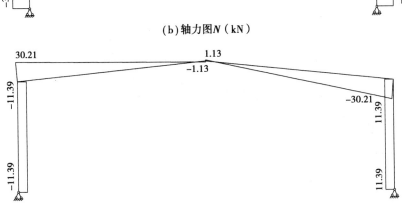

(c) 剪力图 *V*（kN）

**图 3.32　活荷载作用下的内力图**

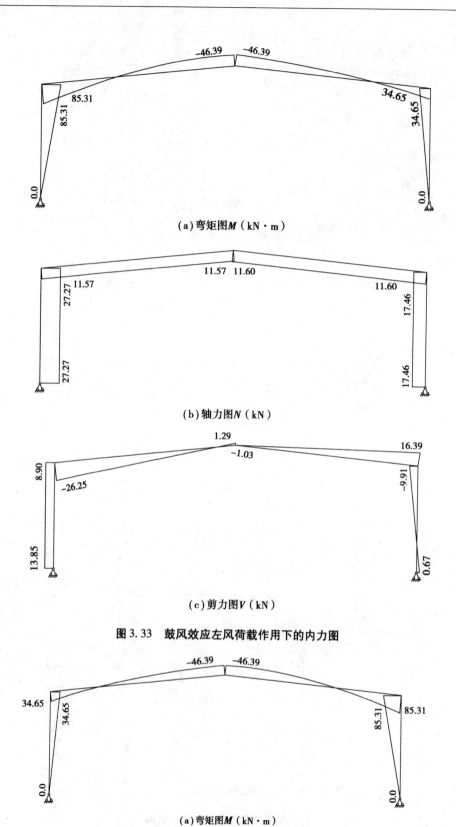

(a)弯矩图 $M$（kN·m）

(b)轴力图 $N$（kN）

(c)剪力图 $V$（kN）

图3.33　鼓风效应左风荷载作用下的内力图

(a)弯矩图 $M$（kN·m）

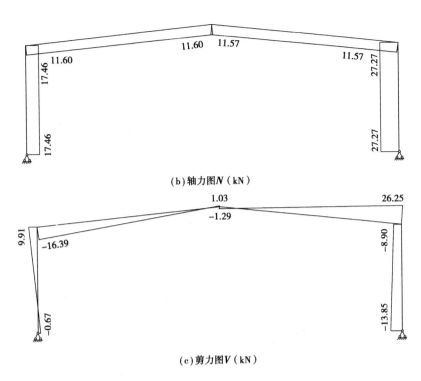

(b)轴力图 $N$（kN）

(c)剪力图 $V$（kN）

图 3.34 鼓风效应右风荷载作用下的内力图

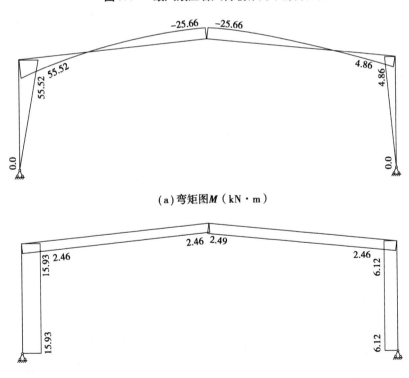

(a)弯矩图 $M$（kN·m）

(b)轴力图 $N$（kN）

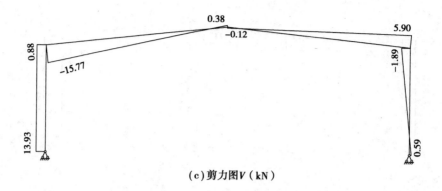

(c)剪力图 $V$（kN）

图 3.35　吸风效应左风荷载作用下的内力图

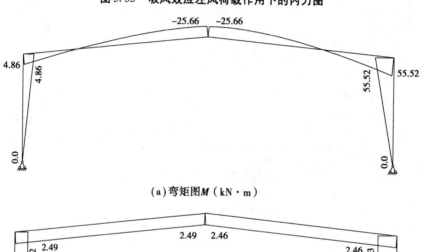

（a）弯矩图 $M$（kN·m）

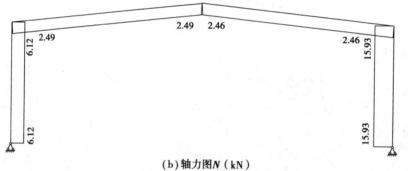

（b）轴力图 $N$（kN）

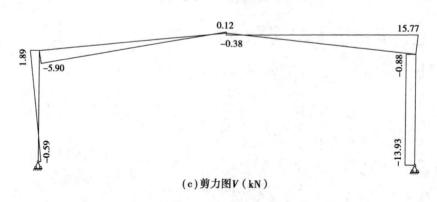

（c）剪力图 $V$（kN）

图 3.36　吸风效应右风荷载作用下的内力图

**3)控制截面内力**

选取柱底、柱顶、梁左端和梁右端 4 个截面作为控制截面(图 3.37),控制截面在各工况荷载作用下的内力值见表 3.7。

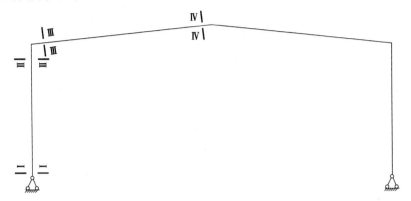

**图 3.37　控制截面示意图**

**表 3.7　控制截面各工况内力**

| 截面 | 内力 | 恒载 | 活载 | 鼓风效应 | | 吸风效应 | |
|---|---|---|---|---|---|---|---|
| | | | | 左风 | 右风 | 左风 | 右风 |
| 柱底端 I—I | $M$ | 0.00 | 0.00 | 0.00 | 0.00 | 0.00 | 0.00 |
| | $N$ | −54.00 | −31.50 | 27.27 | 17.46 | 15.93 | 6.12 |
| | $Q$ | −11.39 | −11.39 | 13.85 | −0.67 | 13.93 | −0.59 |
| 柱顶端 II—II | $M$ | −85.43 | −85.43 | 85.31 | 34.65 | 55.52 | 4.86 |
| | $N$ | −31.50 | −31.50 | 27.27 | 17.46 | 15.93 | 6.12 |
| | $Q$ | −11.39 | −11.39 | 8.90 | 9.91 | 0.88 | 1.89 |
| 梁左端 III—III | $M$ | −85.43 | −85.43 | 85.31 | 34.65 | 55.52 | 4.86 |
| | $N$ | −14.47 | −14.47 | 11.57 | 11.60 | 2.46 | 2.49 |
| | $Q$ | 30.21 | 30.21 | −26.25 | −16.39 | −15.77 | −5.90 |
| 梁右端 IV—IV | $M$ | 67.99 | 67.99 | −46.39 | −46.39 | −25.66 | −25.66 |
| | $N$ | −11.33 | −11.33 | 11.57 | 11.60 | 2.46 | 2.49 |
| | $Q$ | −1.13 | −1.13 | 1.29 | 1.03 | 0.38 | 0.12 |

## ▶ 3.4.5　内力组合

门式刚架内力计算结束后,应对梁柱控制截面的内力进行内力组合,以确定最不利内力。本例不需考虑抗震计算,内力组合时,简化为以下四种荷载效应组合进行:

①1.3 恒载 +1.5 活载。

②1.3 恒载 +1.5 活载 +1.5 ×0.6 风载。

③1.3 恒载 +1.5 ×0.7 活载 +1.5 风载。

④1.0 恒载 +1.5 风载。

控制截面内力组合见表 3.8。

表 3.8　内力组合表

| 截面 | 内力 | 1.3恒载+1.5活载 | 1.3恒载+1.5活载+1.5×0.6风载 | | | | 1.3恒载+1.5×0.7活载+1.5风载 | | | | 1.0恒载+1.5风载 | | | |
| | | | 鼓风效应 | | 吸风效应 | | 鼓风效应 | | 吸风效应 | | 鼓风效应 | | 吸风效应 | |
| | | | 左风 | 右风 | 左风 | 右风 | 左风 | 右风 | 左风 | 右风 | 左风 | 右风 | 左风 | 右风 |
|---|---|---|---|---|---|---|---|---|---|---|---|---|---|---|
| I—I | $M$ | 0.00 | 0.00 | 0.00 | 0.00 | 0.00 | 0.00 | 0.00 | 0.00 | 0.00 | 0.00 | 0.00 | 0.00 | 0.00 |
| | $N$ | -117.45 | -92.91 | -101.74 | -103.11 | -111.94 | -62.37 | -77.09 | -79.38 | -94.10 | -13.10 | -27.81 | -30.11 | -44.82 |
| | $Q$ | -31.89 | -19.43 | -32.50 | -19.36 | -32.42 | -5.99 | -27.77 | -5.87 | -27.65 | 9.39 | -12.40 | 9.51 | -12.28 |
| II—II | $M$ | -239.20 | -162.43 | -208.02 | -189.24 | -234.83 | -72.80 | -148.79 | -117.48 | -193.47 | 42.54 | -33.46 | -2.15 | -78.14 |
| | $N$ | -88.20 | -63.66 | -72.49 | -73.86 | -82.69 | -33.12 | -47.84 | -50.13 | -64.85 | 9.41 | -5.31 | -7.61 | -22.32 |
| | $Q$ | -31.89 | -23.88 | -22.97 | -31.10 | -30.19 | -13.42 | -11.90 | -25.45 | -23.93 | 1.96 | 3.48 | -10.07 | -8.56 |
| III—III | $M$ | -239.20 | -162.43 | -208.02 | -189.24 | -234.83 | -72.80 | -148.79 | -117.48 | -193.47 | 42.54 | -33.46 | -2.15 | -78.14 |
| | $N$ | -40.52 | -30.10 | -30.08 | -38.30 | -38.28 | -16.65 | -16.60 | -30.31 | -30.27 | 2.89 | 2.93 | -10.78 | -10.74 |
| | $Q$ | 84.59 | 60.96 | 69.84 | 70.40 | 79.28 | 31.62 | 46.41 | 47.34 | 62.14 | -9.17 | 5.63 | 6.56 | 21.36 |
| IV—IV | $M$ | 190.37 | 148.62 | 148.62 | 167.28 | 167.28 | 90.19 | 90.19 | 121.29 | 121.29 | -1.60 | -1.60 | 29.50 | 29.50 |
| | $N$ | -31.72 | -21.31 | -21.28 | -29.51 | -29.48 | -9.27 | -9.23 | -22.94 | -22.89 | 6.03 | 6.07 | -7.64 | -7.60 |
| | $Q$ | -3.16 | -2.00 | -2.24 | -2.82 | -3.06 | -0.72 | -1.11 | -2.09 | -2.48 | 0.81 | 0.42 | -0.56 | -0.95 |

► **3.4.6 刚架斜梁和刚架柱设计**

**1)刚架斜梁和刚架柱截面初选**

梁柱截面均采用焊接工字形截面,其中刚架柱采用变截面,刚架斜梁采用等截面,翼缘板为火焰切割边。

刚架斜梁截面高度 $h$ 取值范围:
$$(1/30 \sim 1/45)l = (1/30 \sim 1/45) \times 21\,000 = 700 \sim 466 \text{ mm}$$

刚架柱截面高度 $h$ 取值范围:
$$(1/10 \sim 1/20)H = (1/10 \sim 1/20) \times 7\,500 = 750 \sim 375 \text{ mm}$$

刚架梁柱截面形式和截面尺寸如图3.38所示,截面特性见表3.9。

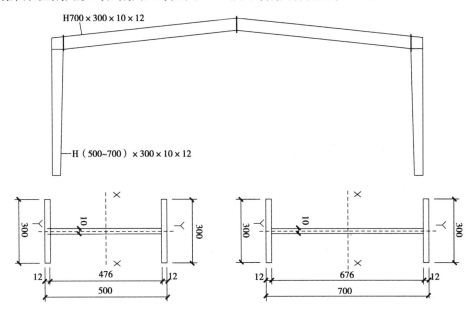

**图 3.38　刚架形式和截面尺寸**

**表 3.9　截面特性表**

| 截面 | 截面尺寸 | $A/\text{mm}^2$ | $I_x$ /($\times 10^4 \text{mm}^4$) | $I_y$ /($\times 10^4 \text{mm}^4$) | $i_x$ /mm | $i_y$ /mm | $W_x$ /($\times 10^3 \text{mm}^3$) | $W_y$ /($\times 10^3 \text{mm}^3$) |
|---|---|---|---|---|---|---|---|---|
| 柱底小端 Ⅰ—Ⅰ | $500 \times 300 \times 10 \times 12$ | 11 960 | 51 862 | 5 404 | 208.2 | 67.2 | 2 075 | 360 |
| 柱顶大端 Ⅱ—Ⅱ | $700 \times 300 \times 10 \times 12$ | 13 960 | 110 954 | 5 406 | 281.9 | 62.2 | 3 170 | 360 |
| 梁左端 Ⅲ—Ⅲ | $700 \times 300 \times 10 \times 12$ | 13 960 | 110 954 | 5 406 | 281.9 | 62.2 | 3 170 | 360 |
| 梁右端 Ⅳ—Ⅳ | | 13 960 | 110 954 | 5 406 | 281.9 | 62.2 | 3 170 | 360 |

梁柱局部稳定性验算：

柱小端 Ⅰ—Ⅰ 截面：

翼缘：$\dfrac{b}{t} = \dfrac{(300-10) \div 2}{12} = 12.1 < 15 \times \sqrt{\dfrac{235}{235}} = 15$

腹板：$\dfrac{h_w}{t_w} = \dfrac{476}{10} = 47.6 < 250 \times \sqrt{\dfrac{235}{235}} = 250$

满足局部稳定要求。

柱大端 Ⅱ—Ⅱ 截面：

翼缘：$\dfrac{b}{t} = \dfrac{(300-10) \div 2}{12} = 12.1 < 15 \times \sqrt{\dfrac{235}{235}} = 15$

腹板：$\dfrac{h_w}{t_w} = \dfrac{676}{10} = 67.6 < 250 \times \sqrt{\dfrac{235}{235}} = 250$

满足局部稳定要求。

梁截面：

翼缘：$\dfrac{b}{t} = \dfrac{(300-10) \div 2}{12} = 12.1 < 15 \times \sqrt{\dfrac{235}{235}} = 15$

腹板：$\dfrac{h_w}{t_w} = \dfrac{676}{10} = 67.6 < 250 \times \sqrt{\dfrac{235}{235}} = 250$

满足局部稳定要求。

### 2）刚架柱计算长度

刚架柱采用变截面，大端截面特性：

$A = 13\,960\ \mathrm{mm}^2$，$I_x = 1.109\,54 \times 10^9\ \mathrm{mm}^4$，$I_y = 5.406 \times 10^7\ \mathrm{mm}^4$，$i_x = 281.9\ \mathrm{mm}$，$i_y = 62.2\ \mathrm{mm}$，
$W_x = 3.17 \times 10^6\ \mathrm{mm}^3$，$W_y = 3.6 \times 10^5\ \mathrm{mm}^3$

小端截面特性：

$A = 11\,960\ \mathrm{mm}^2$，$I_x = 5.186\,2 \times 10^8\ \mathrm{mm}^4$，$I_y = 5.404 \times 10^7\ \mathrm{mm}^4$，$i_x = 208.2\ \mathrm{mm}$，$i_y = 67.2\ \mathrm{mm}$，
$W_x = 2.075 \times 10^6\ \mathrm{mm}^3$，$W_y = 3.6 \times 10^5\ \mathrm{mm}^3$

梁线刚度：

$$i_{b1} = \frac{EI_{b1}}{s} = \frac{2.06 \times 10^5 \times 1.109\,54 \times 10^9}{\sqrt{(10\,500 \div 10)^2 + 10\,500^2}} = 2.17 \times 10^{10}\,(\mathrm{N \cdot mm})$$

梁对柱子的转动约束：

$$K_z = 3i_{b1}\left(\frac{I_{b0}}{I_{b1}}\right)^{0.2} = 3 \times 2.17 \times 10^{10} \times (1)^{0.2} = 6.51 \times 10^{10}\,(\mathrm{N \cdot mm})$$

柱子线刚度：

$$i_{c1} = \frac{EI_{c1}}{H} = \frac{2.06 \times 10^5 \times 1.109\,54 \times 10^9}{7\,500} = 3.05 \times 10^{10}\,(\mathrm{N \cdot mm})$$

$$K = \frac{K_Z}{6i_{c1}}\left(\frac{I_{c1}}{I_{c0}}\right)^{0.29} = \frac{6.51 \times 10^{10}}{6 \times 3.05 \times 10^{10}} \times \left(\frac{1.109\,54 \times 10^9}{5.186\,2 \times 10^8}\right)^{0.29} = 0.44$$

则刚架柱平面内稳定系数为：

$$\mu = 2\left(\frac{I_{c1}}{I_{c0}}\right)^{0.145}\sqrt{1+\frac{0.38}{K}} = 2\times\left(\frac{1.109\,54\times10^9}{5.186\,2\times10^8}\right)^{0.145}\times\sqrt{1+\frac{0.38}{0.44}} = 3.05$$

刚架柱平面内计算长度:$H_{0x} = \mu H = 3.05\times7\,500 = 22\,875$ mm

刚架柱平面外计算长度:$H_{0y} = 7\,500$ mm

### 3)刚架柱截面校核

根据内力分析结果,刚架柱截面在荷载组合1.3恒载+1.5活载下的弯矩和轴力最大,控制截面 I—I 截面和 II—II 截面的最不利内力为:

柱小端 I—I 截面:$M = 0.0$ kN·m,$N = -117.45$ kN,$V = -31.89$ kN。

柱大端 II—II 截面:$M = -239.20$ kN·m,$N = -88.20$ kN,$V = -31.89$ kN。

(1)腹板有效截面计算

①柱小端 I—I 截面

I—I 截面弯矩为0,故腹板边缘正应力的比值:$\beta = 1.0$

$$\sigma_1 = \frac{N}{A} = \frac{117.45\times10^3}{11\,960} = 9.82(\text{N/mm}^2) < f = 215(\text{N/mm}^2)$$

$$\kappa_\sigma = \frac{16}{\sqrt{(1+\beta)^2+0.112(1-\beta)^2}+(1+\beta)} = \frac{16}{\sqrt{4+0}+2} = 4$$

$$\lambda_p = \frac{h_w/t_w}{28.1\sqrt{\kappa_\sigma}\sqrt{235/(r_R\cdot\sigma_1)}} = \frac{476/10}{28.1\times\sqrt{4}\times\sqrt{235/(1.1\times9.82)}} = 0.18$$

$$\rho = \frac{1}{(0.243+\lambda_p^{1.25})^{0.9}} = \frac{1}{(0.243+0.18^{1.25})^{0.9}} = 2.51 > 1.0,\text{取}\ \rho = 1.0$$

柱小端 I—I 截面全截面有效。

②柱大端 II—II 截面

$$\sigma_1 = \frac{N}{A} + \frac{Mh_w}{W_e h} = \frac{88.20\times10^3}{13\,960} + \frac{239.2\times10^6\times676}{3.17\times10^6\times700} = 79.19(\text{N/mm}^2) < f = 215(\text{N/mm}^2)$$

$$\sigma_2 = \frac{N}{A} - \frac{Mh_w}{W_e h} = \frac{88.20\times10^3}{13\,960} - \frac{239.2\times10^6\times676}{3.17\times10^6\times700} = -66.55(\text{N/mm}^2) < f = 215(\text{N/mm}^2)$$

故腹板边缘正应力的比值为:$\beta = \dfrac{\sigma_2}{\sigma_1} = \dfrac{-66.55}{79.19} = -0.840$

$$k_\sigma = \frac{16}{\sqrt{(1+\beta)^2+0.112(1-\beta)^2}+(1+\beta)}$$

$$= \frac{16}{\sqrt{(1-0.840)^2+0.112(1+0.840)^2}+(1-0.840)} = 20.09$$

$$\lambda_p = \frac{h_w/t_w}{28.1\sqrt{k_\sigma}\sqrt{235/(r_R\cdot\sigma_1)}} = \frac{676/10}{28.1\times\sqrt{20.09}\times\sqrt{235/(1.1\times79.19)}} = 0.33$$

$$\rho = \frac{1}{(0.243+\lambda_p^{1.25})^{0.9}} = \frac{1}{(0.243+0.33^{1.25})^{0.9}} = 1.89 > 1.0,\text{取}\ \rho = 1.0$$

柱大端 II—II 截面全截面有效。

(2)强度校核

刚架柱为压弯构件,承受弯矩 $M$、剪力 $V$ 和轴力 $N$ 共同作用,强度验算公式与构件的抗剪承载力有关,因此刚架柱强度验算需要先确定柱的抗剪承载力 $V_d$,然后根据 $V$ 与 $V_d$ 的大小关系选择相应的强度验算公式。

①受剪承载力

柱腹板不设加劲肋,区格长度与高度之比 $\alpha = \dfrac{a}{h_{w1}} = \dfrac{7\,500}{676} = 11.09$

腹板楔率:$\gamma_p = \dfrac{h_{w1}}{h_{w0}} - 1 = \dfrac{676}{476} - 1 = 0.42$

$$\chi_{tap} = 1 - 0.35\alpha^{0.2}\gamma_p^{2/3} = 1 - 0.35 \times 11.09^{0.2} \times 0.42^{2/3} = 0.68$$

$$\omega_1 = 0.41 - 0.897\alpha + 0.363\alpha^2 - 0.041\alpha^3$$
$$= 0.41 - 0.897 \times 11.09 + 0.363 \times 11.09^2 - 0.041 \times 11.09^3 = -20.81$$

$$\eta_s = 1 - \omega_1\sqrt{\gamma_p} = 1 + 20.81\sqrt{0.42} = 14.49$$

$$k_\tau = 5.34\eta_s = 5.34 \times 14.49 = 77.38$$

$$\lambda_s = \dfrac{h_{w1}/t_w}{37\sqrt{k_\tau}\sqrt{235/f_y}} = \dfrac{676/10}{37 \times \sqrt{77.38} \times \sqrt{235/235}} = 0.21$$

$$\varphi_{ps} = \dfrac{1}{(0.51 + \lambda_s^{3.2})^{\frac{1}{2.6}}} = \dfrac{1}{(0.51 + 0.21^{3.2})^{\frac{1}{2.6}}} = 1.289 > 1.0,\text{取 } \varphi_{ps} = 1.0$$

腹板屈曲后强度受剪承载力设计值为:
$$V_d = \chi_{tap}\varphi_{ps}h_{w1}t_w f_v = 0.68 \times 1.0 \times 676 \times 10 \times 125 = 574\,600\ \text{N} < h_{w0}t_w f_v = 476 \times 10 \times 125 = 595\,000\,(\text{N})$$

②柱小端 I—I 截面强度验算

$V = 31.89$ kN $< 0.5V_d = 0.5 \times 574.60 = 287.30$ kN,按下列公式验算强度:

$$\sigma_1 = \dfrac{N}{A} = \dfrac{117.45 \times 10^3}{11\,960} = 9.82\,(\text{N/mm}^2) < f = 215\,(\text{N/mm}^2)$$

柱小端 I—I 截面强度满足要求。

③柱大端 II—II 截面强度验算

$V = 31.89$ kN $< 0.5V_d = 0.5 \times 574.60 = 287.30$ kN,按下列公式验算强度:

$$\dfrac{N}{A_e} + \dfrac{M}{W_e} = \dfrac{88.20 \times 10^3}{13\,960} + \dfrac{239.20 \times 10^6}{3.17 \times 10^6} = 81.78\,(\text{N/mm}^2) < f = 215\,(\text{N/mm}^2)$$

柱大端 II—II 截面强度满足要求。

(3)平面内稳定校核

根据《门规》第7.1.3条,变截面柱平面内稳定校核需要按大端截面校核。由 $\lambda_1 = \dfrac{\mu H}{i_{x1}} = \dfrac{3.05 \times 7\,500}{281.9} = 81.15$,查 $b$ 类截面稳定系数,得 $\varphi_x = 0.681$。

通用长细比:$\overline{\lambda_1} = \dfrac{\lambda_1}{\pi}\sqrt{\dfrac{f_y}{E}} = \dfrac{81.15}{\pi} \times \sqrt{\dfrac{235}{2.06 \times 10^5}} = 0.87 < 1.2$

当 $\overline{\lambda_1} < 1.2$ 时,$\eta_t = \dfrac{A_0}{A_1} + \left(1 - \dfrac{A_0}{A_1}\right) \times \dfrac{\overline{\lambda_1}^2}{1.44} = \dfrac{11\,960}{13\,960} + \left(1 - \dfrac{11\,960}{13\,960}\right) \times \dfrac{0.87^2}{1.44} = 0.932$

欧拉临界应力:$N_{cr} = \pi^2\dfrac{EA_{e1}}{\lambda_1^2} = \dfrac{\pi^2 \times 2.06 \times 10^5 \times 13\,960}{81.15^2} = 4\,305\,611.96\,(\text{N})$

刚架可发生侧移,$\beta_{mx} = 1.0$

$$\frac{N_1}{\eta_t \varphi_x A_{e1}} + \frac{\beta_{mx} M_1}{[1 - (N_1/N_{cr})] W_{e1}} = \frac{88.20 \times 10^3}{0.932 \times 0.681 \times 13\ 960} +$$

$$\frac{1.0 \times 239.20 \times 10^6}{[1 - (88.20 \times 10^3/4\ 505\ 611.96)] \times 3.17 \times 10^6} = 86.92 (\text{N/mm}^2) < f = 215 (\text{N/mm}^2)$$

满足平面内稳定要求。

(4)平面外稳定校核

①$\varphi_y$、$\eta_{ty}$

由 $\lambda_{1y} = \dfrac{L}{i_{y1}} = \dfrac{7\ 500}{62.2} = 120.6$,查 $b$ 类截面稳定系数,得 $\varphi_y = 0.434$。

绕弱轴通用长细比:$\overline{\lambda}_{1y} = \dfrac{\lambda_{1y}}{\pi} \sqrt{\dfrac{f_y}{E}} = \dfrac{120.6}{3.14} \times \sqrt{\dfrac{235}{2.06 \times 10^5}} = 1.30$

当 $\overline{\lambda}_{1y} \geqslant 1.30$ 时,$\eta_{ty} = 1.0$

②变截面梁弹性屈曲临界弯矩 $M_{cr}$

大小端弯矩比:$k_M = \dfrac{M_0}{M_1} = 0$,$k_\sigma = k_M \dfrac{W_{x1}}{W_{x0}} = 0$

楔率:$\gamma = \dfrac{(h_1 - h_0)}{h_0} = \dfrac{688 - 488}{488} = 0.41$

弯矩最大截面受压翼缘和受拉翼缘绕弱轴惯性矩:

$$I_{yT} = I_{yB} = \frac{1}{12} \times 12 \times 300^3 = 2.7 \times 10^7 (\text{mm}^4), \quad \eta_i = \frac{I_{yB}}{I_{yT}} = 1.0$$

$$\eta = 0.55 + 0.04(1 - k_\sigma) \sqrt[3]{\eta_i} = 0.55 + 0.04 = 0.59$$

截面翘曲惯性矩:$I_{\omega 0} = I_{yT} h_{sT0}^2 + I_{yB} h_{sB0}^2 = 2.7 \times 10^7 \times 244^2 \times 2 = 3.21 \times 10^{12} (\text{mm}^4)$

等效截面翘曲惯性矩:$I_{\omega\eta} = I_{\omega 0} (1 + \gamma\eta)^2 = 3.21 \times 10^{12} \times (1 + 0.41 \times 0.59)^2 = 4.95 \times 10^{12} (\text{mm}^4)$

小端截面自由扭转常数:$J_0 = \dfrac{k}{3} \sum_i b_i t_i^3 = \dfrac{1.3}{3} \times (2 \times 300 \times 12^3 + 476 \times 10^3) = 6.56 \times 10^5 (\text{mm}^4)$

圣维南扭转常数:

$$J_\eta = J_0 + \frac{1}{3} \gamma\eta (h_0 - t_f) t_w^3 = 6.56 \times 10^5 + \frac{1}{3} \times 0.41 \times 0.59 \times (488 - 12) \times 10^3 = 6.94 \times 10^5 (\text{mm}^4)$$

截面不对称系数:$\beta_{x\eta} = 0.45(1 + \gamma\eta) h_0 \dfrac{I_{yT} - I_{yB}}{I_y} = 0$

$$C_1 = 0.46 k_M^2 \eta_i^{0.346} - 1.32 k_M \eta_i^{0.132} + 1.86 \eta_i^{0.023} = 0 - 0 + 1.86 = 1.86 < 2.75$$

$$M_{cr} = C_1 \frac{\pi^2 E I_y}{L^2} \left[ \beta_{x\eta} + \sqrt{\beta_{x\eta}^2 + \frac{I_{\omega\eta}}{I_y} \left( 1 + \frac{G J_\eta L^2}{\pi^2 E I_{\omega\eta}} \right)} \right]$$

$$= 1.86 \times \frac{\pi^2 \times 2.06 \times 10^5 \times 5.406 \times 10^7}{7\ 500^2} \times$$

$$\left[ 0 + \sqrt{0 + \frac{4.95 \times 10^{12}}{5.406 \times 10^7} \times \left( 1 + \frac{7.9 \times 10^4 \times 6.94 \times 10^5 \times 7\ 500^2}{\pi^2 \times 2.06 \times 10^5 \times 4.95 \times 10^{12}} \right)} \right]$$

$$= 1.26 \times 10^9 (\text{N} \cdot \text{mm})$$

③变截面梁段整体稳定系数 $\varphi_b$

$$\lambda_{b0} = \frac{0.55 - 0.25 k_\sigma}{(1 + \gamma)^{0.2}} = \frac{0.55}{(1 + 0.41)^{0.2}} = 0.51$$

$$\lambda_b = \sqrt{\frac{\gamma_x W_{x1} f_y}{M_{cr}}} = \sqrt{\frac{1.05 \times 3.17 \times 10^6 \times 235}{1.26 \times 10^9}} = 0.79$$

$$n = \frac{1.51}{\lambda_b^{0.1}} \times \sqrt[3]{\frac{b_1}{h_1}} = \frac{1.51}{0.79^{0.1}} \times \sqrt[3]{\frac{300}{688}} = 1.17$$

$$\varphi_b = \frac{1}{(1 - \lambda_{b0}^{2n} + \lambda_b^{2n})^{\frac{1}{n}}} = \frac{1}{(1 - 0.51^{2.34} + 0.79^{2.34})^{\frac{1}{1.17}}} = 0.764 < 1.0$$

《门规》中变截面梁段整体稳定系数 $\varphi_b$ 计算公式复杂,手算工作量大,根据《新钢结构设计手册》第 14.4.2 条可以采用近似简化公式计算,计算结果见表 3.10。

表 3.10　刚架柱整体稳定系数 $\varphi_b$ 近似简化计算

因为 $\lambda_y = \dfrac{L}{i_y} = \dfrac{7\,500}{62.2} = 120.6 < 150$,所以 $\varphi_b$ 按下列简化公式计算:

$$\varphi_b = \alpha_1 - \frac{\lambda_y^2}{45\,000} \frac{1}{\varepsilon_k^2} = 1 - \frac{120.6^2}{45\,000} \times \frac{1}{\left(\sqrt{\dfrac{235}{235}}\right)^2} = 0.677$$

可以看出简化公式计算结果偏保守。

④平面外稳定验算

$$\frac{N_1}{\eta_{ty} \varphi_y A_{e1} f} + \left(\frac{M_1}{\varphi_b \gamma_x W_{e1} f}\right)^{1.3 - 0.3 k_\sigma} = \frac{88.20 \times 10^3}{1.0 \times 0.434 \times 13\,960 \times 215} + \left(\frac{239.20 \times 10^6}{0.764 \times 1.05 \times 3.17 \times 10^6 \times 215}\right)^{1.3}$$

$$= 0.41 < 1$$

满足平面外稳定要求。

**4)刚架斜梁设计**

因斜梁坡度小于 1:5,不必进行平面内稳定计算,只需按压弯构件验算平面内强度和平面外稳定。根据内力分析结果,刚架斜梁在荷载组合 1.3 恒载 + 1.5 活载作用下的弯矩最大,刚架斜梁在控制截面 Ⅲ—Ⅲ 截面和 Ⅳ—Ⅳ 截面的最不利内力为:

梁左端 Ⅲ—Ⅲ 截面:$M = -239.20$ kN·m,$N = -40.52$ kN,$V = 84.59$ kN

梁右端 Ⅳ—Ⅳ 截面:$M = 190.37$ kN·m,$N = -31.72$ kN,$V = -3.16$ kN

（1）截面参数和计算长度

刚架斜梁采用等截面形式,截面特性为:

$A = 13\,960$ mm$^2$,$I_x = 1.109\,54 \times 10^9$ mm$^4$,$I_y = 5.406 \times 10^7$ mm$^4$,$i_x = 281.9$ mm,$i_y = 62.2$ mm,

$$W_x = 3.17 \times 10^6 \text{ mm}^3, W_y = 3.6 \times 10^5 \text{ mm}^3$$

平面内计算长度取几何长度 $l_{0x} = 10\,500$ mm;本例中屋面斜梁的两侧均设置隔撑,并按照檩条距离隔跨布置,且隔撑上支撑点的位置不低于檩条形心线,此时屋面斜梁的平面外计算长度可取隔撑间的距离,即两倍檩条间距 $l_{0y} = 3\,000$ mm,对应长细比 $\lambda_y = \dfrac{3\,000}{62.2} = 48.2$。

（2）腹板有效截面计算

①Ⅲ—Ⅲ截面

$$\sigma_1 = \frac{N}{A} + \frac{Mh_w}{W_e h} = \frac{40.52 \times 10^3}{13\,960} + \frac{239.20 \times 10^6 \times 676}{3.17 \times 10^6 \times 700} = 75.77\,(\text{N/mm}^2) < f = 215\,(\text{N/mm}^2)$$

$$\sigma_2 = \frac{N}{A} - \frac{Mh_w}{W_e h} = \frac{40.52 \times 10^3}{13\,960} - \frac{239.20 \times 10^6 \times 676}{3.17 \times 10^6 \times 700} = -69.97\,(\text{N/mm}^2) < f = 215\,(\text{N/mm}^2)$$

故腹板边缘正应力的比值：$\beta = \dfrac{\sigma_2}{\sigma_1} = \dfrac{-69.97}{75.77} = -0.923 < 0$

$$k_\sigma = \frac{16}{\sqrt{(1+\beta)^2 + 0.112(1-\beta)^2} + (1+\beta)}$$

$$= \frac{16}{\sqrt{(1-0.923)^2 + 0.112(1+0.923)^2} + (1-0.923)} = 22.06$$

$$\lambda_p = \frac{h_w/t_w}{28.1\sqrt{k_\sigma}\sqrt{235/(\gamma_R \cdot \sigma_1)}} = \frac{676/10}{28.1 \times \sqrt{22.06} \times \sqrt{235/(1.1 \times 75.77)}} = 0.31$$

$$\rho = \frac{1}{(0.243 + \lambda_p^{1.25})^{0.9}} = \frac{1}{(0.243 + 0.31^{1.25})^{0.9}} = 1.96 > 1.0,\ \text{取}\ \rho = 1.0$$

刚架斜梁Ⅲ—Ⅲ截面全部有效。

②Ⅳ—Ⅳ截面

$$\sigma_1 = \frac{N}{A} + \frac{Mh_w}{W_e h} = \frac{31.72 \times 10^3}{13\,960} + \frac{190.37 \times 10^6 \times 676}{3.17 \times 10^6 \times 700} = 60.27\,(\text{N/mm}^2) < f = 215\,(\text{N/mm}^2)$$

$$\sigma_2 = \frac{N}{A} - \frac{Mh_w}{W_e h} = \frac{31.72 \times 10^3}{13\,960} - \frac{190.37 \times 10^6 \times 676}{3.17 \times 10^6 \times 700} = -55.72\,(\text{N/mm}^2) < f = 215\,(\text{N/mm}^2)$$

故腹板边缘正应力的比值 $\beta = \dfrac{\sigma_2}{\sigma_1} = \dfrac{-55.72}{60.27} = -0.925 < 1$

$$k_\sigma = \frac{16}{\sqrt{(1+\beta)^2 + 0.112(1-\beta)^2} + (1+\beta)}$$

$$= \frac{16}{\sqrt{(1-0.925)^2 + 0.112(1+0.925)^2} + (1-0.925)} = 22.11$$

$$\lambda_p = \frac{h_w/t_w}{28.1\sqrt{k_\sigma}\sqrt{235/(\gamma_R \cdot \sigma_1)}} = \frac{676/10}{28.1 \times \sqrt{22.11} \times \sqrt{235/(1.1 \times 60.27)}} = 0.27$$

$$\rho = \frac{1}{(0.243 + \lambda_p^{1.25})^{0.9}} = \frac{1}{(0.243 + 0.27^{1.25})^{0.9}} = 2.10 > 1.0,\ \text{取}\ \rho = 1.0$$

刚架斜梁Ⅳ—Ⅳ截面全部有效。

（3）强度校核

刚架斜梁为压弯构件，承受弯矩 $M$、剪力 $V$ 和轴力 $N$ 共同作用，强度验算公式与构件的抗剪承载力有关。因此，刚架斜梁强度验算需要先确定斜梁的抗剪承载力 $V_d$，然后根据 $V$ 与 $V_d$ 的大小关系选择相应的强度验算公式。

①抗剪承载力 $V_d$

梁腹板不设加劲肋，$a = 10\,500$ mm，$\alpha = \dfrac{a}{h_{w1}} = \dfrac{10\,500}{676} = 15.53$

腹板楔率：$\gamma_p = \dfrac{h_{w1}}{h_{w0}} - 1 = 0$

$$\chi_{tap} = 1 - 0.35\alpha^{0.2}\gamma_p^{\frac{2}{3}} = 1.0$$

$$\omega_1 = 0.41 - 0.897\alpha + 0.363\alpha^2 - 0.041\alpha^3 = 0.41 - 0.897 \times 15.53 + 0.363 \times$$

$$15.53^2 - 0.041 \times 15.53^3 = -79.54$$

$$\eta_s = 1 - \omega_1\sqrt{\gamma_p} = 1.0$$

当不设横向加劲肋时，$k_\tau = 5.34\eta_s = 5.34$

$$\lambda_s = \dfrac{\dfrac{h_{w1}}{t_w}}{37\sqrt{k_\tau}\sqrt{\dfrac{235}{f_y}}} = \dfrac{\dfrac{676}{10}}{37 \times \sqrt{5.34} \times \sqrt{235/235}} = 0.79$$

$$\varphi_{ps} = \dfrac{1}{(0.51 + \lambda_s^{3.2})^{\frac{1}{2.6}}} = \dfrac{1}{(0.51 + 0.79^{3.2})^{\frac{1}{2.6}}} = 1.008 > 1.0, 取 \varphi_{ps} = 1.0$$

腹板屈曲后强度受剪承载力设计值为：

$$V_d = \chi_{tap}\varphi_{ps}h_{w1}t_wf_v = 1.0 \times 1.0 \times 676 \times 10 \times 125 = 845(\text{kN}) \geqslant h_{w0}t_wf_v$$
$$= 676 \times 10 \times 125 = 845(\text{kN}) 取 V_d = 845 \text{ kN}$$

②Ⅲ—Ⅲ截面强度验算

$V = 84.59$ kN $< 0.5V_d = 0.5 \times 845 = 422.5$ kN，因此按下列公式验算强度：

$$\dfrac{N}{A_e} + \dfrac{M}{W_e} = \dfrac{40.52 \times 10^3}{13\ 960} + \dfrac{239.20 \times 10^6}{3.17 \times 10^6} = 78.36(\text{N/mm}^2) < f = 215(\text{N/mm}^2)$$

Ⅲ—Ⅲ截面强度满足要求。

③Ⅳ—Ⅳ截面强度验算

$V = 3.16$ kN $< 0.5V_d = 0.5 \times 845 = 422.5$ kN，因此按下列公式验算强度：

$$\dfrac{N}{A_e} + \dfrac{M}{W_e} = \dfrac{31.72 \times 10^3}{13\ 960} + \dfrac{190.37 \times 10^6}{3.17 \times 10^6} = 62.33(\text{N/mm}^2) < f = 215(\text{N/mm}^2)$$

Ⅳ—Ⅳ截面强度满足要求。

（4）平面外稳定校核

①$\varphi_y$、$\eta_{ty}$

由 $\lambda_{1y} = \dfrac{L}{i_{y1}} = \dfrac{3\ 000}{62.2} = 48.2$，查 $b$ 类截面稳定系数得 $\varphi_y = 0.864$

通用长细比：$\overline{\lambda}_{1y} = \dfrac{\lambda_{1y}}{\pi}\sqrt{\dfrac{f_y}{E}} = \dfrac{48.2}{3.14} \times \sqrt{\dfrac{235}{2.06 \times 10^5}} = 0.52 < 1.3$

则：$\eta_{ty} = \dfrac{A_0}{A_1} + \left(1 - \dfrac{A_0}{A_1}\right) \times \dfrac{\overline{\lambda}_{1y}^2}{1.69} = 1.0$

②变截面梁弹性屈曲临界弯矩 $M_{cr}$

弯矩比：$k_M = \dfrac{M_0}{M_1} = \dfrac{190.37}{239.20} = 0.80$

$$k_\sigma = k_M\dfrac{W_{x1}}{W_{x0}} = 0.80 \times 1 = 0.80$$

腹板楔率：$\gamma = \dfrac{(h_1 - h_0)}{h_0} = 0$

弯矩最大截面受压翼缘和受拉翼缘绕弱轴惯性矩：

$$I_{yT} = I_{yB} = \frac{1}{12} \times 12 \times 300^3 = 2.7 \times 10^7 \text{ mm}^4, \eta_i = \frac{I_{yB}}{I_{yT}} = 1.0$$

小端截面翘曲惯性矩：$I_{\omega 0} = I_{yT} h_{sT0}^2 + I_{yB} h_{sB0}^2 = 2.7 \times 10^7 \times 344^2 \times 2 = 6.39 \times 10^{12} (\text{mm}^4)$,

$$\eta = 0.55 + 0.04(1 - k_\sigma) \sqrt[3]{\eta_i} = 0.55 + 0.04 \times (1 - 0.80) \sqrt[3]{1.0} = 0.558$$

变截面梁等效翘曲惯性矩：

$$I_{\omega \eta} = I_{\omega 0} (1 + \gamma \eta)^2 = 6.39 \times 10^{12} (\text{mm}^4)$$

截面不对称系数：$\beta_{x\eta} = 0.45(1 + \gamma \eta) h_0 \dfrac{I_{yT} - I_{yB}}{I_y} = 0$

截面自由扭转常数：$J_0 = \dfrac{k}{3} \displaystyle\sum_i b_i t_i^3 = \dfrac{1.3}{3} \times (300 \times 12^3 \times 2 + 676 \times 10^3) = 7.42 \times 10^5 (\text{mm}^4)$

圣维南扭转常数：$J_\eta = J_0 + \dfrac{1}{3} \gamma \eta (h_0 - t_f) t_w^3 = 7.42 \times 10^5 (\text{mm}^4)$

$$C_1 = 0.46 k_M^2 \eta_i^{0.346} - 1.32 k_M \eta_i^{0.132} + 1.86 \eta_i^{0.023}$$
$$= 0.46 \times 0.80^2 \times 1.0 - 1.32 \times 0.80 \times 1.0 + 1.86 \times 1.0 = 1.10 < 2.75$$

$$M_{cr} = C_1 \frac{\pi^2 E I_y}{L^2} \left[ \beta_{x\eta} + \sqrt{\beta_{x\eta}^2 + \frac{I_{\omega \eta}}{I_y} \left( 1 + \frac{G J_\eta L^2}{\pi^2 E I_{\omega \eta}} \right)} \right]$$

$$= 1.10 \times \frac{\pi^2 \times 2.06 \times 10^5 \times 5.406 \times 10^7}{3\ 000^2} \times$$

$$\left[ 0 + \sqrt{0 + \frac{6.39 \times 10^{12}}{5.406 \times 10^7} \times \left( 1 + \frac{7.9 \times 10^4 \times 7.42 \times 10^5 \times 3\ 000^2}{\pi^2 \times 2.06 \times 10^5 \times 6.39 \times 10^{12}} \right)} \right] = 4.71 \times 10^9$$

③变截面梁段整体稳定系数 $\varphi_b$

$$\lambda_{b0} = \frac{0.55 - 0.25 k_\sigma}{(1 + \gamma)^{0.2}} = \frac{0.55 - 0.25 \times 0.80}{(1 + 0)^{0.2}} = 0.35$$

$$\lambda_b = \sqrt{\frac{\gamma_x W_{x1} f_y}{M_{cr}}} = \sqrt{\frac{1.05 \times 3.17 \times 10^6 \times 235}{4.71 \times 10^9}} = 0.41$$

$$n = \frac{1.51}{\lambda_b^{0.1}} \times \sqrt[3]{\frac{b_1}{h_1}} = \frac{1.51}{0.41^{0.1}} \times \sqrt[3]{\frac{300}{688}} = 1.25$$

$$\varphi_b = \frac{1}{(1 - \lambda_{b0}^{2n} + \lambda_b^{2n})^{1/n}} = \frac{1}{(1 - 0.35^{2 \times 1.25} + 0.41^{2 \times 1.25})^{1/1.25}} = 0.973$$

根据《新钢结构设计手册》第 14.4.2 条，对于门式刚架变截面梁段整体稳定系数 $\varphi_b$ 可以采用近似简化公式计算，计算结果见表 3.11。

**表 3.11　刚架梁整体稳定系数 $\varphi_b$ 近似简化计算**

| |
|---|
| $\lambda_y = \dfrac{L}{i_y} = \dfrac{3\ 000}{62.2} = 48.2 < 150$，所以 $\varphi_b$ 可按下列公式计算： |
| $\varphi_b = \alpha_1 - \dfrac{\lambda_y^2}{45\ 000} \dfrac{1}{\varepsilon_k^2} = 1 - \dfrac{48.2^2}{45\ 000} \times \dfrac{1}{\left( \sqrt{\dfrac{235}{235}} \right)^2} = 0.948$ |
| 从计算结果看出，简化公式的计算结果偏保守。 |

④平面外稳定验算

$$\frac{N_1}{\eta_{ty}\varphi_y A_{e1}f}+\left(\frac{M_1}{\varphi_b\gamma_x W_{e1}f}\right)^{1.3-0.3k_\sigma}$$

$$=\frac{40.52\times10^3}{1.0\times0.864\times13\,960\times215}+\left(\frac{239.2\times10^6}{0.973\times1.05\times3.17\times10^6\times215}\right)^{1.3-0.3\times0.8}=0.34<1$$

满足平面外稳定要求。

**5)隅撑设计**

隅撑按轴心受压构件设计,轴心力设计值取为:

$$N=\frac{Af}{60\cos\theta}\sqrt{\frac{f_y}{235}}=\frac{300\times12\times215}{60\times\cos45°}\times\sqrt{\frac{235}{235}}=18.24(\text{kN})$$

连接螺栓采用 C 级螺栓 M12,隅撑计算长度取两端螺栓中心的距离,$l_0=\sqrt{2}\times(700+100)=1\,131.37$ mm

截面选用∟$50\times4$ 角钢,Q235$B$ 钢,截面特性为:

$$A=3.897\ \text{cm}^2,I_{x0}=14.70\ \text{cm}^4,W_{x0}=4.16\ \text{cm}^3,i_{x0}=1.94\ \text{cm},i_{y0}=0.99\ \text{cm}$$

$$\lambda_{y0}=\frac{l_{0y}}{i_{y0}}=\frac{1\,131.37}{9.9}=114.28<[\lambda]=200,查\ b\ 类截面稳定系数,得\ \varphi=0.468$$

单面角钢强度设计值折减系数为:

$$\eta=0.6+0.001\ 5\lambda=0.6+0.001\ 5\times114.28=0.77$$

$$\frac{N}{\eta\varphi Af}=\frac{18.24\times10^3}{0.77\times0.468\times389.7\times215}=0.60<1,满足设计要求。$$

隅撑连接如图 3.39 所示。

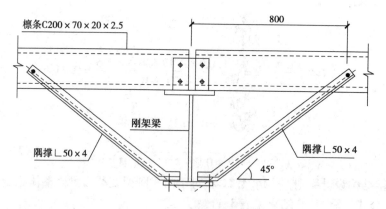

图 3.39 屋面斜梁隅撑连接图

## ▶ 3.4.7 位移计算

用结构力学求解器计算斜梁竖向挠度和水平风荷载作用下柱顶水平侧移时需要输入相应材料性质,刚架柱为变截面,所以取其平均惯性矩 $I_c=8.140\ 8\times10^8$ mm$^4$,平均截面面积 $A=129.6\times10^2$ mm$^2$ 输入,具体材料性质如下:

柱截面:抗弯刚度 $EI_c=2.06\times10^5\times8.140\ 8\times10^8=16.77\times10^{13}(\text{N}\cdot\text{mm}^2)$

抗拉刚度 $EA=2.06\times10^5\times129.6\times10^2=266.976\times10^7(\text{N})$

梁截面:抗弯刚度 $EI_b = 2.06 \times 10^5 \times 1.109\ 54 \times 10^9 = 2.285\ 652\ 4 \times 10^{14}(\text{N} \cdot \text{mm}^2)$

抗拉刚度 $EA = 2.06 \times 10^5 \times 139.6 \times 10^2 = 287.576 \times 10^7(\text{N})$

**1)柱顶侧移计算**

经计算,鼓风效应和吸风效应风荷载作用下的柱顶水平位移相差很小,这里只列出鼓风效应风荷载作用下的计算结果。鼓风效应风荷载作用下的计算简图及柱顶侧移图如图3.40和图 3.41 所示,经计算,柱顶水平最大侧移 $u = 7.5 \text{ mm} < [u] = \dfrac{h}{60} = \dfrac{7\ 500}{60} = 125 \text{ mm}$,满足柱顶水平侧移要求。

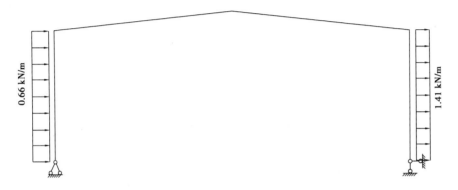

**图 3.40 鼓风效应风荷载作用下的计算简图**

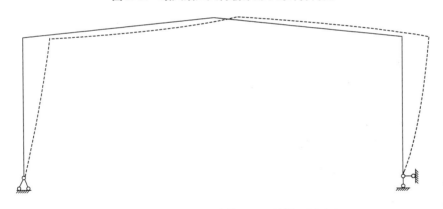

**图 3.41 鼓风效应风荷载作用下的柱顶侧移图**

当单跨变截面刚架梁上缘坡度不大于1:5时,根据《新钢结构设计手册》柱脚铰接刚架柱顶水平力作用下的侧移,也可按公式估算,按估算公式计算柱顶水平侧移方法如下:

$$W = (w_1 + w_2)H = (0.66 + 1.41) \times 7.5 = 15.525(\text{kN})$$

$$P = 0.67W = 0.67 \times 15.525 = 10.40(\text{kN})$$

刚架柱与刚架斜梁的线刚度比值:$\xi_t = \dfrac{I_c L}{I_b H} = \dfrac{8.140\ 8 \times 10^8 \times 21\ 000}{1.109\ 54 \times 10^9 \times 7\ 500} = 2.05$

柱顶水平侧移为:$\Delta = \dfrac{PH^3}{12EI_c}(2 + \xi_t) = \dfrac{10.40 \times 10^3 \times 7\ 500^3}{12 \times 2.06 \times 10^5 \times 8.140\ 8 \times 10^8}(2 + 2.05) =$

$8.83(\text{mm})$

从上述计算结果看出,按估算公式计算柱顶水平侧移结果与电算结果接近。

2）斜梁挠度计算

1.0 恒载 +1.0 活载标准值组合作用下的计算简图如图 3.42 所示,竖向挠度图如图 3.43 所示。经计算,斜梁最大挠度 $v = 23.79$ mm $< [v] = \dfrac{L}{180} = \dfrac{21\,000}{180} = 117$ mm,满足竖向挠度要求。

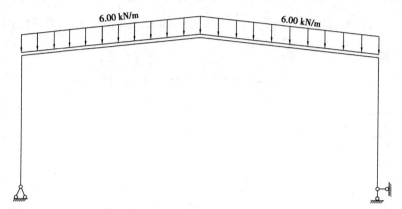

图 3.42　1.0 恒载 +1.0 活载标准值组合作用下的计算简图

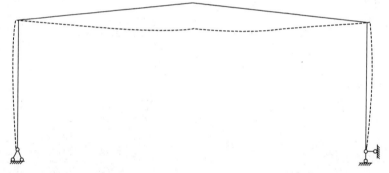

图 3.43　1.0 恒载 +1.0 活载标准值组合作用下的竖向挠度图

## ▶ 3.4.8 连接节点设计

### 1）梁柱节点设计

梁柱节点连接采用端板竖放的连接方式,如图 3.44(a)所示,连接处内力采用以下组合:

$$M = -239.20(\text{kN} \cdot \text{m}), N = -40.52(\text{kN}), V = 84.59(\text{kN})$$

采用 10.9 级 M22 摩擦型高强度螺栓连接,连接表面采用喷砂处理方法,摩擦面抗滑系数 $\mu = 0.45$,预拉力 $P = 190$ kN。

单个螺栓的抗剪承载力为:

$$N_v^b = 0.9 n_f \mu P = 0.9 \times 1.0 \times 0.45 \times 190 = 76.95(\text{kN})$$

单个螺栓的抗拉承载力为:

$$N_t^b = 0.8P = 0.8 \times 190 = 152(\text{kN})$$

初步选用 10 个 M22 高强度螺栓,螺栓布置如图 3.44(b)所示,节点端板尺寸为 300 mm × 900 mm。

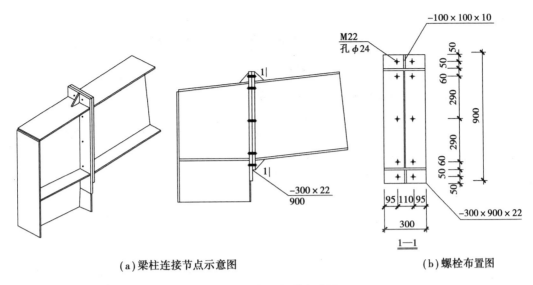

（a）梁柱连接节点示意图　　　（b）螺栓布置图

**图 3.44　梁柱连接节点详图**

（1）螺栓验算

顶排螺栓的拉力最大，最大拉力为：

$$N_{\max} = \frac{N}{n} + \frac{My_1}{\sum y_i^2} = \frac{-40.52}{10} + \frac{239.20 \times 10^3 \times 400}{4(290^2 + 400^2)} = 93.94(\mathrm{kN}) < 0.8P = 152(\mathrm{kN})$$

每个螺栓设计剪力为：

$$N_v = \frac{V}{n} = \frac{84.59}{10} = 8.5(\mathrm{kN})$$

$$\frac{N_v}{N_v^b} + \frac{N_t}{N_t^b} = \frac{8.5}{76.95} + \frac{93.94}{152} = 0.73 < 1，满足设计要求。$$

（2）端板厚度

从节点图量出 $e_w = 50\ \mathrm{mm}$，$e_f = 50\ \mathrm{mm}$，本节点端板为两边支承类端板，且端板外伸，因此要求 $t$ 满足如下要求：

$$t \geqslant \sqrt{\frac{6e_f e_w N_t}{[e_w b + 2e_f(e_f + e_w)]f}} = \sqrt{\frac{6 \times 50 \times 50 \times 93.94 \times 10^3}{(50 \times 300 + 2 \times 50 \times 100) \times 215}} = 16.19(\mathrm{mm})$$

同时根据《门规》构造要求，端板厚度不小于 16 mm，综合考虑取端板厚度 $t = 22\ \mathrm{mm}$。

（3）梁与柱相交的节点域验算

节点域宽度 $d_c = 700 - 12 \times 2 = 676\ \mathrm{mm}$，节点域高度 $d_b = 676\ \mathrm{mm}$，节点域厚度 $t_c = 10\ \mathrm{mm}$

$$\tau = \frac{M}{d_b d_c t_c} = \frac{239.20 \times 10^6}{676 \times 676 \times 10} = 52.34(\mathrm{N/mm^2}) < f_v = 125(\mathrm{N/mm^2})，满足设计要求。$$

（4）端板螺栓处构件腹板强度验算

$$N_{t2} = \frac{-40.52}{10} + \frac{239.20 \times 10^3 \times 290}{4(290^2 + 400^2)} = 66.99(\mathrm{kN}) < 0.4P = 0.4 \times 190 = 76(\mathrm{kN})$$

$$\frac{0.4P}{e_w t_w} = \frac{76 \times 10^3}{50 \times 10} = 152(\mathrm{N/mm^2}) < f = 215(\mathrm{N/mm^2})，满足设计要求。$$

（5）端板连接刚度验算

本例节点域高度和宽度相等，不设加劲肋，则 $A_{st} = 0$，$e_f = 50$ mm。

端板惯性矩：$I_e = \dfrac{300 \times 22^3}{12} = 266\ 200\left(\text{mm}^4\right)$

$$R_1 = Gh_1 d_c t_p + E d_b A_{st} \cos^2\alpha \sin\alpha = 79\ 000 \times 688 \times 676 \times 10 = 3.674\ 2 \times 10^{11}$$

$$R_2 = \frac{6EI_e h_1^2}{1.1 e_f^3} = \frac{6 \times 2.06 \times 10^5 \times 266\ 200 \times 688^2}{1.1 \times 50^3} = 1.132\ 7 \times 10^{12}$$

$$R = \frac{R_1 R_2}{R_1 + R_2} = \frac{3.674\ 2 \times 10^{11} \times 1.132\ 7 \times 10^{12}}{3.674\ 2 \times 10^{11} + 1.132\ 7 \times 10^{12}} = 2.774\ 3 \times 10^{11}\left(\text{N} \cdot \text{mm}\right) >$$

$$25\frac{EI_b}{l_b} = 25 \times \frac{2.06 \times 10^5 \times 110\ 954 \times 10^4}{21\ 000} = 2.721\ 015 \times 10^{11}\left(\text{N} \cdot \text{mm}\right)，满足要求。$$

**2）梁梁节点设计**

梁梁拼接节点连接形式如图 3.45（a）所示，连接处选用如下组合内力值：

$$M = 190.37\left(\text{kN} \cdot \text{m}\right)，N = -31.72\ \text{kN}，V = -3.16\left(\text{kN}\right)$$

采用 10.9 级 M20 摩擦型高强度螺栓连接，连接表面采用喷砂处理方法，摩擦面抗滑系数 $\mu = 0.45$，预拉力 $P = 155$ kN。

单个螺栓的抗剪承载力为：

$$N_v^b = 0.9 n_f \mu P = 0.9 \times 1.0 \times 0.45 \times 155 = 62.78\left(\text{kN}\right)$$

单个螺栓抗拉承载力为：

$$N_t^b = 0.8 P = 0.8 \times 155 = 124\left(\text{kN}\right)$$

初步选用 10 个 M20 高强度螺栓，螺栓布置如图 3.45（b）所示，节点板尺寸为 300 mm × 900 mm。

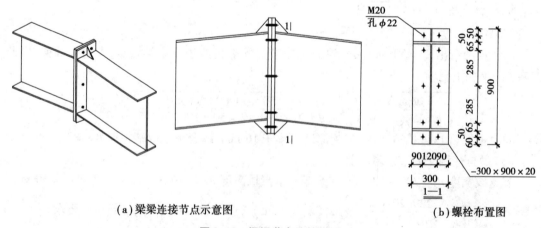

（a）梁梁连接节点示意图　　　　　　　　　　（b）螺栓布置图

**图 3.45　梁梁节点连接详图**

（1）螺栓验算

顶排螺栓的拉力最大，最大拉力为：

$$N_{\max} = \frac{N}{n} + \frac{My_1}{\sum y_i^2} = \frac{-31.72}{10} + \frac{190.37 \times 10^3 \times 400}{4\left(285^2 + 400^2\right)} = 75.75\left(\text{kN}\right) < 0.8P = 124\left(\text{kN}\right)$$

每个螺栓设计剪力为：

$$N_v = \frac{V}{n} = \frac{3.16}{10} = 0.32(\text{kN})$$

$\dfrac{N_v}{N_v^b} + \dfrac{N_t}{N_t^b} = \dfrac{0.32}{62.78} + \dfrac{75.75}{124} = 0.62 < 1$，满足设计要求。

（2）端板厚度

从节点图量出 $e_w = 55$ mm，$e_f = 50$ mm，本节点端板为两边支承类端板，且端板外伸，因此要求 $t$ 满足如下要求：

$$t \geqslant \sqrt{\frac{6e_f e_w N_t}{[e_w b + 2e_f(e_f + e_w)]f}} = \sqrt{\frac{6 \times 50 \times 55 \times 75.75 \times 10^3}{(55 \times 300 + 2 \times 50 \times 105) \times 215}} = 14.7(\text{mm})$$

同时根据《门规》构造要求，端板厚度不小于 16 mm，综合考虑取端板厚度 $t = 20$（mm）。

（3）端板螺栓处构件腹板强度验算

$$N_{t2} = \frac{-31.72}{10} + \frac{190.37 \times 10^3 \times 285}{4(285^2 + 400^2)} = 53.06(\text{kN}) \leqslant 0.4P = 0.4 \times 155 = 62(\text{kN})$$

$\dfrac{0.4P}{e_w t_w} = \dfrac{62 \times 10^3}{55 \times 10} = 112.73(\text{N/mm}^2) \leqslant f = 215(\text{N/mm}^2)$，满足设计要求。

### 3）柱脚设计

基础底板设计采用如下荷载组合进行：

$$M = 0.0 \text{ kN} \cdot \text{m}, N = -117.45 \text{ kN}, V = -31.89 \text{ kN}$$

柱脚铰接，柱脚形式如图 3.46 所示，采用 4 个锚栓与基础连接。锚栓为 M24，$A_0 = 4 \times \dfrac{\pi}{4} \times 24^2 = 1\,809$ mm²，基础混凝土标号 C25，$f_c = 11.9$ N/mm²，剪力由底板与混凝土之间的摩擦力承担，若经过验算不满足要求，则需设置抗剪键。

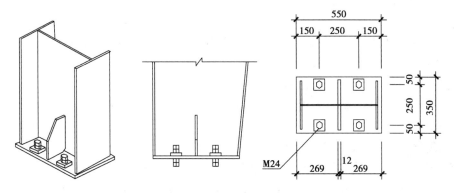

图 3.46　柱脚详图

（1）柱脚底板尺寸确定

$$A_n \geqslant \frac{N}{f_c} = \frac{117.45 \times 10^3}{11.9} = 9\,870(\text{mm}^2), A = A_n + A_0 = 9\,870 + 1\,809 = 11\,679(\text{mm}^2)$$

$B = 300 + 25 \times 2 = 350$（mm），$L \geqslant \dfrac{A}{B} = \dfrac{11\,679}{350} = 33.37$（mm），取 $L = 500 + 2 \times 25 = 550$（mm）

底板尺寸为 350 mm × 550 mm。

（2）柱脚底板厚度确定

底板平均压力：

$$q = \frac{N}{L \times B - A_0} = \frac{117.45 \times 10^3}{550 \times 350 - 1\,809} = 0.62(\text{N/mm}^2)$$

底板按照三边支承板一边自由板计算，

$$a_1 = \frac{500 - 3 \times 12}{2} = 232(\text{mm}), b_1 = \frac{300 - 10}{2} = 145(\text{mm}), \frac{b_1}{a_1} = \frac{145}{232} = 0.63, 查表得 \beta = 0.076$$

$$M_1 = \beta q a_1^2 = 0.076 \times 0.62 \times 232^2 = 2\,536.19(\text{N} \cdot \text{mm})$$

底板厚度：

$$t = \sqrt{\frac{6M_{max}}{f}} = \sqrt{\frac{6 \times 2\,536.19}{215}} = 8.41(\text{mm})$$

底板的厚度不宜小于 20 mm，故实际取底板厚度 $t = 20$ mm。

（3）柱脚抗剪承载力验算

柱底组合内力均为受压，基础混凝土与柱脚底板间的摩擦系数为 0.4。

$V = 31.89(\text{kN}) < f = 0.4 \times 117.45 = 46.98(\text{kN})$，按计算不需要设置抗剪键，但可要求设置。

► 【本章参考文献】

[1] 中华人民共和国国家标准. 钢结构设计标准（GB 50017—2017）[S]. 北京:中国建筑工业出版社,2018.

[2] 《新钢结构设计手册》编辑委员会. 新钢结构设计手册[M]. 北京:中国计划出版社,2018.

[3] 中华人民共和国国家标准. 门式刚架轻型房屋钢结构技术规范（GB 51022—2015）[S]. 北京:中国建筑工业出版社,2018.

[4] 中华人民共和国国家标准. 建筑结构可靠度设计统一标准（GB 50068—2018）[S]. 北京:中国建筑工业出版社,2018.

[5] 郑廷银. 钢结构设计[M]. 重庆:重庆大学出版社,2017.

[6] 季雄彦,徐兆熙,薛素铎. 门式刚架轻型钢结构工程设计与实例[M]. 北京:中国建筑工业出版社,2008.

[7] 董军,曹周平. 钢结构原理与设计[M]. 北京:中国建筑工业出版社,2008.

[8] 姚谏,夏志斌. 钢结构—原理与设计[M]. 2 版. 北京:中国建筑工业出版社,2011.

[9] 沈祖言,陈以一,陈扬暨,等. 钢结构[M]. 北京:中国建筑工业出版社,2018.

[10] 中华人民共和国国家标准. 建筑制图标准（GB/T 50104—2010）[S]. 北京:中国计划出版社,2012.

[11] 中华人民共和国国家标准. 建筑结构荷载规范（GB 50009—2012）[S]. 北京:中国计划出版社,2012.

[12] 中华人民共和国国家标准. 建筑结构抗震设计规范:GB 50011—2010（2016 版）[S]. 北京:中国建筑工业出版社,2016.

[13] 张三柱. 土木工程专业建筑工程方向课程设计指导书[M]. 北京:中国水利水电出版社,2007.

[14] 陈安英,陈昌宏.土木工程专业课程设计[M].北京:冶金工业出版社,2012.

[15] 姚继涛.土木工程专业课程设计指南[M].北京:科学出版社,2012.

[16] 裴巧玲.土木工程专业课程设计指导[M].北京:科学出版社,2016.

[17] 孙强,马巍.钢结构基本原理[M].武汉:武汉大学出版社,2014.

[18] 国家建筑标准设计图集.《门式刚架轻型房屋钢结构技术规范》图示(15G108—6)[S].
北京:中国计划出版社,2015.

**附图:门式刚架施工图**

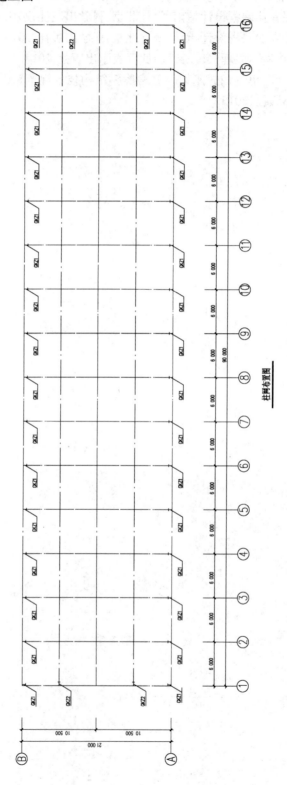

柱网布置图

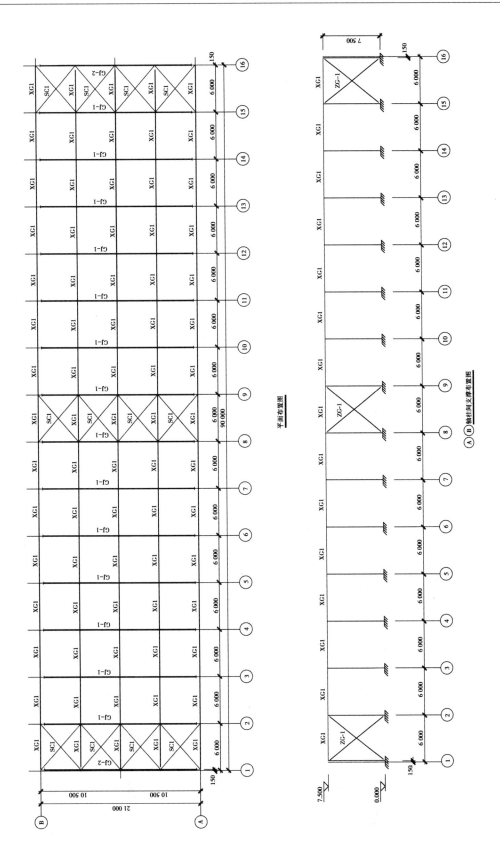

平面布置图

A B 轴柱间支撑布置图

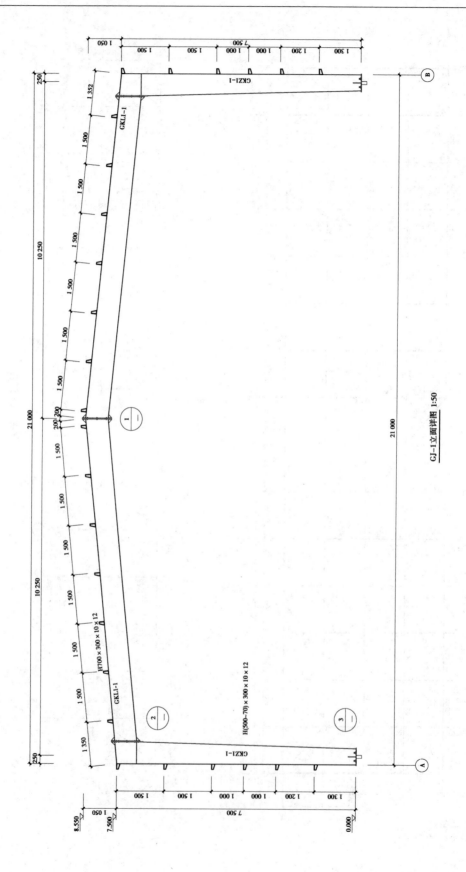

GJ-1立面详图 1:50

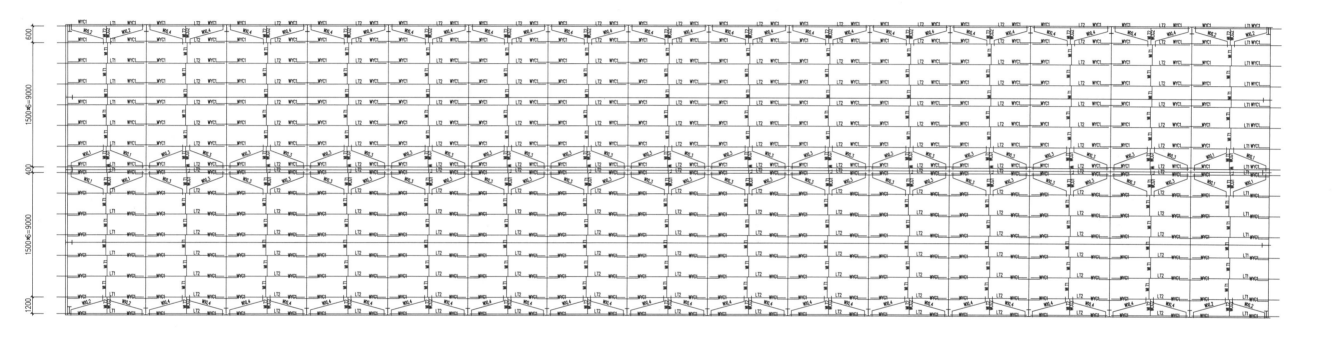

屋面檩条、拉条布置

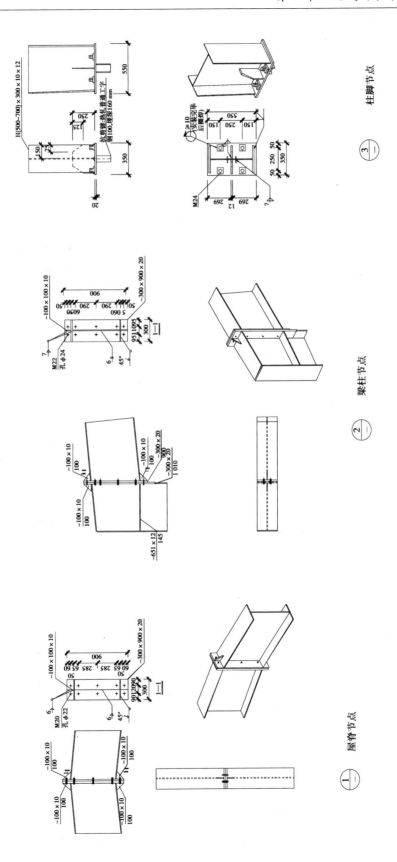

# 第4章

# 混凝土框架结构课程设计

## 4.1 课程性质和教学要求

建筑混凝土结构课程设计为土木工程专业开设的实践课,系主要专业课。

本课程设计,可使学生初步掌握一般钢筋混凝土框架结构的设计步骤和设计方法,能综合运用所学到的结构计算方法及有关的构造知识,并学会翻阅规范和图集,应用 AutoCAD 等绘图软件绘制结构施工图。

## 4.2 混凝土框架结构设计任务书

### ▶ 4.2.1 设计资料

**1)设计题目**

某两层框架结构(结构功能可选择:幼儿园、餐厅、会议室、试验室、洗衣房、商店、健身房、书库等),学生可根据结构功能选择建筑物平面图(图4.1或图4.2)。

**2)结构形式**

结构形式采用框架结构,楼屋盖主要为钢筋混凝土单向板主次梁,局部为双向板。楼梯为现浇钢筋混凝土板式楼梯。

**3)水文地质**

地基土层自上而下为:人工填土,层厚 $0.6 \sim 1.0$ m;褐黄色黏土,层厚 $4.0 \sim 4.5$ m, $f_a = 80$ kN/m$^2$, $\gamma = 19$ kN/m$^3$;灰色淤泥质粉土,层厚 $20 \sim 22$ m, $f_a = 70$ kN/m$^2$, $\gamma = 18$ kN/m$^3$;暗绿色黏质粉土,未穿, $f_a = 160$ kN/m$^2$, $\gamma = 20$ kN/m$^3$。地下水位在自然地表以下 $0.8$ m,水质对结

构无侵蚀作用。基础持力层为褐黄色黏土层。

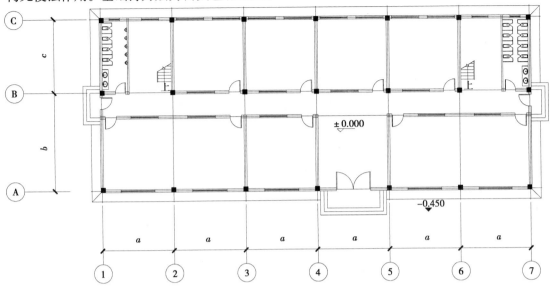

图 4.1　某建筑底层平面示意图 1

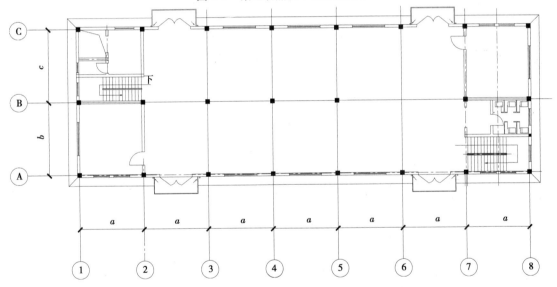

图 4.2　某建筑底层平面示意图 2

### 4）设计荷载

①基本风压及基本雪压按给定地区采用。

②常用建筑材料和构件自重参照荷载规范确定。

③屋面使用荷载按不上人屋面设计。

④楼面使用荷载根据荷载规范确定。

### 5）楼屋面做法

屋面:40 mm 厚 C25 细石混凝土(配筋φ6 双向@150×150 随捣随抹)γ=25 kN/m³;

　　　油毡一层;0.05 kN/m²;

1.5 mm 厚高分子复合单面自粘防水卷材 $\gamma = 0.35$ kN/m²;

200 mm 厚轻集料混凝土找坡层 $\gamma = 10$ kN/m³;

15 mm 厚水泥砂浆找平层上做油膏、胶泥一度隔气 $\gamma = 20$ kN/m³;

现浇混凝土楼板,板面清理;$\gamma = 25$ kN/m³;

20 mm 厚混合砂浆抹底 $\gamma = 20$ kN/m³。

楼面:30 mm 厚水泥砂浆面层,现浇钢筋混凝土梁板,板底 20 mm 厚混合砂浆抹底 $\gamma = 20$ kN/m³。

**6)材料**

混凝土:基础用 C20,上部结构用 C25。

墙体:±0.000 以下采用 MU10 标准砖,M5 水泥砂浆;±0.000 以上采用 MU10 多孔砖,M5 混合砂浆。

**7)建筑物平面尺寸、使用荷载**

表 4.1　建筑物基本尺寸及相关可变荷载

| 组别 | 基本尺寸 | | | 二层楼面可变荷载标准值/(kN·m⁻²) | 屋面可变荷载标准值/(kN·m⁻²) | 楼梯可变荷载标准值/(kN·m⁻²) |
|---|---|---|---|---|---|---|
| | a | b | c | | | |
| | | | | | | |

注:其中 a、b、c 的尺寸由教师给定,保证一人一题,荷载标准值由学生翻阅规范查询确定。

## 4.2.2　设计内容及设计要求

**1)结构设计**

(1)结构方案确定

内容:确定主要承重体系;选择结构布置方案;估算各主要构件的截面尺寸;绘制结构平面布置图。

(2)楼(屋)盖设计

内容:绘制楼(屋)面结构平面布置图;板、次梁及主梁设计计算。

要求:板、梁按单向板肋梁楼盖(连续梁板)设计,并考虑抗震构造措施。

(3)楼梯设计

内容:绘制楼梯结构平面布置图;楼梯梁板等构件配筋设计。

要求:按现浇钢筋混凝土板式楼梯设计。

**2)施工图绘制(考虑抗震构造措施)**

内容:楼(屋)面结构平面布置图;次梁及主梁配筋图;楼梯配筋图。

要求:①楼(屋)面结构平面布置图应标注柱定位轴线编号,板、梁编号及尺寸,楼(屋)面结构标高等。

②按现浇钢筋混凝土肋形楼盖设计时,板配筋绘于楼(屋)面结构平面布置图上,应标注板厚及配筋方式;次、主梁模板及配筋图上,应标注梁截面尺寸、梁底结构标高及配筋方式(直径、根数及形式)等。

③楼梯配筋图应包括楼梯结构平面布置图及梁板配筋详图;板(平台板)配筋可直接绘制于平面布置图上。

**3)格式要求**

应在规定时间内按要求完成设计任务。主要设计成果应反映在计算书与所绘的施工图中。

计算书应反映设计计算的过程。计算书要求计算数据正确,条理清楚,表达简明。撰写格式可参考教材或相关资料。并应附有:

①工程概况与设计资料的简要说明;

②必要的图示说明(如结构平面图、结构计算简图、内力图、构件配筋示意图等);

③所采用设计计算方法的简要说明等。

施工图要求符合建筑结构制图标准要求,并考虑抗震构造措施。图面布置匀称,比例适当,线条粗细分明,尺寸标注详细。

## ▶ 4.2.3  进度计划安排

表4.2  混凝土框架结构课程设计教学进度安排表

| 序号 | 内　容 | 学时安排 |
|---|---|---|
| 1 | 课程设计目的、任务;学生分组;选择结构方案;确定截面尺寸绘制结构平面布置图 | 4(课内)+4(课外) |
| 2 | 单向板配筋计算;单向板配筋图绘制 | 5(课内)+5(课外) |
| 3 | 次梁配筋计算;次梁配筋图绘制;手绘 A2 | 5(课内)+5(课外) |
| 4 | 主梁配筋计算;主梁配筋图绘制 | 5(课内)+5(课外) |
| 5 | 双向板配筋计算;双向板配筋图绘制 | 5(课内)+5(课外) |
| 6 | 板式楼梯配筋计算;楼梯配筋图绘制;机绘 A3 | 4(课内)+4(课外) |
| 7 | 盈建科/pkpm 应用结构建模 | 4(课内)+4(课外) |
| 8 | 盈建科/pkpm 应用出图:标准层梁、柱平法法配筋图 | 4(课内)+4(课外) |
| 9 | 修改、整理、交成果 | 4(课内)+4(课外) |

## ▶ 4.2.4  成绩考核办法

表4.3  教师评价依据和成绩评定分布

| 项目 | 课程设计评价依据 | 各项成绩分布 |
|---|---|---|
| 1 | 结构平面布置合理,构件尺寸估计无误 | 1-10 |
| 2 | 单向板配筋计算正确;单向板配筋图绘制清晰准确 | 1-10 |
| 3 | 次梁配筋计算正确;次梁配筋图绘制清晰准确 | 1-10 |
| 4 | 主梁配筋计算正确;主梁配筋图绘制清晰准确 | 1-10 |
| 5 | 双向板配筋计算正确;双向板配筋图绘制清晰准确 | 1-10 |

续表

| 项目 | 课程设计评价依据 | 各项成绩分布 |
|:---:|:---:|:---:|
| 6 | 板式楼梯配筋计算正确;楼梯配筋图绘制清晰准确 | 1-10 |
| 7 | 盈建科/pkpm 应用结构建模,标准层梁、柱平法配筋图修改合理 | 1-10 |
| 8 | 课堂弹幕考勤、弹幕参与情况 | 1-10 |
| 9 | 成果评价 | 1-20 |

## 4.3　混凝土框架结构设计方法指导书

混凝土框架结构主要设计步骤如图4.3所示。

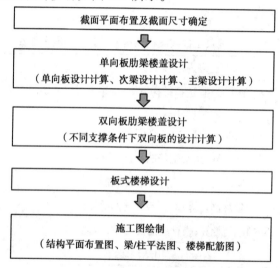

**图4.3　混凝土框架结构设计步骤**

### ▶ 4.3.1　现浇钢筋混凝土单向板楼盖结构设计

**1)楼层结构平面布置及截面尺寸假定**

从建筑示意图可以看出,一字形建筑在短向的横向抗侧刚度较弱,所以主梁沿该方向布置可以提高该方向的侧向刚度,而纵向框架则仅按构造要求布置较小的连系次梁,这样也有利于房屋室内的采光和通风。结构平面布置图如图4.4所示。

根据 GB 50010—2010《混凝土结构设计规范》第 9 章结构构件高跨比的基本规定,现浇混凝土板、梁的截面尺寸估算如下:

板厚:$h = l_0$(板跨)$/30$(mm),取 10 mm 的倍数。

次梁:$h = (1/12 \sim 1/18) \times l_0$(次梁跨)(mm),800 mm 以下取 50 mm 的倍数,800 mm 以上取 100 mm 的倍数。$b = (1/3 \sim 1/2) \times h$(次梁高)(mm),800 mm 以下取 50 mm 的倍数,800 mm 以上取 100 mm 的倍数。

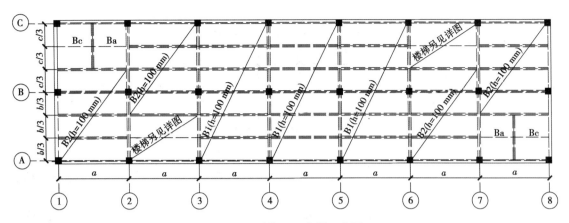

**图 4.4　结构平面布置示意图**

主梁:$h = (1/10 \sim 1/15) \times l_0$(主梁跨)(mm),800 mm 以下取 50 mm 的倍数,800 mm 以上取 100 mm 的倍数。$b = (1/3 \sim 1/2) \times h$(主梁高)(mm),800 mm 以下取 50 mm 的倍数,800 mm 以上取 100 mm 的倍数。

柱截面尺寸的估算:若柱子的受荷面积为 $S$、结构的层数为 $n$、每层楼面恒载和活载之和估算为 $Q = 11 \sim 13$ kN/m$^2$,按照轴心受压估算内柱的截面尺寸,轴心受压计算公式为:

$$N_u = 0.9\varphi(f_c A + f_y' A_s') = nSQ \tag{4.1}$$

式中,$N_u$ 为柱底轴力设计值(N);$\varphi$ 为稳定系数,由长细比 $l_0/b$ 查表 4.4 得到;$f_c$ 为混凝土轴心抗压强度设计值(N/mm$^2$);$f_y'$ 为钢筋屈服强度设计值(N/mm$^2$);$A$ 为柱横截面面积(mm$^2$);$A_s'$ 为柱纵筋截面面积之和(mm$^2$)。

**表 4.4　钢筋混凝土轴心受压构件的稳定系数**

| $l_0/b$ | ≤8 | 10 | 12 | 14 | 16 | 18 | 20 | 22 | 24 | 26 | 28 |
|---|---|---|---|---|---|---|---|---|---|---|---|
| $\varphi$ | 1.00 | 0.98 | 0.95 | 0.92 | 0.87 | 0.81 | 0.75 | 0.70 | 0.65 | 0.60 | 0.56 |
| $l_0/b$ | 30 | 32 | 34 | 35 | 38 | 40 | 42 | 44 | 46 | 48 | 50 |
| $\varphi$ | 0.52 | 0.48 | 0.44 | 0.40 | 0.36 | 0.32 | 0.29 | 0.26 | 0.23 | 0.21 | 0.19 |

可假定配筋率 $\rho$(配筋率假定为规范规定的最大配筋率和最小配筋率之间),则 $A_s' = \rho A$,根据计算公式(4.1),则可以得到柱横截面积 $A$(mm$^2$),进而得到柱的边长(800 mm 以下取 50 mm 的倍数,800 mm 以上取 100 mm 的倍数)。

**2)单向板设计(按弹性方法进行设计)**

(1)计算简图

沿着板主要受力方向(短跨方向)取出 1m 板带,板下支座的数量为支撑板的次梁的数量,跨数超过 5 跨且跨度相差不超过 10% 时,按 5 跨的等跨连续板进行计算,5 跨及以下按实际跨数进行计算。

为了使计算更接近于实际情况,采取增大恒载、减小活载、保证总荷载不变的方法来计算内力,折算后 1 m 板带的线荷载计算公式为:

$$g' = 1.3g_k + 1.5q_k/2(\text{kN/m}) \tag{4.2}$$

$$q' = 1.5q_k/2(\text{kN/m}) \tag{4.3}$$

式中，$g_k$ 为恒荷载标准值（$N/mm^2$）；$q_k$ 为活荷载标准值（$N/mm^2$）。

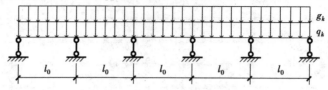

**图 4.5  $B_1$ 计算简图**

（2）内力分析

按照活荷载最不利布置原则，查询等截面等跨连续梁在常用荷载作用下的内力系数表（附录 1），得到 $k_g$、$k_q$ 的数值，进而计算得到板控制截面的弯矩值。

$$M = M_g + M_q = k_g g' l_0^2 + k_q q' l_0^2 \tag{4.4}$$

式中，$k_g$ 为连续板荷载满布情况下，相应控制截面的弯矩系数。

$k_q$ 为考虑活荷载不利布置情况下，相应控制截面的弯矩系数。

$l_0$ 为单向板计算跨度，即相对的短边支撑中心距。

活荷载不利布置原则：

①求某跨跨内最大正弯矩时，应在本跨布置活荷载，然后隔跨布置；

②求某支座最大负弯矩时，应在其左右邻跨布置活荷载，然后隔跨布置；

③求某支座左、右截面最大剪力时，应在该支座左、右两跨布置活荷载，然后隔跨布置。

（3）配筋计算

按受弯构件基于承载力的截面设计方法，计算各控制截面的纵向配筋面积。计算步骤如下：

$$\alpha_s = \frac{M}{\alpha_1 f_c b h_0^2} \tag{4.5}$$

$$\xi = 1 - \sqrt{1 - 2\alpha_s} \tag{4.6}$$

若 $\xi \leqslant \xi_b$，不超筋，进行下一步；若 $\xi > \xi_b$，超筋，需增大截面尺寸后，重新进行计算。

$$A_s = \frac{\alpha_1 f_c b \xi h_0}{f_y} \tag{4.7}$$

选配钢筋，板钢筋配筋率一般为 0.3% ~ 0.8%。

最小配筋率验算：

$$A_s（为选配钢筋的面积）\geqslant A_{s,\min} = \max\{0.2\%, 0.45 f_t/f_y\} bh$$

式中，$\alpha_s$ 为截面抵抗矩系数；$M$ 为弯矩设计值（$kN \cdot m$）；$b$ 为截面宽度（mm），板取 1 000 mm；$h_0$ 为截面有效高度（mm），板取 $h - 20$ mm，$h$ 为板厚；$\xi$ 为相对受压区高度；$f_c$ 为混凝土轴心抗压强度设计值（$N/mm^2$）；$f_y$ 为钢筋屈服强度设计值（$N/mm^2$）。

（4）板配筋图

可采用分离式配筋的方式，其中短向的为受力筋，长向的为分布筋。跨中承受正弯矩的受力筋放板底，且应全部伸入支座；支座承受负弯矩的受力筋可以截断，截断点距支撑梁边缘的距离 $a$ 可取值为：当板上均布活荷载 $q$ 与均布恒荷载 $g$ 的比值 $q/g \leqslant 3$ 时，$a = l_n/4$；当 $q/g > 3$ 时，$a = l_n/3$，$l_n$ 为板的净跨度（mm）。

**3）次梁配筋设计（按塑性方法进行设计）**

**（1）计算简图**

取一根次梁进行计算，在均布荷载作用下，等跨连续梁的计算简图表示如图4.6所示。五跨以上按五跨计算，五跨及以下按实际跨数计算。

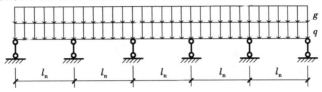

**图4.6　次梁计算简图**

**（2）内力分析**

按弯矩调幅法计算等跨次梁的内力，查询连续梁考虑塑性内力重分布的弯矩计算和剪力计算表（附录2），得到 $\alpha_m$、$\alpha_v$ 的数值，进而计算得到次梁控制截面的弯矩值和剪力值，计算公式如下：

$$M = \alpha_m(g + q)l_0^2 \tag{4.8}$$

$$V = \alpha_v(g + q)l_n \tag{4.9}$$

式中，$M$ 为弯矩设计值（kN·m）；$V$ 为剪力设计值（kN）；$\alpha_m$ 为连续梁考虑塑性内力重分布的弯矩计算系数；$\alpha_v$ 为连续梁考虑塑性内力重分布的剪力计算系数；$g$ 为沿梁单位长度上的恒荷载设计值（kN/m）；$q$ 为沿梁单位长度上的活荷载设计值（kN/m）；$l_0$ 为梁的计算跨度；$l_n$ 为梁的净跨度。

**（3）配筋计算**

**①截面设计**

按基于承载力的截面设计方法，因跨中翼缘处于受压区，对承载力起有利作用，所以跨中按T形截面进行计算；而支座处，翼缘处于受拉区，对承载力不起作用，所以支座处按矩形截面进行计算。

支座按矩形截面的计算步骤同板的计算方法，公式见式（4.5）至式（4.7），选配钢筋时，梁钢筋配筋率一般为 0.6% ~1.5%，最小配筋率验算同板。

跨中按T形截面的计算步骤如下：

a. 跨中按T形截面的翼缘计算宽度为：

$$b_f' = \min\{l_0/3, b + s_n, b + 12 \times h_f'\} \tag{4.10}$$

式中，$l_0$ 为次梁的计算跨度（mm）；$b$ 为梁的腹板厚度（mm）；$s_n$ 为次梁间的净距（mm）；$h_f'$ 为翼缘的厚度（mm）。

b. 判断T形截面的类型：$M \leq a_1 f_c b_f' h_f'(h_0 - h_f'/2)$ 时为第 I 类，否则为第 II 类。

c. 若为第 I 类T形截面，计算过程同矩形截面，将 $b$ 换为 $b_f'$ 即可。

若为第 II 类T形截面，计算步骤如下：

$$M = M_u = \alpha_1 f_c bx(h_0 - x/2) + f_c(b_f' - b)h_f'(h_0 - h_f'/2) \tag{4.11}$$

计算得到 $x$，若 $\xi \leq \xi_b$，不超筋，进行下一步；若 $\xi > \xi_b$，超筋，需增大截面尺寸后，重新进行计算。

将 $x$ 代入基本公式 1：

$$f_y A_s = \alpha_1 f_c bx + f_c (b'_f - b) h'_f \tag{4.12}$$

计算得到 $A_s$，选配钢筋，梁钢筋配筋率一般为 $0.6\% \sim 1.5\%$。

最小配筋率验算：$A_s$（选配钢筋的面积）$\geqslant A_{s,\min} = \max\{0.2\%, 0.45 f_t / f_y\} bh$

式中，$\alpha_s$ 为截面抵抗矩系数；$M$ 为弯矩设计值（$kN \cdot m$）；$b$ 为截面宽度（mm）；$h_0$ 为截面有效高度（mm），梁受拉钢筋放一排时取 $h - 40$ mm，放两排时取 $h - 65$ mm，$h$ 为梁高；$h'_f$ 为翼缘的厚度（mm）；$b'_f$ 为翼缘的计算宽度（mm）；$x$ 为受压区高度（mm）；$f_c$ 为混凝土轴心抗压强度设计值（$N/mm^2$）；$f_y$ 为钢筋屈服强度设计值（$N/mm^2$）。

②斜截面设计

基于承载力的斜截面设计优先采用仅配箍筋的方式，计算步骤如下：

a. 验算截面尺寸是否满足要求，按计算公式：

$$V_{\max} = 0.25 \beta_c f_c bh_0 \tag{4.13}$$

式中，$\beta_c$ 为混凝土强度影响系数，当混凝土强度等级不超过 C50 时，取 $\beta_c = 1$；$b$ 为截面宽度（mm）；$h_0$ 为截面有效高度（mm），梁受拉钢筋放一排时取 $h - 40$ mm，放两排时取 $h - 65$ mm，$h$ 为梁高；$f_c$ 为混凝土轴心抗压强度设计值（$N/mm^2$）。

当 $h_w / b \leqslant 4$（即一般梁），$V \leqslant V_{\max}$ 时，截面尺寸满足要求，否则需增大截面尺寸，重新进行计算。矩形截面 $h_w = h_0$；T 形截面 $h_w = h_0 - h'_f$；工字形截面 $h_w = h_0 - h_f - h'_f$。

b. 判断是否需要计算配箍，按计算公式：

$$V_c = 0.7 f_t bh_0 \tag{4.14}$$

式中，$b$ 为截面宽度（mm），板取 1 000 mm；$h_0$ 为截面有效高度（mm），梁受拉钢筋放一排时取 $h - 40$ mm，放两排时取 $h - 65$ mm，$h$ 为梁高；$f_t$ 为混凝土轴心抗拉强度设计值（$N/mm^2$）。

若 $V \leqslant V_c$，构造配箍即可（满足 $d \geqslant d_{\min}$，$S \leqslant S_{\max}$，$\rho_{sv} \geqslant \rho_{sv,\min}$ 的要求即可）；若 $V > V_c$，进行下一步计算。

c. 由基本公式：

$$V_{sv} = 0.7 f_t bh_0 + f_{yv} \frac{A_{sv}}{S} h_0 \tag{4.15}$$

计算得到 $\dfrac{A_{sv}}{S}$，假定箍筋直径和肢数，求得 $s$，应满足 $S \leqslant S_{\max}$。

式中，$b$ 为截面宽度（mm）；$h_0$ 为截面有效高度（mm），梁受拉钢筋放一排时取 $h - 40$ mm，放两排时取 $h - 65$ mm，$h$ 为梁高；$f_t$ 为混凝土轴心抗拉强度设计值（$N/mm^2$）；$f_{yv}$ 为钢筋屈服强度设计值（$N/mm^2$）；$A_{sv}$ 为箍筋面积（$mm^2$），$A_{sv} = n A_{sv1}$，$n$ 为箍筋的肢数，梁宽 $b \leqslant 350$ mm 时，$n = 2$，$b > 350$ mm 时，$n = 4$，$A_{sv1}$ 为箍筋单肢的面积（$mm^2$）；$s$ 为箍筋间的中心距（mm）。

d. 验算最小配箍率。$\rho_{sv} \geqslant \rho_{sv,\min} = 0.24 f_t / f_{yv}$。

**4）主梁配筋设计（按弹性方法设计）**

（1）计算简图

取一根主梁进行计算，主梁上无墙体时，可以将主梁的自重分段折算到次梁传过来的集中力中，便于计算内力。计算简图（图 4.7）可表示如下：

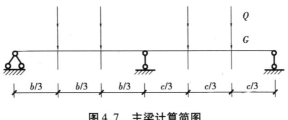

**图 4.7  主梁计算简图**

（2）内力分析

按照活荷载最不利布置原则，查询等截面等跨连续梁在常用荷载作用下的内力系数表（附录 1），得到 $k_g$、$k_q$ 的数值，进而计算得到主梁控制截面在恒荷载下的弯矩标准值 $M_{gk}$ 和活荷载下的弯矩标准值 $M_{qk}$。

$$M_{gk} = k_g G l_0 \tag{4.16}$$

$$M_{qk} = k_q Q l_0 \tag{4.17}$$

式中，$k_g$ 为连续梁集中荷载作用下，相应控制截面的弯矩系数；$k_q$ 为考虑活荷载不利布置情况下，相应控制截面的弯矩系数；$l_0$ 为主梁计算跨度，即支撑柱中心距（mm）。

然后根据最新《建筑结构可靠性设计统一标准》GB 50068—2019，$\gamma_g = 1.3$、$\gamma_q = 1.5$，内力组合得到相应控制截面弯矩设计值为：

$$M = \gamma_g M_{gk} + \gamma_q M_{qk} \tag{4.18}$$

按照活荷载最不利布置原则，查询等截面等跨连续梁在常用荷载作用下的内力系数表，得到 $k_g$、$k_q$ 的数值，进而计算得到主梁控制截面在恒载下的剪力值 $V_{gk}$ 和活载下的剪力值 $V_{qk}$。

$$V_{gk} = k_g G \tag{4.19}$$

$$V_{qk} = k_q Q \tag{4.20}$$

然后根据最新《建筑结构可靠性设计统一标准》GB 50068—2019，$\gamma_g = 1.3$、$\gamma_q = 1.5$，内力组合得到相应控制截面剪力设计值为：

$$V = \gamma_g V_{gk} + \gamma_q V_{qk} \tag{4.21}$$

（3）配筋计算

①主梁正截面和斜截面的设计

主梁正截面和斜截面的计算过程同次梁，不同的是，当主梁跨中按 T 形截面进行计算时，因梁跨内设有间距小于主梁间距的次梁，所以主梁的翼缘宽度不计算 $b + 12 \times h_f'$ 这一项，按 $b_f' = \min\{l_0/3, b + S_n\}$ 进行计算即可。

②次梁与主梁交接处，主梁附加箍筋的计算

因次梁的集中荷载作用在主梁的受拉区，易使主梁的腹部产生斜裂缝，引起局部破坏，所以需在主次梁交接处、次梁两侧主梁内设置附加横向钢筋，横向钢筋优先采用附加箍筋，构造要求如下：

附加箍筋排数：

$$m \geq \frac{F_l}{n f_{yv} A_{sv}} \tag{4.22}$$

式中，$F_l$ 为次梁传来的集中力（kN）；$n$ 为箍筋的肢数；$f_{yv}$ 为箍筋的屈服强度（N/mm²）；$A_{sv}$ 为箍筋的面积（mm²）；取 $m$ 为双数。

附加箍筋配置范围：

$$s = 2h_1 + 3b \qquad (4.23)$$

式中，$h_1$ 为主次梁高度之差(mm)；$b$ 为次梁的宽度(mm)。

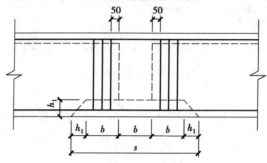

**图 4.8　主梁附加箍筋构造图**

③主梁侧面纵向构造钢筋配置

为限制梁的腹板高度范围内由荷载作用或混凝土收缩引起的垂直裂缝的开展，当 $h_w >$ 450 mm 时(矩形截面 $h_w = h_0$；T 形截面 $h_w = h_0 - h_f'$；工字形截面 $h_w = h_0 - h_f - h_f'$)，需要放置侧面纵向构造钢筋(又称腰筋)。每侧的腰筋(不包括梁上、下部受力钢筋及架立钢筋)的截面面积不应小于腹板截面面积的 0.1%，且其间距不宜大于 200 mm。

## ▶ 4.3.2　现浇钢筋混凝土双向板楼盖结构设计

### 1)荷载设计值

双向板的板厚不宜小于 80 mm，其厚度 $h$ 与双向板短跨 $l_{01}$ 的比值应不小于 1/40。

多跨连续双向板的计算多以单区格板计算为基础，控制截面为跨中最大正弯矩处和支座最大负弯矩处。计算跨中最大正弯矩时，恒荷载采用满布、活荷载采用棋盘式布置，这种荷载分布情况可以分解为满布荷载 $g + q/2$ 及间隔布置 $\pm q/2$ 两种情况，叠加后得到各区格板的跨中最大正弯矩；计算支座最大负弯矩时，恒荷载和活荷载均采用满布的方式叠加求得。

### 2)计算跨度

内跨：$l_0 = l_c$(轴线间距离)；边跨：$l_0 = l_c + b/2$，其中 $b$ 为支撑梁的宽度。

### 3)弯矩计算

$x$ 向为短向，$y$ 向为长向。$l_{01}$ 为双向板板跨(即短边计算长度)

$$M_x = (m_x + 0.2 \times m_y)\left(g + \frac{q}{2}\right)l_{01}^2 + (m_{x0} + 0.2 \times m_{y0}) \times \frac{q}{2} \times l_{01}^2 \qquad (4.24)$$

$$M_y = (m_y + 0.2 \times m_x)\left(g + \frac{q}{2}\right)l_{01}^2 + (m_{y0} + 0.2 \times m_{x0}) \times \frac{q}{2} \times l_{01}^2 \qquad (4.25)$$

$$M_x' = m_x'(g + q)l_{01}^2 \qquad (4.26)$$

$$M_y' = m_y'(g + q)l_{01}^2 \qquad (4.27)$$

式中，$m_x$ 和 $m_y$ 为实际支撑情况下短向和长向跨中的弯矩系数，$m_{x0}$ 和 $m_{y0}$ 为四边简支情况下短向和长向跨中的弯矩系数，$m_x'$ 和 $m_y'$ 为实际支撑情况下固支边的负弯矩系数。

### 4)截面设计

基于承载力的截面设计过程同单向板，考虑到板与梁整浇，所有的跨中和支座弯矩可减少 20% 后,再进行计算。计算步骤同板的计算方法,公式见式(4.5)~式(4.7),选配钢筋时,板钢筋配筋率一般为 0.3%~0.8%,最小配筋率验算同单向板。

5)施工图绘制

参考《国家建筑标准设计图集(16G 101—1)》进行绘制。

## 4.3.3　现浇钢筋混凝土板式楼梯设计

### 1)梯段斜板设计

(1)荷载计算及计算简图

梯段斜板厚度 $h = \left(\dfrac{1}{25} \sim \dfrac{1}{30}\right)l$,取 10 mm 的倍数,式中 $l$ 为梯段板水平投影长度(mm)。

荷载设计值为:

$$g + q = \gamma_g g_k + \gamma_q q_k = 1.3 \times g_k + 1.5 \times q_k \tag{4.28}$$

式中,$g_k$ 为梯段斜板水平投影 1 m 板带上的均布恒荷载,$q_k$ 为梯段斜板水平投影 1 m 板带上的均布活荷载。

(2)内力计算

考虑到梯段板与平台梁整浇,平台与斜板的转动变形由一定的约束作用,故板的跨中正弯矩取为:

$$M = \frac{(g + q)l^2}{10} \tag{4.29}$$

(3)配筋计算

按基于承载力的截面设计方法,计算各控制截面的纵向配筋面积。计算步骤同板的计算方法,公式见式(4.5)~式(4.7)。

梯段板的配筋可参考《国家建筑标准设计图集(16G 101—2)》进行绘制。

### 2)平台板设计(取 1 m 板带)

平台板的设计同单跨单向板的设计,取 1 m 板带进行计算,因平台板与梁整浇,故板的跨中正弯矩也可按式(4.29)进行计算,其中 $l$ 为平台板的计算跨度(m)。配筋计算及绘图构造要求同楼盖单向板。

### 3)平台梁设计同一般单跨简支梁

假设平台梁截面尺寸为 200 mm × 350 mm。

(1)荷载

恒荷载包括梁自重、梁侧粉刷、平台板传来(一半)和梯段板(每个梯段各一半)传来的恒荷载(kN/m)。

活荷载包括平台板(一半)和梯段板(每个梯段各一半)传来的活荷载(kN/m)之和。

(2)截面设计

计算跨度:

$$l_0 = 1.05 l_n \tag{4.30}$$

弯矩设计值:

$$M = \frac{1}{8} p l_0^2 \tag{4.31}$$

剪力设计值：

$$V = \frac{1}{2}pl_n \tag{4.32}$$

截面按倒 L 形计算。

假定翼缘宽度：

$$b_f' = \min\left\{\frac{l_0}{6}, b + \frac{s_n}{2}, b + 5h_f'\right\} \tag{4.33}$$

式中，$l_0$ 为平台梁的计算跨度（mm）；$b$ 为梁的腹板厚度（mm）；$s_n$ 为平台梁间的净距（mm）；$h_f'$ 为翼缘的厚度（mm）。

计算步骤同板的计算方法，公式见式（4.5）~式（4.7），选配钢筋时，梁钢筋配筋率一般为 0.6% ~ 1.5%，最小配筋率验算同板。

基于承载力的斜截面设计计算步骤与次梁斜截面的设计计算相同，计算公式见式（4.13）~式（4.15）。

# 4.4　混凝土框架结构设计实例

## ▶　4.4.1　工程概况及设计资料

### 1）结构形式

结构形式采用框架结构，楼屋盖主要为钢筋混凝土单向板主次梁，局部为双向板。楼梯为现浇钢筋混凝土板式楼梯。

### 2）水文地质

地基上层自上而下为：人工填土，层厚 0.6 ~ 1.2 m；褐黄色黏土，层厚 4.0 ~ 4.5 m，$f_a = 80\ \text{kN/m}^2$，$\gamma = 19\ \text{kN/m}^3$；灰色淤泥粉质黏土，层厚 20 ~ 22 m，$f_a = 70\ \text{kN/m}^2$，$\gamma = 18\ \text{kN/m}^3$；暗绿色黏质粉土，未穿，$f_a = 160\ \text{kN/m}^2$，$\gamma = 20\ \text{kN/m}^3$。

地下水位在自然地表以下 0.8 m，水质对结构无侵蚀作用。

基础持力层为褐黄色黏土层。

### 3）设计荷载

基本风压及基本雪压按杭州地区采用。

常用建筑材料和构件自重参照荷载规范确定。

屋面使用荷载按不上人屋面设计。

楼面使用荷载值根据荷载规范确定。

### 4）楼屋面做法

屋面：40 mm 厚 C25 细石混凝土（配筋 $\phi$6 双向@ 150 × 150），$\gamma = 25\ \text{kN/m}^3$；油毡一层 0.05 $\text{kN/m}^3$。

1.5 mm 厚高分子复合单面自粘防水卷材 $\gamma = 0.35\ \text{kN/m}^3$。

200 mm 厚轻集料混凝土找坡层 $\gamma = 10$ kN/m$^3$。

15 mm 厚水泥砂浆找平层上做油膏、胶泥一度隔气 $\gamma = 20$ kN/m$^3$。

现浇混凝土楼板，板面清理 $\gamma = 25$ kN/m$^3$。

20 mm 厚混合砂浆抹底 $\gamma = 20$ kN/m$^3$。

楼面:30 mm 厚水泥砂浆面层，现浇钢筋混凝土梁板，板底 20 mm 厚混合砂浆抹底 $\gamma = 20$ kN/m$^3$。

**5)材料性能**

混凝土:基础用 C20,上部结构用 C25。

墙体: ± 0.000 以下采用 MU10 标准砖,M5 水泥砂浆; ± 0.000 以上采用 MU10 多孔砖,M5 混合砂浆。

**6)平面尺寸与使用荷载**

表 4.5　平面尺寸与使用荷载

| 组别 | 基本尺寸 | | | 二层楼面可变荷载标准值/(kN·m$^{-2}$) | 屋面可变荷载标准值/(kN·m$^{-2}$) | 楼梯可变荷载标准值/(kN·m$^{-2}$) |
|---|---|---|---|---|---|---|
| | $a$ | $b$ | $c$ | | | |
| 1 | 5 700 | 5 100 | 5 100 | 3.0 | 0.5 | 3.5 |

## ▶ 4.4.2　现浇钢筋混凝土单向板楼盖结构设计

**1)楼层结构平面布置图及截面尺寸假定**

板厚:1/30 × 1 700 = 57 mm,取 $h = 100$ mm。

次梁:(1/12 ~ 1/18) × 5 700 = 317 ~ 475 mm,取 $h = 400$ mm。

　　　(1/3 ~ 1/2) × 400 = 133 ~ 200 mm,取 $b = 200$ mm。

主梁:(1/12 ~ 1/8) × 5 100 = 425 ~ 638 mm,取 $h = 600$ mm。

　　　(1/3 ~ 1/2) × 600 = 200 ~ 300 mm,取 $b = 300$ mm。

纵框梁:(1/10 ~ 1/15) × 5 700 = 380 ~ 570 mm,取 $h = 500$ mm。

　　　　(1/3 ~ 1/2) × 500 = 167 ~ 250 mm,取 $b = 250$ mm。

柱:假定 $\rho = 3\%$, $N_u = 0.9\varphi(f_c A + f'_y A'_s) = 2 \times 5.1 \times 5.7 \times 12 = 697.68$ kN,$A'_s = 0.03 A$,$f_c = 11.9$ N/mm$^2$,$f'_y = 360$ N/mm$^2$,$\varphi = 1$。

计算得到: $A = 45\ 700$ mm$^2$,取柱的边长为 300 mm。

表 4.6　平面尺寸与使用荷载

| 构件 | 截面尺寸假定/mm | |
|---|---|---|
| | $b$ | $h$ |
| 板 | 1 000 | 100 |
| 次梁 | 200 | 400 |
| 主梁 | 300 | 600 |
| 纵框梁 | 250 | 500 |
| 柱 | 300 | 300 |

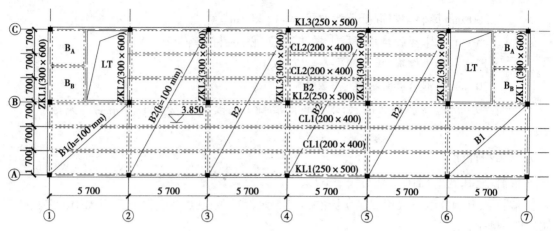

图 4.9  3.850 结构平面布置图

## 2)五跨连续板计算(弹性计算方法)

### (1)计算简图

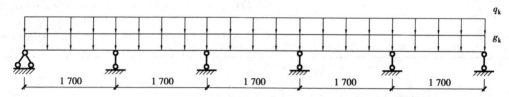

图 4.10  五跨连续板计算简图

恒载计算:面层    $20 \times 0.03 \times 1 = 0.6(\text{kN/m})$

底面粉刷    $20 \times 0.02 \times 1 = 0.4(\text{kN/m})$

楼板    $25 \times 0.1 \times 1 = 2.5(\text{kN/m})$

标准值:恒载    $g_k = 0.6 + 2.5 + 0.4 = 3.5(\text{kN/m})$

活载    $q_k = 3.0 \times 1 = 3.0(\text{kN/m})$

折算荷载:$g' = 1.3g_k + 1.5q_k/2 = 6.8(\text{kN/m})$

$q' = 1.5q_k/2 = 2.25(\text{kN/m})$

### (2)内力分析

表 4.7  板弯矩计算

| 项目 | 截面 1 | 截面 B | 截面 2 | 截面 C | 截面 3 |
|---|---|---|---|---|---|
| $k_g$ | 0.078 | $-0.105$ | 0.033 | $-0.079$ | 0.046 |
| $M_g = k_g g' l_0^2$ | 1.533 | $-2.063$ | 0.649 | $-1.553$ | 0.904 |
| $k_q$ | 0.100 | $-0.119$ | 0.079 | $-0.111$ | 0.085 |
| $M_q = k_q q' l_0^2$ | 0.650 | $-0.774$ | 0.514 | $-0.722$ | 0.553 |
| $M = M_g + M_q$ | 2.183 | $-2.837$ | 1.163 | $-2.275$ | 1.457 |

（3）配筋计算

表 4.8　板配筋计算

| 项目 | 截面 1 | 截面 B | 截面 2 | 截面 C | 截面 3 |
|---|---|---|---|---|---|
| $M(\mathrm{kN \cdot m})$ | 2.183 | 2.837 | 1.163 | 2.275 | 1.457 |
| $\alpha_s = M/\alpha_1 f_c bh_0^2$ | 0.029 | 0.037 | 0.015 | 0.030 | 0.019 |
| $\xi = 1 - \sqrt{1-2\alpha_s}$ | $0.029 < \xi_b$ | $0.038 < \xi_b$ | $0.015 < \xi_b$ | $0.030 < \xi_b$ | $0.019 < \xi_b$ |
| $A_s = \dfrac{\alpha_1 f_c b\xi h_0}{f_y}$ | 76.69 | 100.5 | 39.67 | 79.33 | 50.24 |
| 选用 | ⏀ 8@200 | ⏀ 8@200 | ⏀ 8@200 | ⏀ 8@200 | ⏀ 8@200 |
| 实配/$\mathrm{mm^2}$ | 251 | 251 | 251 | 251 | 251 |

注：$b = 1\,000 \text{ mm}$，$h_0 = h - a_s = 100 - 20 = 80 \text{ mm}$，C25：$f_c = 11.9 \text{ N/mm}^2$，$f_t = 1.27 \text{ N/mm}^2$，HRB400：$f_y = 360 \text{ N/mm}^2$，$\xi_b = 0.518$，$s_{max} = 200 \text{ mm}$。

$A_{s,min} = \max\{0.2\%, 0.45 f_t/f_y\} bh = \max\{0.2\%, 0.45 \times 1.27/360\} \times 1\,000 \times 100 = 200 \text{ mm}^2$，满足最小配筋率要求。

3）三跨连续板计算（弹性计算方法）

（1）计算简图

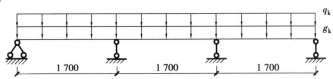

图 4.11　三跨连续板计算简图

恒载计算：面层　　　$20 \times 0.03 \times 1 = 0.6 (\mathrm{kN/m})$

　　　　　底面粉刷　$20 \times 0.02 \times 1 = 0.4 (\mathrm{kN/m})$

　　　　　楼板　　　$25 \times 0.1 \times 1 = 2.5 (\mathrm{kN/m})$

标准值：恒载　$g_k = 0.6 + 2.5 + 0.4 = 3.5 (\mathrm{kN/m})$

　　　　活载　$q_k = 3.0 \times 1 = 3.0 (\mathrm{kN/m})$

折算荷载：$g' = 1.3 g_k + 1.5 q_k/2 = 6.8 (\mathrm{kN/m})$

　　　　　$q' = 1.5 q_k/2 = 2.25 (\mathrm{kN/m})$

（2）内力分析

表 4.9　板弯矩计算

| 项目 | 截面 1 | 截面 B | 截面 2 |
|---|---|---|---|
| $k_g$ | 0.080 | −0.100 | 0.025 |
| $M_g = k_g g' l_0^2$ | 1.572 | −1.965 | 0.491 |
| $k_q$ | 0.101 | −0.117 | 0.075 |
| $M_q = k_q q' l_0^2$ | 0.657 | −0.761 | 0.488 |
| $M = M_g + M_q$ | 2.229 | −2.726 | 0.979 |

（3）配筋计算

表 4.10　板配筋计算

| 项目 | 截面 1 | 截面 B | 截面 2 |
|---|---|---|---|
| $M(kN/m)$ | 2.229 | 2.726 | 0.979 |
| $\alpha_s = M/\alpha_1 f_c bh_0^2$ | 0.029 | 0.036 | 0.013 |
| $\xi = 1 - \sqrt{1 - 2\alpha_s}$ | $0.029 < \xi_b$ | $0.037 < \xi_b$ | $0.013 < \xi_b$ |
| $A_s = \dfrac{\alpha_1 f_c b\xi h_0}{f_y}$ | 76.69 | 97.84 | 34.38 |
| 选用 | $\Phi$ 8@200 | $\Phi$ 8@200 | $\Phi$ 8@200 |
| 实配/mm² | 251 | 251 | 251 |

注：$b = 1\,000$ mm，$h_0 = h - a_s = 100 - 20 = 80$ mm，C25：$f_c = 11.9$ N/mm²，$f_t = 1.27$ N/mm²，HRB400：$f_y = 360$ N/mm²，$\xi_b = 0.518$，$s_{max} = 200$ mm。

$A_{s,min} = \max\{0.2\%, 0.45 f_t/f_y\} bh = \max\{0.2\%, 0.45 \times 1.27/360\} \times 1\,000 \times 100 = 200$ mm²，满足最小配筋率要求。

### 4）次梁配筋设计（塑性计算方法）

（1）计算简图

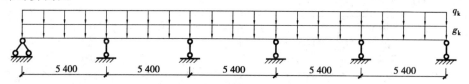

图 4.12　五跨连续次梁计算简图

荷载

标准值：恒载　板传来 $3.5 \times 1.7 = 5.95$（kN/m）

次梁自重 $25 \times 0.2 \times (0.4 - 0.1) + 2 \times 20 \times 0.02 \times (0.4 - 0.1) = 1.74$（kN/m）

$g_k = 5.95 + 1.74 = 7.69$（kN/m）

活载　板传来 $q_k = 3 \times 1.7 = 5.1$（kN/m）

组合值：$g = 1.3 g_k = 9.997$ kN/m，$q = 1.5 q_k = 7.65$（kN/m）

$g + q = 17.65$（kN/m）

$l_n = l_0 = 5\,700 - 300 = 5\,400$（mm）

（2）内力分析

表 4.11　次梁弯矩剪力计算

| 项目 | 截面 A | 截面 1 | 截面 B | 截面 2 | 截面 C | 截面 3 |
|---|---|---|---|---|---|---|
| $\alpha_m$ | $-\dfrac{1}{24}$ | $\dfrac{1}{14}$ | $-\dfrac{1}{11}$ | $\dfrac{1}{16}$ | $-\dfrac{1}{14}$ | $\dfrac{1}{16}$ |
| $M = \alpha_m (g+q) l_0^2$ | $-21.44$ | $36.76$ | $-46.79$ | $32.17$ | $-36.76$ | $32.17$ |

| 项目 | 截面 A | 截面 1 | 截面 B | | 截面 2 | 截面 C | | 截面 3 |
|------|--------|--------|--------|--------|--------|--------|--------|--------|
| $\alpha_v$ | 0.5 | | 0.55 | 0.55 | | 0.55 | 0.55 | |
| $V = \alpha_v (g + q) l_n$ | 47.66 | | 52.42 | 52.42 | | 52.42 | 52.42 | |

（3）配筋计算

$$b'_f = \min\{5\,400/3, 200 + 1\,700 - 200, 200 + 12 \times 100\} = 1\,400(\text{mm})$$

表 4.12　次梁纵筋配筋计算

| 项目 | 截面 A | 截面 1 | 截面 B | 截面 2 | 截面 C | 截面 3 |
|------|--------|--------|--------|--------|--------|--------|
| $M/(\text{kN} \cdot \text{m}^{-1})$ | 21.44 | 36.76 | 46.79 | 32.17 | 36.76 | 32.17 |
| $\alpha_s = M/\alpha_1 f_c b h_0^2$ $(\alpha_s = M/\alpha_1 f_c b'_f h_0^2)$ | 0.070 | 0.017 | 0.152 | 0.015 | 0.119 | 0.015 |
| $\xi = 1 - \sqrt{1 - 2\alpha_s}$ | $0.073 < \xi_b$ | $0.017 < \xi_b$ | $0.166 < \xi_b$ | $0.015 < \xi_b$ | $0.127 < \xi_b$ | $0.015 < \xi_b$ |
| $A_s = \dfrac{\alpha_1 f_c b \xi h_0}{f_y}$ | 173.7 | 283.2 | 395.1 | 249.9 | 302.3 | 249.9 |
| 选用 | 2 ⊈ 16 | 2 ⊈ 16 | 2 ⊈ 16 | 2 ⊈ 16 | 2 ⊈ 16 | 2 ⊈ 16 |
| 实配/mm² | 402 | 402 | 402 | 402 | 402 | 402 |

注：$h_0 = h - a_s = 400 - 40 = 360$ mm；C25：$f_c = 11.9$ N/mm²，$\alpha_1 = 1.0$，HRB400：$f_y = 360$ N/mm²；$f_t = 1.27$ N/mm²，$\xi_b = 0.518$，跨中按第一类 T 形截面、支座按矩形截面计算。

$$A_{s,\min} = \max\{0.2\%, 0.45 f_t/f_y\} bh = \max\{0.2\%, 0.45 \times 1.27/360\} \times 200 \times 400 = 160(\text{mm}^2)$$

表 4.13　次梁箍筋配筋计算

| 项目 | 截面 A | 截面 B 左 | 截面 B 右 | 截面 C 左 | 截面 C 右 |
|------|--------|-----------|-----------|-----------|-----------|
| $V/\text{kN}$ | 47.66 | 52.42 | 52.42 | 52.42 | 52.42 |
| $0.25\beta_c f_c b h_0$ | $214.2 > V$ | $214.2 > V$ | $214.2 > V$ | $214.2 > V$ | $214.2 > V$ |
| $V_c = 0.7 f_t b h_0$ | 64.01 | 64.01 | 64.01 | 64.01 | 64.01 |
| $V_{sv} = V - V_c$ | $< 0$ | $< 0$ | $< 0$ | $< 0$ | $< 0$ |
| 实配 | ⊈ 8@200 | ⊈ 8@200 | ⊈ 8@200 | ⊈ 8@200 | ⊈ 8@200 |

构造要求：$d \geqslant d_{\min}$（$d_{\min} = 6$ mm，$h \leqslant 800$ mm；$s \leqslant s_{\max}$（$s_{\max} = 300$ mm，$300 < h \leqslant 500$ mm）；
　　　　　$\rho_{sv} = nA_{sv1}/bs = 100.6/(200 \times 200) = 0.0025 > \rho_{sv,\min} = 0.24 f_t/f_{yv} = 0.001\,1$）

$V \leqslant 0.25\beta_c f_c b h_0$，截面尺寸满足要求。HRB400：$f_{yv} = 360$ N/mm²，$\beta_c = 1.0$。

### 5)主梁配筋设计

**(1)计算简图**

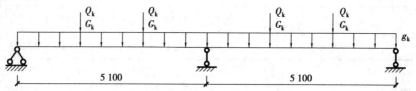

**图 4.13　两跨连续主梁计算简图**

荷载标准值:

恒载　主梁自重　　$25 \times 0.3 \times (0.6 - 0.1) = 3.75(\mathrm{kN/m})$

　　　粉刷层　　　$2 \times 20 \times 0.02 \times (0.6 - 0.1) = 0.4(\mathrm{kN/m})$

　　　墙体自重　　$4.51 \times (3.9 - 0.6) = 14.883(\mathrm{kN/m})$

　　　次梁传来　　$7.69 \times 5.7 = 43.833(\mathrm{kN})$

　　　　　　　　　$g_k = 3.75 + 0.4 + 14.883 = 19.033(\mathrm{kN/m})$

　　　　　　　　　$G_k = 43.833(\mathrm{kN})$

活载　次梁传来　　$Q_k = 1.7 \times 5.7 = 9.69(\mathrm{kN})$

**(2)内力分析**

**表 4.14　主梁弯矩计算**

| 项目 | | 截面 1 | 截面 B |
|---|---|---|---|
| $l_0$ | | 5.100 | 5.100 |
| $k_{g1}$ | | 0.222 | $-0.333$ |
| $M_{gk1} = k_{g1} G_k l_0$ | | 49.63 | $-74.44$ |
| $k_{g2}$ | | 0.070 | $-0.125$ |
| $M_{gk2} = k_{g2} g_k l_0^2$ | | 34.65 | $-61.88$ |
| $k_q$ | | 0.278 | $-0.333$ |
| $M_{qk} = k_q Q_k l_0$ | | 13.74 | $-16.46$ |
| $M = \gamma_g M_{gk} + \gamma_q M_{qk}$ | $\gamma_g = 1.3, \gamma_q = 1.5$ | 130.2 | $-201.9$ |

注:$k_q$ 按活荷载最不利位置取值。

**表 4.15　主梁剪力计算**

| 项目 | | 截面 A | 截面 B 左 |
|---|---|---|---|
| $l_n$ | | 4.800 | 4.800 |
| $k_{g1}$ | | 0.667 | $-1.333$ |
| $V_{gk1} = k_{g1} G_k$ | | 29.24 | $-58.43$ |
| $k_{g2}$ | | 0.375 | $-0.625$ |
| $V_{gk2} = k_{g2} g_k l_n$ | | 34.26 | $-57.10$ |
| $k_q$ | | 0.833 | $-1.333$ |
| $V_{qk} = k_q Q_k$ | | 8.072 | $-12.92$ |
| $V = \gamma_g V_{gk} + \gamma_q V_{qk}$ | $\gamma_g = 1.3, \gamma_q = 1.5$ | 94.66 | $-169.6$ |

（3）配筋计算

$b'_f = \min\{5\ 100/3, 300 + 5\ 100 - 300\} = 1\ 700(\text{mm})$

表 4.16　主梁纵筋计算

| 项目 | 截面 1 | 截面 B |
|---|---|---|
| $M/(\text{kN} \cdot \text{m})$ | 130.2 | 201.9 |
| $\alpha_s = M/\alpha_1 f_c b h_0^2$ $(\alpha_s = M/\alpha_1 f_c b'_f h_0^2)$ | 0.021 | 0.180 |
| $\xi = 1 - \sqrt{1 - 2\alpha_s}$ | $0.021 < \xi_b$ | $0.200 < \xi_b$ |
| $A_s = \dfrac{\alpha_1 f_c b \xi h_0}{f_y}$ | 660.8 | 1 111 |
| 选用 | 2 ⊈ 22 | 3 ⊈ 22 |
| 实配（$\text{mm}^2$） | 760 | 1 140 |

注:$h_0 = h - a_s = 600 - 40 = 560$ mm,C25:$f_c = 11.9$ N/mm$^2$,$f_t = 1.27$ N/mm$^2$,$\alpha_1 = 1.0$,HRB400:$f_y = 360$ N/mm$^2$,$A_{s,\min} = \min\{0.2\%, 0.45\dfrac{f_t}{f_y}\}bh = 360$ mm$^2$,$\xi_b = 0.518$,跨中按第一类 T 形截面;支座按矩形截面。

表 4.17　主梁箍筋计算

| 项目 | 截面 A | 截面 B 左 |
|---|---|---|
| $V/\text{kN}$ | 94.66 | 169.6 |
| $0.25\beta_c f_c b h_0$ | $499.8 > V$ | $499.8 > V$ |
| $V_c = 0.7 f_t b h_0$ | $149.4 > V$ | $149.4 < V$ |
| $V_{sv} = V - V_c$ | $<0$ | 20.20 |
| $\dfrac{nA_{sv1}}{s} = \dfrac{V_{sv}}{f_y v h_0}, n = 2, A_{sv} = 50.3$ | 构造配筋 | $\dfrac{20.20 \times 10^3}{360 \times 560} = 0.100$ |
| $s/\text{mm}$ | 构造配筋 | 1 006 |
| 实配 | ⊈ 8@200 | ⊈ 8@200 |

注:$V \leqslant 0.25\beta_c f_c b h_0$,截面尺寸满足要求;HRB400:$f_{yv} = 360$ N/mm$^2$,$d \geqslant d_{\min}$,$d_{\min} = 6$ mm,$h \leqslant 800$ mm;$s \leqslant s_{\max}$($s_{\max} = 250$ mm,$500 < h \leqslant 800$ mm),$\rho_{sv} = nA_{sv1}/bs = 100.6/(300 \times 200) = 0.001\ 7 > \rho_{sv,\min} = 0.24 f_t/f_y = 0.000\ 85$。

次梁传来的集中力:

$$F_l = 1.3 \times 7.69 \times 5.7 + 1.5 \times 1.7 \times 5.7 = 71.52(\text{kN})$$

附加箍筋排数:

$$m \geqslant \frac{F_l}{n f_{yv} A_{sv}} = \frac{71.52 \times 10^3}{2 \times 360 \times 50.3} = 1.97, \text{取 } m = 2$$

$$S = 2h_1 + 3b = 2 \times (600 - 400) + 3 \times 200 = 1\ 000(\text{mm})$$

每侧各 1 道$\Phi 8$ 双肢箍,距离次梁 50 mm,如图 4.14 所示。

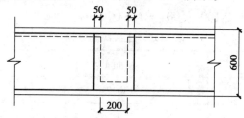

**图 4.14 次梁与主梁交接处加密箍筋配筋图**

关于侧面纵向构造钢筋:

由于 $h_w = 600 - 40 - 100 = 460$ mm$\geq 450$ mm,所以需要放置侧面纵向构造钢筋。

主梁配筋图:

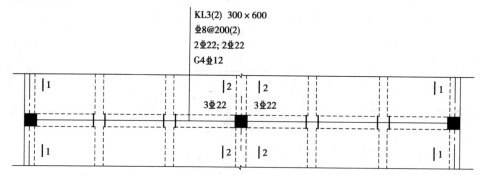

**图 4.15 主梁平法图**

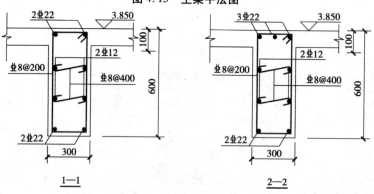

**图 4.16 梁截面配筋图**

## ▶ 4.4.3 现浇钢筋混凝土双向板楼盖结构设计

### 1)截面尺寸(假定)

板厚 $h = 100$ mm    泊松比(混凝土)$v = 0.2$

### 2)荷载计算

$$g_k = 3.5 \text{ kN/m}^2, q_k = 3 \text{ kN/m}^2$$

$$g = 1.3 g_k = 1.3 \times 3.5 = 4.55(\text{kN})$$

$$q = 1.5 q_k = 1.5 \times 3.0 = 4.5(\text{kN})$$

$$g + q = 4.55 + 4.5 = 9.05(\text{kN})$$

### 3)三边简支一边嵌固区格板($B_A$)内力计算(取 1 m 板带)

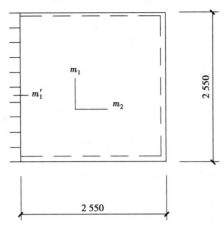

**图 4.17 三边简支一边嵌固区格板**

$l_x = 2\,550\ \text{mm}, l_y = 2\,550\ \text{mm}$

**表 4.18 三边简支一边嵌固区格板弯矩计算系数**

| $l_x/l_y$ | 支承条件 | $m_1$ | $m_2$ | $m_1'$ | $m_2'$ |
|---|---|---|---|---|---|
| 1 | 三边简支<br>一边嵌固 | 0.031 9 | 0.024 3 | −0.083 9 | 0 |
| | 四边简支 | 0.036 8 | 0.036 8 | 0 | 0 |

$$M_1 = (0.031\,9 + 0.2 \times 0.024\,3) \times \left(4.55 + \frac{4.5}{2}\right) \times 2.55^2 + (0.036\,8 + 0.2 \times 0.036\,8) \times$$

$$\frac{4.5}{2} \times 2.55^2 = 2.272(\text{kN} \cdot \text{m})$$

$$M_2 = (0.024\,3 + 0.2 \times 0.031\,9) \times \left(4.55 + \frac{4.5}{2}\right) \times 2.55^2 + (0.036\,8 + 0.2 \times 0.036\,8) \times$$

$$\frac{4.5}{2} \times 2.55^2 = 2.003(\text{kN} \cdot \text{m})$$

$$M_1' = -0.083\,9 \times (4.55 + 4.5) \times 2.55^2 = -4.937(\text{kN} \cdot \text{m})$$

$$M_2' = 0$$

区格板配筋计算:

**表 4.19 三边简支一边嵌固区格板弯矩计算**

| 项目 | 跨中截面 | | 支座截面 | |
|---|---|---|---|---|
| | 短向 | 长向 | 短向 | 长向 |
| $M/(\text{kN} \cdot \text{m})$ | 2.272 | 2.003 | 4.937 | 0 |
| $h_0$ | 80 | 74 | 80 | — |
| $\alpha_s = \dfrac{M}{\alpha_1 f_c b h_0^2}$ | 0.030 | 0.031 | 0.065 | — |

续表

| 项目 | 跨中截面 | | 支座截面 | |
|------|------|------|------|------|
| | 短向 | 长向 | 短向 | 长向 |
| $\xi = 1 - \sqrt{1-2\alpha_s}$ | $0.030 < \xi_b$ | $0.031 < \xi_b$ | $0.067 < \xi_b$ | — |
| $A_s = \dfrac{\alpha_1 f_c b \xi h_0}{f_y}$ | 79.33 | 81.98 | 177.2 | — |
| 选用 | $\underline{\Phi}\, 8@200$ | $\underline{\Phi}\, 8@200$ | $\underline{\Phi}\, 8@200$ | $\underline{\Phi}\, 8@200$ |
| 实配($mm^2$) | 251 | 251 | 251 | 251 |

注：$b = 1\,000$ mm，短向 $h_{01} = h - a_s = 100 - 20 = 80$ mm；长向 $h_{02} = h - a_s - d = 100 - 20 - 6 = 74$ mm；$\xi_b = 0.518$，C25：$f_c = 11.9$ N/$mm^2$，$f_t = 1.27$ N/$mm^2$，HRB400：$f_y = 360$ N/$mm^2$，$s_{max} = 200$ mm。

$A_{s,min} = \max\{0.2\%, 0.45 f_t/f_y\}\, bh = \max\{0.2\%, 0.45 \times 1.27/360\} \times 1\,000 \times 100 = 200$ $mm^2$，满足最小配筋率要求。

**4)对边嵌固对边简支区格板($B_B$)内力计算(取 1 m 板带)**

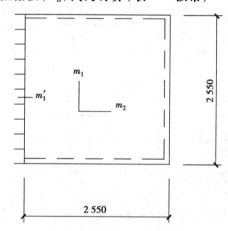

图4.18　对边嵌固对边简支区格板

$l_x = 2\,550$ mm，$l_y = 2\,550$ mm

表4.20　对边嵌固对边简支区格板弯矩计算系数

| $l_x/l_y$ | 支承条件 | $m_1$ | $m_2$ | $m_1'$ | $m_2'$ |
|------|------|------|------|------|------|
| 1 | 对边嵌固 对边简支 | 0.028 5 | 0.015 8 | −0.069 8 | 0 |
| | 四边简支 | 0.036 8 | 0.036 8 | 0 | 0 |

$$M_1 = (0.028\,5 + 0.2 \times 0.015\,8) \times \left(4.55 + \frac{4.5}{2}\right) \times 2.55^2 + (0.036\,8 + 0.2 \times 0.036\,8) \times$$

$$\frac{4.5}{2} \times 2.55^2 = 2.046(kN \cdot m)$$

$$M_2 = (0.015\ 8 + 0.2 \times 0.028\ 5) \times \left(4.55 + \frac{4.5}{2}\right) \times 2.55^2 + (0.036\ 8 + 0.2 \times 0.036\ 8) \times$$

$$\frac{4.5}{2} \times 2.55^2 = 1.597(\text{kN} \cdot \text{m})$$

$$M_1' = -0.069\ 8 \times (4.55 + 4.5) \times 2.55^2 = -4.108(\text{kN} \cdot \text{m})$$

$$M_2' = 0$$

区格板配筋计算:

表4.21 对边嵌固对边简支区格板弯矩计算

| 项目 | 跨中截面 | | 支座截面 | |
|---|---|---|---|---|
| | 短向 | 长向 | 短向 | 长向 |
| $M/(\text{kN} \cdot \text{m})$ | 2.046 | 1.597 | 4.108 | 0 |
| $h_0$ | 80 | 74 | 80 | — |
| $\alpha_s = \dfrac{M}{\alpha_1 f_c b h_0^2}$ | 0.027 | 0.025 | 0.054 | — |
| $\xi = 1 - \sqrt{1 - 2\alpha_s}$ | $0.027 < \xi_b$ | $0.025 < \xi_b$ | $0.056 < \xi_b$ | — |
| $A_s = \dfrac{\alpha_1 f_c b \xi h_0}{f_y}$ | 71.40 | 66.11 | 148.1 | — |
| 选用 | $\Phi 8@200$ | $\Phi 8@200$ | $\Phi 8@200$ | $\Phi 8@200$ |
| 实配($\text{mm}^2$) | 251 | 251 | 251 | 251 |

注:$b = 1\ 000$ mm,短向 $h_{01} = h - a_s = 100 - 20 = 80$ mm;长向 $h_{02} = h - a_s - d = 100 - 20 - 6 = 74$ mm;$\xi_b = 0.518$,C25:$f_c = 11.9$ N/mm$^2$,$f_t = 1.27$ N/mm$^2$,HRB400:$f_y = 360$ N/mm$^2$,$s_{max} = 200$ mm。

$$A_{s,\min} = \max\{0.2\%, 0.45 f_t / f_y\} bh = \max\{0.2\%, 0.45 \times 1.27/360\} \times 1\ 000 \times 100 = 200(\text{mm}^2),满足最小配筋率要求。$$

5)区格板配筋图

双向板配筋图如图4.19所示。

## ▶ 4.4.4 现浇钢筋混凝土板式楼梯设计

楼梯结构平面图如图4.20所示。

### 1)梯段斜板设计

踏步斜边长 $c = \sqrt{(a^2 + b^2)} = \sqrt{150^2 + 300^2} = 335(\text{mm})$

梯段斜板段水平长度 $l_0 = 3\ 600 + 200 = 3\ 800(\text{mm})$

梯段斜板厚度 $h = \left(\dfrac{1}{25} \sim \dfrac{1}{30}\right) l_0 = 127 \sim 152$ mm,取 $h = 130$ mm

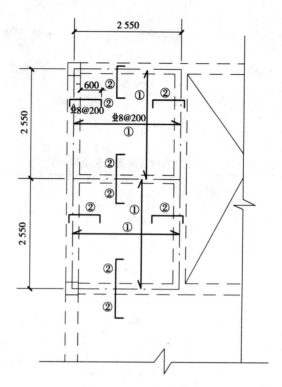

图 4.19　双向板配筋图

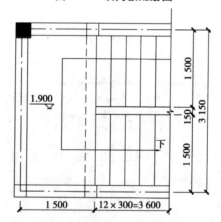

图 4.20　楼梯结构平面布置图

（1）荷载计算

水泥砂浆面层$(0.3+0.15)\times0.03\times20/0.3=0.9(\text{kN/m})$

三角形踏步　$0.5\times0.3\times0.15\times25\times1/0.3=1.875(\text{kN/m})$

混凝土斜板　$0.13\times1\times25/0.894=3.635(\text{kN/m})$

板底抹灰　$0.02\times1\times20/0.894=0.447(\text{kN/m})$

合计：

恒载　　　$g_k=0.9+1.875+3.635+0.447=6.857(\text{kN/m})$

活载　　　$q_k=3.5(\text{kN/m})$

荷载设计值

$$g + q = \gamma_g g_k + \gamma_q q_k = 1.3 \times 6.857 + 1.5 \times 3.5 = 14.16 (kN/m)$$

（2）内力计算

$$M = \frac{(g+q)l_0^2}{10} = 0.1 \times 14.16 \times 3.8^2 = 20.45 (kN \cdot m)$$

（3）配筋计算

$$h_0 = h - 20 = 130 - 20 = 110 (mm), \alpha_s = \frac{M}{\alpha_1 f_c b h_0^2} = \frac{20.45 \times 10^6}{1.0 \times 11.9 \times 1\,000 \times 110^2} = 0.142, \xi = 1 -$$

$$\sqrt{1 - 2\alpha_s} = 0.154 < \xi_b = 0.518$$

$$A_s = \frac{\alpha_1 f_c b \xi h_0}{f_y} = \frac{1.0 \times 11.9 \times 1\,000 \times 0.154 \times 80}{360} = 407 (mm^2)$$

$$A_{s,min} = \max\{0.2\%, 0.45 f_t/f_y\} bh = 0.002 \times 1\,000 \times 130 = 260 (mm^2)$$

选用 $\Phi 8/10@110 (A_s = 585 \, mm^2)$

分布钢筋每踏步下一根 $\Phi 8$，负筋 $\Phi 8/@200$

$$l_n/4 = 3\,600/4 = 900 (mm); l_{ab} = 40d = 40 \times 10 = 400 (mm)$$

### 2）平台板设计

设平台板厚 80 mm，取 1 m 板带计算。

（1）荷载计算

水泥砂浆面层　　$0.03 \times 20 \times 1 = 0.6 (kN/m)$

平台板　　　　　$0.08 \times 25 \times 1 = 2.0 (kN/m)$

板底抹灰　　　　$0.02 \times 1 \times 20 = 0.4 (kN/m)$

合计：

恒载　　　　　　$g_k = 0.6 + 2.0 + 0.4 = 3.0 (kN/m)$

活载　　　　　　$q_k = 3.5 (kN/m)$

荷载设计值

$$g + q = \gamma_g g_k + \gamma_q q_k = 1.3 \times 3 + 1.5 \times 3.5 = 9.15 (kN/m)$$

（2）内力计算

$$M = \frac{(g+q)l_0^2}{10} = 0.1 \times 9.15 \times 1.36^2 = 1.692 (kN \cdot m)$$

（3）配筋计算

$$h_0 = h - 20 = 80 - 20 = 60 (mm), \alpha_s = \frac{M}{\alpha_1 f_c b h_0^2} = \frac{1.692 \times 10^6}{1.0 \times 11.9 \times 1\,000 \times 60^2} = 0.039, \xi = 1 -$$

$$\sqrt{1 - 2\alpha_s} = 0.040 < \xi_b = 0.518$$

$$A_s = \frac{\alpha_1 f_c b \xi h_0}{f_y} = \frac{1.0 \times 11.9 \times 1\,000 \times 0.040 \times 80}{360} = 105.8 (mm^2)$$

$$A_{s,min} = \max\{0.2\%, 0.45 f_t/f_y\} bh = 0.002 \times 1\,000 \times 80 = 160 (mm^2)$$

选用 $\Phi 6@170 (A_s = 166 \, mm^2)$，分布筋 $\Phi 6@200$。

### 3）平台梁设计

假设平台(TL-1)梁截面尺寸为 200 mm $\times$ 350 mm。

（1）荷载计算

| 梁自重 | $0.2 \times (0.35 - 0.08) \times 25 = 1.35(\text{kN/m})$ |

梁自重　　$0.2 \times (0.35 - 0.08) \times 25 = 1.35(\text{kN/m})$

梁侧粉刷　$0.02 \times (0.35 - 0.08) \times 2 \times 20 = 0.216(\text{kN/m})$

平台板传来　$3 \times 1.36/2 = 2.04(\text{kN/m})$

梯段板传来　$6.857 \times 3.8/2 = 13.03(\text{kN/m})$

合计：

恒载　　$g_k = 1.35 + 0.216 + 2.04 + 13.03 = 16.64(\text{kN/m})$

活载　　$q_k = 3.5 \times \left( \dfrac{1.36}{2} + \dfrac{3.8}{2} \right) = 9.03(\text{kN/m})$

荷载设计值

$g + q = \gamma_g g_k + \gamma_q q_k = 1.3 \times 16.64 + 1.5 \times 9.03 = 35.18(\text{kN/m})$

（2）内力计算

计算跨度 $l_0 = 1.05 l_n = 1.05 \times (3.15 - 0.24)\text{m} = 3.056(\text{m})$

弯矩设计值 $M = \dfrac{1}{8}(g + q) l_0^2 = \dfrac{1}{8} \times 35.18 \times 3.056^2 = 41.07(\text{kN} \cdot \text{m})$

剪力设计值 $V = \dfrac{1}{2}(g + q) l_n = \dfrac{1}{2} \times 35.18 \times (3.15 - 0.24) = 51.19(\text{kN})$

截面按倒 L 形计算：$b_f' = \min\{l_0/6, b + S_n/2, b + 5h_f'\} = \min\{525, 880, 600\} = 525(\text{mm})$

梁的有效高度：$h_0 = 350 - 40 = 310(\text{mm})$

$M_u = 41.07(\text{kN} \cdot \text{m})$

$\alpha_1 f_c b_f' h_f' \left( h_0 - \dfrac{h_f'}{2} \right) = 1.0 \times 11.9 \times 525 \times 80 \times \left( 310 - \dfrac{80}{2} \right) = 134.95(\text{kN} \cdot \text{m}) > M_u$

属于第一类 T 形截面。

（3）配筋计算

纵筋：

$h_0 = 310 \text{ mm}, b_f' = 525 \text{ mm}, \alpha_s = \dfrac{M}{\alpha_1 f_c b_f' h_0^2} = \dfrac{41.07 \times 10^6}{1.0 \times 11.9 \times 525 \times 310^2} = 0.068, \xi = 1 - \sqrt{1 - 2\alpha_s} = $

$0.070 < \xi_b = 0.518$

$A_s = \dfrac{\alpha_1 f_c b_f' \xi h_0}{f_y} = \dfrac{1.0 \times 11.9 \times 525 \times 0.070 \times 310}{360} = 377(\text{mm}^2)$

$A_{s,\min} = \max\{0.2\%, 0.45 f_t / f_y\} bh = 0.002 \times 200 \times 350 = 140(\text{mm}^2)$

选用 2 ⲡ 16（$A_s = 402 \text{ mm}^2$），架立筋 2 ⲡ 12。

箍筋：

$V = 51.19 \text{ kN}$

$V_c = 0.7 f_t b h_0 = 0.7 \times 1.27 \times 200 \times 310 = 55.12 \text{ kN} > V$

构造配箍：

假定采用ⲡ6@200 双肢箍，则

$\rho_{sv} = \dfrac{n A_s}{bs} = \dfrac{56.6}{200 \times 200} = 0.14\% > \rho_{\min} = 0.24 \dfrac{f_t}{f_y} = 0.085\%$，满足要求。

箍筋采用ⲡ6@200。

► **【本章参考文献】**

［1］中华人民共和国国家标准.建筑制图标准(GB/T 50104—2010)［S］.北京:中国计划出版社,2011.

［2］中华人民共和国国家标准.建筑结构制图标准(GB/T 50105—2010)［S］.北京:中国建筑工业出版社,2010.

［3］中华人民共和国国家标准.建筑结构荷载规范(GB 50009—2012)［S］.北京:中国建筑工业出版社,2012.

［4］中华人民共和国国家标准.混凝土结构设计规范(GB 50010—2010)［S］.北京:中国建筑工业出版社,2011.

［5］中华人民共和国国家标准.建筑抗震设计规范(GB 50011—2010)［S］.北京:中国建筑工业出版社,2010.

［6］中华人民共和国国家标准.建筑地基基础设计规范(GB 50007—2011)［S］.北京:中国建筑工业出版社,2012.

［7］中国建筑标准设计研究所.国家建筑标准设计图集 16G 101—1.

［8］中国建筑标准设计研究所.国家建筑标准设计图集 16G 101—2.

［9］中国建筑标准设计研究所.国家建筑标准设计图集 16G 101—3.

［10］梁兴文,等.混凝土结构设计原理［M］.2 版.北京:中国建筑工业出版社,2011.

［11］建筑结构静力计算手册编写组.建筑结构静力计算手册［M］.2 版.北京:中国建筑工业出版社,1998.

［12］袁聚云.基础工程设计原理［M］.上海:同济大学出版社,2007.

［13］周克荣,等.混凝土结构设计［M］.上海:同济大学出版社,2001.

［14］同济大学,东南大学,等.房屋建筑学［M］.北京:中国建筑工业出版社,2003.

［15］吕西林,等.建筑结构抗震设计理论与实例［M］.3 版.上海:同济大学出版社,2011.

# 第 **5** 章
## 基础工程课程设计

本章主要内容包括基础工程(桩基础)课程设计性质和教学要求、设计任务书、桩基础设计方法和设计步骤及桩基础设计实例。通过本章的学习,学生应该掌握桩基础设计方法和设计步骤,了解桩基础课程设计的要求,并能完成设计任务书给出的设计任务。

## 5.1 课程性质和教学要求

基础工程课程设计是土木工程专业学生的一门必修课,是在完成了"基础工程设计原理"课程学习后而进行的实践训练环节。其主要任务是使学生能综合运用所学基础工程原理和设计知识分析问题、解决问题,掌握桩基础的设计方法和过程,并能正确绘制基础工程施工图。具体教学要求:

①熟悉桩型的选择与优化。
②掌握桩持力层的选择、桩长与桩径的选择。
③掌握承台中桩基的承载力计算与平面布置。
④掌握承台的结构设计与计算及施工图的绘制方法。

## 5.2 基础工程设计任务书

### ▶ 5.2.1 设计资料

#### 1)工程概况

某综合楼,框架结构,柱下拟采用桩基础。柱尺寸为 400 mm × 400 mm,柱网平面布置见图 5.1。室外地坪标高同自然地面,室内外高差 450 mm。上部结构传至柱底的轴向力、弯矩和水平力见表 5.1、表 5.2。

对于任意一位学生,荷载效应的取值:表 5.1 内值 + 学号的后两位 × 10。如某同学学号后两位是 21,则该同学在计算①轴交 B 轴处的柱荷载效应标准组合的取值为轴向力 = 1 765 + 21 × 10 = 1 975(kN),相应的计算弯矩和水平荷载标准组合值见表 5.1,荷载效应的基本组合值见表 5.2。荷载效应的准永久组合取标准组合的 0.8 倍。

表 5.1　柱底荷载效应标准组合值

| 纵轴编号 | 轴向力 $F_K$/kN | | | 弯矩 $M_K$/(kN·m) | | | 水平荷载 $V_K$/kN | | |
|---|---|---|---|---|---|---|---|---|---|
| | A 轴 | B 轴 | C 轴 | A 轴 | B 轴 | C 轴 | A 轴 | B 轴 | C 轴 |
| ① | 1 256 | 1 765 | 1 564 | 172 | 169 | 197 | 123 | 130 | 112 |
| ② | 1 713 | 2 198 | 1 860 | 185 | 192 | 203 | 126 | 135 | 114 |
| ③ | 1 680 | 2 150 | 1 810 | 191 | 197 | 208 | 132 | 141 | 120 |
| ④ | 1 775 | 2 065 | 2 080 | 205 | 204 | 213 | 139 | 149 | 134 |
| ⑤ | 2 040 | 2 280 | 2 460 | 242 | 223 | 221 | 145 | 158 | 148 |
| ⑥ | 1 198 | 1 653 | 1 370 | 275 | 231 | 238 | 165 | 162 | 153 |

表 5.2　柱底荷载效应基本组合值

| 纵轴编号 | 轴向力 $F$/kN | | | 弯矩 $M$/(kN·m) | | | 水平荷载 $V$/kN | | |
|---|---|---|---|---|---|---|---|---|---|
| | A 轴 | B 轴 | C 轴 | A 轴 | B 轴 | C 轴 | A 轴 | B 轴 | C 轴 |
| ① | 1 696 | 2 383 | 2 111 | 232 | 228 | 266 | 166 | 176 | 151 |
| ② | 2 313 | 2 967 | 2 511 | 250 | 259 | 274 | 170 | 182 | 154 |
| ③ | 2 268 | 2 903 | 2 444 | 258 | 266 | 281 | 178 | 190 | 162 |
| ④ | 2 396 | 2 788 | 2 808 | 277 | 275 | 288 | 188 | 201 | 181 |
| ⑤ | 2 754 | 3 078 | 3 321 | 327 | 301 | 298 | 196 | 213 | 200 |
| ⑥ | 1 617 | 2 232 | 1 850 | 371 | 312 | 321 | 223 | 219 | 207 |

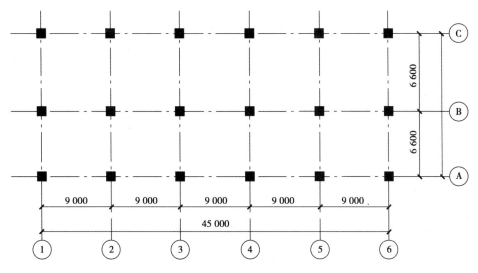

图 5.1　柱网平面布置

### 2)工程与水文地质条件

建筑场地平整,地层及物理力学参数见表5.3。场地抗震设防烈度为7度,场地内砂土不会发生液化现象。拟建场区地下水位深度位于地表下3.5 m,地下水对混凝土结构无腐蚀性。每位学生桩侧土摩阻力特征值按表5.3中值 +0.01×学号后两位进行计算。

表5.3 地基岩土物理力学参数

| 土层编号 | 土的名称 | 厚度/m | 孔隙比 $e$ | 液性指数 $I_L$ | 天然容重 $\gamma$/(kN·m$^{-3}$) | 压缩模量 $E_s$/MPa | 地基承载力特征值 $f_{ak}$/kPa | 桩侧土摩阻力特征值 $q_{si}$/kPa | 桩端土承载力特征值 $q_{pu}$/kPa |
|---|---|---|---|---|---|---|---|---|---|
| 1 | 素填土 | 1.1 | — | — | 17.5 | | | | |
| 2 | 淤泥 | 9.9 | 1.56 | 1.10 | 15.6 | 2.05 | 50 | 9 | 80 |
| 3 | 黏土 | 5.3 | 0.81 | 0.35 | 19.0 | 7.5 | 180 | 35 | 170 |
| 4 | 粉土 | 4.2 | 0.79 | 0.74 | 18.5 | 9.2 | 230 | 32 | 140 |
| 5 | 粉砂层 | 38.5 | 0.58 | — | 20 | 16.8 | 300 | 64 | 250 |

### 3)其他

本次设计规范采用《建筑桩基技术规范》(JGJ 94—2008)、建筑地基基础设计规范(GB 50007—2011),桩基础设计等级为乙级。

## ▶ 5.2.2 设计内容

### 1)设计计算书内容

设计计算书包括以下内容:
①确定桩的选型以及单桩竖向承载力特征值。
②确定桩的根数、布桩,确定承台平面尺寸。
③桩基础承载力和变形验算。
④桩承台剖面尺寸以及抗冲切、抗剪和抗弯计算。
⑤桩身结构设计,包括混凝土强度等级、钢筋配置(钢筋型号、规格、数量、长度)、保护层厚度以及其他设计。
⑥如果需要,应进行局部承压验算。

### 2)施工图内容

设计图纸包括以下内容:
①桩基础平面布置图。
②承台大样图。
③桩身大样图。
④设计说明:在图纸上无法表达而施工单位必须执行的意图,用说明方式注明,包括混凝土强度等级、钢筋级别、垫层厚度与强度、桩持力层承载力要求、施工时应该注意的事项、桩基检测要求等内容。

▶ **5.2.3　设计要求**

①在教师指导下,在规定时间内独立完成上述给定地质条件、上部柱布置及荷载效应的桩基础设计,并提交计算说明书和桩基础施工图。

②设计说明书要求步骤清晰完整,计算正确、文理通顺,字迹工整,用 A4 纸装订成册。

③施工图要求布置合理、表达清晰,比例合理,字体端正,线条清晰,符合制图标准,图纸采用 A3 幅面,施工图比例尺为 1∶50。

④装订顺序:封面(《基础工程》课程设计,专业班级,学号,姓名,日期),设计任务书,计算说明书,施工图(图纸折叠成 A4 大小)。

▶ **5.2.4　设计进度**

本课程设计计划 7 天,具体时间进度安排如下:

| | |
|---|---|
| (1)布置设计任务 | 1 天 |
| (2)基础设计计算 | 5 天 |
| (3)绘制施工图 | 1 天 |
| $\sum$ 7 天 | |

▶ **5.2.5　成绩考核办法**

成绩评定由平时成绩和课题设计成绩两部分组成,其中平时成绩占 40%,课程设计成绩占 60%(见表 5.4),总评后由 5 档成绩(优、良、中、及格、不及格)给定。平时成绩包括课程设计考勤、学习态度等,具体由任课教师依据实际情况给定成绩。

表 5.4　课程设计成绩评定表

| 成绩等级 | 计算书 | 图纸 |
|---|---|---|
| 优秀 | 计算原理和计算方法完全正确,计算步骤清晰明了。计算书内容完整,充实,计算数据正确。 | 能很好地按照规范要求绘制图纸,制图清晰,图纸完全符合计算书 |
| 良好 | 计算原理和计算方法完全正确,计算步骤较为清晰明了。计算书内容完整,充实,计算数据基本正确。 | 能较好地按照规范要求绘制图纸,制图清晰、图纸完全符合计算书 |
| 中等 | 计算原理和计算方法基本正确,计算步骤基本清晰明了。计算书内容较完整,充实,计算数据尚正确。 | 尚能按照规范要求绘制图纸,制图较清晰、图纸符合计算书 |
| 及格 | 计算原理和计算方法尚正确,计算步骤尚清晰明了。计算书内容尚完整,充实,计算数据部分正确。 | 尚能按照规范要求绘制图纸,制图尚清晰、图纸尚能符合计算书 |
| 不及格 | 计算原理和计算方法不正确,计算步骤不清晰明了。计算书内容不完整,充实,计算数据不正确。 | 不能按照规范要求绘制图纸,制图不清晰、图纸不能符合计算书 |

## 5.3 桩基础设计方法和设计步骤

### ▶ 5.3.1 桩基础的设计思想与基本要求

桩基的用途和类型有很多,对任一用途或类型的桩基,设计时都必须满足三方面要求:一是桩基必须是长期安全适用的;二是桩基设计必须是合理且经济的;三是桩基设计必须考虑施工上的方便快速。此三方面要求同等重要,相互制约。因此,桩基设计的指导思想可以概括为在确保长久安全的前提下,充分发挥桩土体系力学性能,做到既经济合理,又施工方便、快速、环保。要求设计施工人员依据规范又不僵硬地使用规范,从桩基工程的基本原理出发,考虑上部结构荷载、地质条件、施工技术、经济条件来正确地设计、施工桩基础,目的是保证建(构)筑物的长久运行安全。

桩基设计的安全性要求包括两个方面:一是桩基与地基土相互之间的作用是稳定的,且变形满足设计要求;二是桩基自身的结构强度满足要求。前者要求桩基在设计荷载作用下具有足够的承载力,同时保证桩基不产生过量的变形和不均匀变形,后者要求桩基结构内力必须在桩身材料强度容许范围以内。为保证建筑物的长久安全性,桩基础必须有一定的安全储备。《建筑地基基础设计规范》(GB 50007—2011)规定单桩竖向承载力特征值取单桩竖向极限承载力的一半,即安全系数为2,以满足长期荷载和不可预见荷载对桩基础的长久安全要求。

桩基设计的合理性要求桩的持力层、桩型、桩的几何尺寸及自身参数和桩的布置尽可能地发挥桩基承载能力。按受力确定桩身材料强度等级和配筋率,无论是整体还是局部,既满足构造要求,又不过量配置材料。设计结果施工可行,设计结果符合建(构)筑物的使用功能。

桩基设计的经济性要求是指桩基设计中要通过运用先进技术和手段,充分把握桩基特性,通过多方案的比较,寻求最佳设计方案,最大限度地发挥桩基的性能,力求使设计的桩基造价最低,又能确保长久安全。

任何建筑物的桩基设计都必须满足上面的基本要求,另外,不同的桩基还有着各自一些特点,设计时应加以考虑,见表5.5。

表5.5 各类桩基的设计特点

| 桩基类型 | 设计中应注意的问题 |
|---|---|
| 建筑物桩基 | ①首先群桩竖向承载力要满足上部结构荷载要求,桩基础的沉降量要满足变形要求;<br>②桩基设计中可考虑承台底土的反作用力,即"桩土共同作用",以节省工程造价;<br>③考虑边载作用对桩产生的力矩和负摩阻力;<br>④考虑特殊情况对桩产生的上拔力;<br>⑤考虑桩的负摩阻力作用;<br>⑥基坑开挖对桩的水平推力。 |
| 桥梁桩基 | ①首先群桩竖向承载力要满足上部结构荷载要求,桩基础的沉降量要满足变形要求;<br>②由于桥桩荷载多种多样,应充分考虑其最不利组合;<br>③考虑桥桩拉力作用以及桥墩(台)桩的水平荷载;<br>④考虑路堤的边载使桩受到负摩擦力和弯矩的作用;<br>⑤考虑浮托力与水流冲刷作用。 |

续表

| 桩基类型 | 设计中应注意的问题 |
|---------|------------------|
| 港工桩基 | ①首先群桩竖向承载力要满足上部结构荷载要求,桩基础的沉降量要满足变形要求;<br>②考虑桩型要有足够的刚度和耐久性;<br>③考虑坡岸稳定性对桩的影响;<br>④考虑码头大量堆载对桩产生的负摩阻力;<br>⑤考虑高桩码头的群桩效应;<br>⑥考虑水的托浮、倾覆力矩等对桩产生的上拔力。 |

▶ **5.3.2 规范对桩基设计计算、验算内容的要求**

**1)建筑桩基设计等级**

根据建筑规模、功能特征、对差异变形的适应性、场地地基和建筑物体形的复杂性以及由于桩基问题可能造成建筑破坏或影响正常使用的程度,将桩基设计分为表5.6所列的三个设计等级。桩基设计时,应根据表5.6确定设计等级。

表5.6 建筑桩基设计等级

| 设计等级 | 建筑类型 |
|---------|---------|
| 甲级 | (1)重要的建筑;<br>(2)30层以上或高度超过100 m的高层建筑;<br>(3)体型复杂且层数相差超过10层的高低层(含纯地下室)连体建筑;<br>(4)20层以上框架-核心筒结构及其他对差异沉降有特殊要求的建筑;<br>(5)场地和地基条件复杂的7层以上的一般建筑及坡地、岸边建筑;<br>(6)对相邻既有工程影响较大的建筑 |
| 乙级 | 除甲级、丙级以外的建筑 |
| 丙级 | 场地和地基条件简单、荷载分布均匀的7层及7层以下的一般建筑 |

**2)桩基的极限状态**

桩基的极限状态分为下列两类:

①承载力极限状态:对应于桩基达到最大承载能力、整体失稳或发生不适于继续承载的变形。

②正常使用极限状态:对应于桩基达到建筑物正常使用所规定的变形限值或达到耐久性要求的某项限值。

**3)桩基设计时需进行的承载能力计算和稳定性验算**

所有桩基均应进行承载能力极限状态的计算,主要包括:

①应根据桩基的使用功能和受力特征分别进行桩基的竖向承载力计算和水平承载力计算。

②应对桩身及承台结构承载力进行计算;对桩侧土不排水抗剪强度小于10 kPa且长径比

大于50的桩,应进行桩身压屈验算;对混凝土预制桩,应按吊装、运输和锤击作用进行桩身承载力验算;对钢管桩,应进行局部压屈验算。

③当桩端平面以下有软弱下卧层时,应验算软弱下卧层的承载力。

④对位于坡地、岸边的桩基,应验算整体稳定性。

⑤对抗浮、抗拔桩基,应进行基桩和群桩的抗拔承载力计算。

⑥按《建筑抗震设计规范》的规定,需进行抗震验算的桩基,应作桩基的抗震承载力验算。

**4)建筑桩基的沉降验算**

下列建筑桩基应进行沉降计算:

①设计等级为甲级的非嵌岩桩和非深厚坚硬持力层的建筑桩基;

②设计等级为乙级的体形复杂、荷载分布显著不均匀或桩端平面以下存在软弱土层的建筑桩基;

③软土地基多层建筑减沉复合疏桩基础。

建于黏性土、粉土上的一级建筑桩基及软土地区的一、二级建筑桩基,在其施工过程及建成后使用期间,必须进行系统的沉降观测直至沉降稳定。

**5)桩基设计时荷载效应组合**

桩基设计时,所采用的荷载效应组合与相应的抗力应符合下列规定:

①确定桩数和布桩时,应采用传至承台底面的荷载效应标准组合;相应的抗力应采用基桩或复合基桩承载力特征值。

②计算荷载作用下的桩基沉降和水平位移时,应采用荷载效应准永久组合;计算水平地震作用、风载作用下的桩基水平位移时,应采用水平地震作用、风载效应标准组合。

③验算坡地、岸边建筑桩基的整体稳定性时,应采用荷载效应标准组合;抗震设防区,应采用地震作用效应和荷载效应的标准组合。

④在计算桩基结构承载力、确定尺寸和配筋时,应采用传至承台顶面的荷载效应基本组合。当进行承台和桩身裂缝控制验算时,应分别采用荷载效应标准组合和荷载效应准永久组合。

## ▶ 5.3.3 桩型的选择

在现代的桩基工程实践中,人们开发了各式各样的桩型,而且一些新的桩型还在不断地涌现。对某一项具体的工程来说,桩型选择是一个需要慎重对待的问题。桩基设计应该尽可能选用技术性能更好、经济效益更高以及更适合现有施工条件的桩型。

桩型与工艺选择应根据建筑结构类型、荷载性质、桩的使用功能、穿越土层、桩端持力层土类、地下水位、施工设备、施工环境、施工队伍水平和经验以及制桩材料供应条件等,选择经济合理、安全适用的桩型和成桩工艺。不过,严格地说,对于某一个工程,并非只有某一种桩可以选用,从不同的角度或要求来看,各桩型各有利弊,而综合效果也差不多,因此,设计时应当遵循一定的选择原则来考虑桩型的选用。

**1)桩型选择应考虑的因素**

桩基桩型的选择一般应考虑下列因素:

(1)桩基础的长久安全性

安全性是指所选的桩型必须保证建筑物长久安全,不能只考虑短期安全,如有软弱下卧层时,短桩基础必须验算下卧层的变形,如经验算长期变形不能满足使用要求,那么必须将短桩基础变为长桩基础(桩端穿过软弱下卧层到下部坚硬的持力层)。

(2)建筑物类型、上部结构特点、荷载大小、对变形要求

选择桩型时,必须考虑所设计建筑物类型、上部结构特点、荷载大小、对变形要求等因素,例如若桩的承载力较小,以致桩的数量过多,间距过密,则会引起"桩的饱和",此时便应考虑改用大承载力的大直径桩等桩型。对路堤、码头等承受循环或冲击荷载的构(筑)物,可考虑采用钢桩,因钢桩具有良好的吸收能量的特性。对承受风力或地震作用较大的高层建筑等情况,则需采用具有承受水平力和弯矩能力较强的桩型。通常大荷载的高层建筑一般采用人工挖孔桩、大直径钻孔灌注桩、大口径预应力管桩;小高层建筑采用小直径钻孔桩和预应力管桩;多层建筑采用沉管灌注桩和小口径预应力管桩。

(3)地质条件

地质条件是桩型选择要考虑的一个很重要的因素,要求所选定桩型在该地质条件下是安全的,能符合桩基设计对于桩承载力和沉降的要求。符合这样要求的桩型可能不只是一种,这就要加上其他条件的限制。桩基设计中的地质问题是一个十分复杂的问题,一般对于基岩或密实卵砾石层埋藏不深的情况,通常首先考虑端承桩,并选用大直径、高强度的嵌岩桩,并由桩身材料强度控制桩承载力;而当基岩埋藏很深时,则只能考虑摩擦型桩或端承摩擦桩,但为了避免上部建筑物产生过大的沉降,应使桩端支承于具有足够厚度的性能良好的持力层。

(4)桩土体系的力学性能

进行桩型的选择时,要考虑不同桩型桩土体系力学性能的发挥特点,即找出不同桩型、不同桩长、不同桩径桩在本地质条件下侧阻端阻能发挥最佳性能的桩。如对于大直径超长灌注桩,应考虑其侧摩阻力软化对桩基础承载力的影响。

(5)施工条件

任何一种桩型施工都必须运用专门的施工机械设备和依靠特定的工艺才能实现。因此,在地质条件和环境条件一定的情况下,所选桩型是否能利用现有设备与技术达到预定的目标,以及现场环境是否允许该施工工艺顺利实施,都必须在选型时一一考虑。鉴于建筑物的重要性,通常首选当地比较常用的、施工与设计经验都比较成熟的桩型,如钻孔桩、预应力管桩、沉管灌注桩。

另外,桩基施工可能对周围建(构)筑物及地下设施造成扰动或危害,如打桩引起的震动、挤土等。挤土桩施工将会引起地面隆起和侧移,尤其是在密实的细粒砂质粉土和黏性土场地,从而影响邻近建筑物和先前已打设的桩,此时采用置换桩将可减轻此类影响。如由于某些特殊原因而必须采用挤土桩时,则必须采取预钻孔取土等相应的措施防止土体隆起和侧移。又如当采用钻孔桩时,必须对施工所产生的泥浆废液或污水妥善处理,以免污染环境。

(6)经济条件

桩型的最后选定还要根据技术经济综合分析,即考虑包括桩的荷载试验在内总造价和整个工程的综合经济效益及施工方便性。为此,应对所选桩型和设计方案进行全面的技术经济分析加以论证,并同时顾及环境效益和社会效益。此外,还要考虑工期问题。所以,对于桩型选择来讲,承包商的经济条件及工期要求也是一个重要的因素。

(7)环境条件

环境条件对桩型选择也有一定的影响和约束,现场环境是否允许所选桩型的施工工艺顺

利实施,桩基施工是否会对邻近建筑物有不良环境效应以及这些效应是否为有关法规所容许,这些问题都必须慎重考虑。

**2)桩型选择的优化**

在具体进行桩的选型时,要根据上部结构的荷载特点和地质条件、环境条件、施工条件来合理选择桩型。可以初步选定 2~3 个桩型,如选钻孔桩、预应力管桩或沉管灌注桩,编制初步设计方案,并进行方案的综合技术、经济、安全性对比,优选出初步设计桩型方案,同时与各方讨论商定最终方案。

最后选定的桩型,其单桩和群桩的极限承载力和安全系数都应当满足规范要求。群桩的最终沉降量和最大差异沉降应首先满足甲方使用要求且必须满足《建筑地基基础设计规范》(GB 50007—2011)规定的容许变形量。同时,对于主楼、裙楼、地下室一体的建筑,所选桩型必须满足变形协调的要求。

规范规定对于同一建筑物,原则上宜采用同种桩型。对有可能产生液化的砂土层,不应采用锤击式、振动式现场灌注的混凝土桩型。对软土,要考虑打桩挤土效应。

一般最终选择的桩型设计参数是经过试桩静载试验最终确定可行的优化方案。

## ▶ 5.3.4 确定桩端持力层和承台埋深

根据地质资料确定承台埋深并初步选定桩型及桩的截面尺寸;根据工程地质报告中的地质资料情况,初步选择桩端持力层及桩的长度。

持力层是指地层剖面中某一能对桩起主要支承作用的岩土层。桩端持力层一般要有一定的强度与厚度,能使上部结构的荷载通过桩传递到该硬持力层上且变形量小。所以持力层的选择与上部结构的荷载密切相关。一般对荷载较小的建筑(如 6 层建筑),持力层只要选用地层剖面中浅层持力层且满足沉降要求就可以。对于荷载较大的建筑(如 18 层建筑),持力层要选在地层剖面中较深部的较硬持力层以满足承载力要求,同时桩持力层下无软弱下卧层以满足变形要求。对于荷载很大的建筑(如 30 层高层建筑),桩端持力层要选在地层剖面中深部的坚硬持力层如中风化基岩(或厚度大的卵砾层实行桩底注浆)以满足变形要求。总之,选择桩端持力层要满足承载力和沉降要求(安全性),其次要考虑经济性、合理性、施工方便等因素。原则上在相同的经济性时尽可能不用纯摩擦桩型,而选择摩擦端承型、端承摩擦型或纯端承桩。

持力层的选定是桩基设计的一个重要环节。持力层的选用取决于上部结构的荷载要求、场地内各硬土层的深度分布、各土层的物理力学性质、地下水性质、拟选的桩型及施工方式、桩基尺寸及桩身强度等。持力层选择是否得当,直接影响桩的承载力、沉降量、桩基工程造价和施工难易程度。

一般地说,对于持力层的选定,可以提供下列一些应当遵循的原则:

①必须根据上部结构荷载要求和沉降要求来选择桩端持力层。不同高度的建筑物应选择不同的持力层,桩长、桩径也不同。

②在经济性相同的条件下,尽可能选择坚硬的持力层作为桩端持力层以减少桩基础沉降量。

③同一建筑物原则上宜选用同一持力层。

④软土中的桩基宜选择中低压缩层作为桩基的持力层。对于上部有液化的地层,桩基一

般应穿过液化土层。对于黄土湿陷性地层,桩端应穿过湿陷性土层而支承在低压缩性的黏性土、粉土、中密和密实砂土及碎石类土层中。对于季节性冻土和膨胀土地基中的桩基,桩端应进入冻深线或膨胀土的大气影响急剧层以下深度不小于 4 倍桩径,且最小深度应大于 1.5 m。

⑤桩端持力层的地基承载力应能保证满足设计要求的单桩竖向承载力。如果地基中有软弱土层,原则上桩端应穿过软弱土层并以下部较坚硬的地层作为持力层。对于小荷载多层建筑,桩端平面距离软弱下卧层顶面应不小于临界厚度以满足变形要求。

⑥当地下地层为倾斜地层时,桩端持力层的选择不但要满足承载力的要求,而且要满足稳定性要求,此时桩端入持力层深度应满足规范要求以防止桩端滑移。

⑦对作用在桩持力层上的荷载(总荷载中的桩端分担部分),必须保证有足够的安全度并且不会使持力层产生过大沉降量和不均匀沉降。在验算群桩基础持力层的承载力时,应考虑等代墩基的应力扩散角。

⑧在选择桩端持力层时,要考虑所选桩基的施工可行性和方便性。

⑨在选择桩端持力层时,要考虑打桩对桩端持力层的扰动影响。在必要的情况下,可以考虑对持力层进行注浆加固。

⑩在选择桩端持力层时要考虑打桩对周边建筑物管线等环境的影响。

⑪在根据地质资料不能确定桩端持力层的情况下,可以通过对不同桩长持力层进行单桩静载试验对比的办法来最终确定合理的桩基持力层。

持力层的好坏与建筑物的稳定安全密切相关,并影响基础工程的造价,因此应对上述各项原则充分考虑后进行合理的确定,详细了解区域内各剖面的地质情况,提供持力层等高线图。

在桩基工程实践中,通常选用的持力层多为中密以上的非液化砂层、硬塑残积土层、较硬的黏性土层或卵砾石层,以及基岩。根据 6 000 多根试桩的统计结果,不同桩径的桩入持力层的平均深度 $\bar{h}$ 为:

黏土及粉土:$\bar{h} = 2.5 \sim 3.5$ m;粉砂:$\bar{h} = 3.0 \sim 5.0$ m;砂砾卵石层:$\bar{h} = 1.5 \sim 2.5$ m;强风化基岩:$\bar{h} = 1.5 \sim 2.5$ m;中风化基岩:$\bar{h} = 1.0 \sim 1.5$ m;微风化基岩:$\bar{h} = 0.5 \sim 1.5$ m。

此值可作为设计人员控制参考,当然对于不同的荷载要求,不同的地质条件要具体问题具体分析,灵活掌握。

## ▶ 5.3.5 初步估计所需桩数 $n$

在估算桩数时,首先需要计算单桩竖向承载力特征值 $R_a$,由于桩的布置和桩数还未知,可先不考虑承台效应和群桩效应。

$$R_a = \frac{Q_{uk}}{2}$$

$$Q_{uk} = Q_{sk} + Q_{pk} = u \sum q_{sik} l_i + q_{pk} A_P$$

式中,$R_a$ 为单桩竖向承载力特征值,kN;$Q_{uk}$ 为单桩竖向极限承载力标准值,kN;$Q_{sk}$ 为桩侧土极限侧阻力标准值,kN;$Q_{pk}$ 为桩端土极限端阻力标准值,kN;$q_{sik}$ 为桩侧第 $i$ 层土极限侧阻力标准值,kPa;$q_{pk}$ 为极限端阻力标准值,kPa;$A_p$ 为桩底端横截面面积,$m^2$;$u$ 为桩身周边长度,m;$l_i$ 为第 $i$ 层岩土的厚度,m。

确定桩数时,由于承台尺寸还没有确定,可先根据单桩承载力设计值和上部结构荷载初步确定。轴心荷载为 $F$ 时,估算桩数 $n = \mu F/R$,$\mu$ 为经验系数,建筑桩基可采用 1.1~1.2。

## ▶ 5.3.6　桩位的平面布置

桩型选定以后,即可考虑桩的平面布置问题。为了取得较好的技术上和经济上的效益,必须对荷载条件、选用的桩型、地质条件以及建筑物底层的柱距等有关因素进行综合考虑。

**1)影响桩基平面布置的因素**

**(1)地质条件**

在满足荷载条件和规范要求的前提下,桩的布置也要适当考虑地质条件的制约。例如,在黏土地基中布桩,一般需要采用比较大的桩距,以减小地表土的隆起;当桩端持力层为倾斜的基岩或土层中含有漂石时,桩距也应取大值。如果采用预先挖孔或钻孔的办法,桩距可减小。在松砂和砂质淤泥层中,小桩距因能挤密桩周土,对具有负摩擦力的桩基产生有利的作用,故宜将桩距予以适当减小。

**(2)桩型条件**

考虑桩距问题,主要是尽量避免地基土中应力重叠所产生的不利影响(过大沉降或剪切破坏),但过分加大桩距,将导致由于承台加大加厚而带来的造价提高,对水下基础而言,还会带来许多不利于施工的技术问题。

众所周知,不同桩型对应力重叠不利影响是不同的,例如端承型群桩由于通过桩侧摩阻力传递到土层中的应力很小,因此桩群中各桩的相互影响较小,应力重叠只发生于持力层的深部,因而可以考虑较小的桩距。

**(3)施工条件**

在有些情况下,施工条件也会对桩的布置有影响,例如,当采用地下室逆作法施工时,要求桩的布置必须为一柱一桩,此时桩的中心距已为柱距所限定。又如,地下埋设物(地下管道、电缆等)的情况与桩的布置亦有关,当地下埋设物确实影响桩基施工而又不可能拆除时,布桩时必须考虑。

**(4)功能条件**

桩的使用功能对桩的布置很有影响,桩的布置要使得预期的桩基功能能够充分发挥。例如,作为深基坑开挖支护结构的围护桩,其布置形式及桩距与一般桩基础的布置明显不同。围护桩为了发挥防渗和支挡的双重作用,一般采用小桩距和纵向排列的桩墙形式。

**(5)几何条件**

桩的布置还应满足最小间距的要求。桩的最小间距在很大程度上取决于桩的直径和桩的长度。

**(6)其他方面的考虑**

桩的布置问题是空间性的,除了考虑桩距外,还要考虑群桩的排列形式、桩的结构形式、埋设深度以及持力层的确定等。除此以外,设计中采用的设计理论也在一定程度上影响着布桩的最终结果。

**2)规范对桩基布置的要求**

桩的布置应符合有关规范的要求,《建筑桩基技术规范》(JGJ94—2008)对桩的布置作了如下的规定:

①桩的最小中心距应符合表 5.7 的规定。对于大面积桩群,尤其是挤土桩,桩的最小中心距宜按表列值适当加大。

表 5.7　桩的最小中心距

| 土类与成桩工艺 | | 排数不少于 3 排且桩数不少于 9 根的摩擦型桩基 | 其他情况 |
|---|---|---|---|
| 非挤土灌注桩 | | 3.0d | 3.0d |
| 部分挤土桩 | 非饱和土、饱和非黏性土 | 3.5d | 3.0d |
| | 饱和黏性土 | 4.0d | 3.5d |
| 挤土桩 | 非饱和土、饱和非黏性土 | 4.0d | 3.5d |
| | 饱和黏性土 | 4.5d | 4.0d |
| 钻、挖孔扩底桩 | | 2D 或 D+2.0 m(当 D>2 m) | 1.5D 或 D+1.5 m(当 D>2 m) |
| 沉管夯扩、钻孔挤扩桩 | 非饱和土、饱和非黏性土 | 2.2D 且 4.0d | 2.0D 且 3.5d |
| | 饱和黏性土 | 2.5D 且 4.5d | 2.2D 且 4.0d |

注:1. d——圆桩设计直径或方桩设计边长,D——扩大端设计直径。
　2. 当纵横向桩距不相等时,其最小中心距应满足"其他情况"一栏的规定。
　3. 当为端承桩时,非挤土灌注桩的"其他情况"一栏可减小至 2.5d。

②基桩排列时,桩群反力的合力点与荷载重心宜重合,并使桩基受水平力和力矩较大方向有较大的抗弯截面模量。

③对桩箱基础、剪力墙结构桩筏(含平板和梁板式承台)基础,宜将桩布置于墙下。

④对框架-核心筒结构,桩筏基础应按荷载分布相互影响,将桩相对集中布置于核心筒和柱下;外围框架柱宜采用复合桩基,有合适桩端持力层时,桩长宜减小。

⑤一般应选择较硬土层作为桩端持力层。桩端全断面进入持力层的深度,对于黏性土、粉土不宜小于 $2d$;砂土不宜小于 $1.5d$;碎石类土不宜小于 $1d$。当存在软弱下卧层时,桩端以下硬持力层厚度不宜小于 $3d$。

⑥对于嵌岩桩,嵌岩深度应综合荷载、上覆土层、基岩、桩径、桩长诸因素确定;对于嵌入倾斜的完整和较完整岩的全断面,深度不宜小于 $0.4d$ 且不小于 0.5 m,倾斜度大于 30% 的中风化岩,宜根据倾斜度及岩石完整性适当加大嵌岩深度;对于嵌入平整、完整的坚硬岩和较硬岩的全断面,深度不宜小于 $0.2d$,且不应小于 0.2 m。

### ▶ 5.3.7　桩数的确定及基桩竖向抗压承载力验算

#### 1)基桩竖向承载力的计算

桩基竖向承载力取决于两个方面,其一是桩本身的材料强度;其二是地基土对桩的支承抗力。设计时二者必须兼顾,即设计时分别计算二者的设计值后取其中的小值作为设计依据。

（1）桩身混凝土强度应满足桩的承载力设计要求

①《建筑地基基础设计规范》（GB 50007—2011）规定，计算中应按桩的类型和成桩工艺的不同将混凝土的轴心抗压强度设计值乘以工作条件系数 $\varphi_c$，桩身强度应符合下式要求：

桩轴心受压时

$$Q \leqslant A_p f_c \varphi_c$$

式中，$f_c$ 为混凝土轴心抗压强度设计值，kPa；$Q$ 为相应于荷载效应基本组合时的单桩竖向力设计值，kN；$A_p$ 为桩身横截面积，$m^2$；$\varphi_c$ 为工作条件系数，非预应力预制桩取 0.75，预应力桩取 0.55 ~ 0.65，灌注桩取 0.6 ~ 0.8（水下灌注桩、长桩或混凝土强度等级高于 C35 时用低值）。

沉管灌注桩常采用 C20 ~ C25 混凝土，钻孔灌注桩常采用 C25 ~ C35 混凝土，预制方桩常采用 C35 ~ C40 混凝土，预应力管桩 PC 系列常采用 C60 混凝土，PHC 系列常采用 C80 混凝土。

对桩顶以下 5 倍桩身直径范围内螺旋式箍筋间距不大于 100 mm 且钢筋耐久性得到保证的灌注桩，可适当计入桩身纵向钢筋的抗压作用。

②《建筑桩基技术规范》（JGJ 94—2008）中钢筋混凝土轴心受压桩正截面受压承载力按裂缝控制应符合下列规定：

当桩顶以下 5 d 范围的桩身螺旋式箍筋间距不大于 100 mm 时：

$$N \leqslant \psi_c f_c A_p + 0.9 f'_y A'_s$$

当桩身配筋不符合上述规定时：

$$N \leqslant \psi_c f_c A_p$$

式中，$N$ 为荷载效应基本组合下的桩顶轴向压力设计值，kN；$\psi_c$ 为基桩成桩工艺系数；混凝土预制桩、预应力混凝土空心桩 $\psi_c = 0.85$；干作业非挤土灌注桩 $\psi_c = 0.90$；泥浆护壁和套管护壁非挤土灌注桩、部分挤土灌注桩、挤土灌注桩 $\psi_c = 0.7 ~ 0.8$，软土地区挤土灌注桩 $\psi_c = 0.6$；$f_c$ 为混凝土轴心抗压强度设计值，kPa；$f'_y$ 为纵向主筋抗压强度设计值，kPa；$A'_s$ 为纵向主筋截面面积，$m^2$。

（2）按土对桩的支承抗力确定桩基竖向承载力特征值

《建筑地基基础设计规范》（GB 50007—2011）中规定，设计时单桩竖向承载力特征值可按下式估算：

$$R_a = q_{pa} A_p + u_p \sum q_{sia} l_i$$

式中，$R_a$ 为单桩竖向承载力特征值，kN；$q_{pa}$、$q_{sia}$ 为桩端阻力、桩侧阻力特征值，kPa；$A_p$ 为桩底端横截面面积，$m^2$；$u_p$ 为桩身周边长度，m；$l_i$ 为第 $i$ 层岩土的厚度，m。

当桩端嵌入完整及较完整的硬质岩且桩长较短并入岩较浅时，可按下式估算单桩竖向承载力特征值：

$$R_a = q_{pa} A_p$$

式中，$q_{pa}$ 为桩端岩石承载力特征值，kPa。

以单桩极限承载力为已知参数，根据群桩效应系数计算群桩极限承载力，是一种沿用很久的传统简单方法。

（3）群桩承台效应

考虑承台效应的复合基桩竖向承载力特征值 $R$ 可按下式确定：

$$R = R_a + \eta_c f_{ak} A_c$$

$$A_c = (A - nA_p)/n$$

式中，$\eta_c$ 为承台效应系数，可按表5.8取值；$f_{ak}$ 为基底地基承载力特征值（1/2 承台宽度且不超过5 m 深度范围内按厚度的加权平均值），kPa；$A_c$ 为计算基桩所对应的承台底净面积，m$^2$；$A$ 为承台计算域面积（m$^2$），对于柱下独立桩基，$A$ 为承台总面积；对于桩筏基础，$A$ 为柱、墙筏板的1/2 跨距和悬臂边2.5 倍筏板厚度所围成的面积；桩集中布置于单片墙下的桩筏基础，取墙两边各1/2 跨距围成的面积，按条基计算 $\eta_c$；$A_p$ 为桩截面面积，m$^2$。

当承台底为可液化土、湿陷性土、高灵敏度软土、欠固结土、新填土时，沉桩引起超孔隙水压力和土体隆起时，不考虑承台效应，取 $\eta_c = 0$。

**表5.8　承台效应系数 $\eta_c$**

| $B_c/l$ ＼ $s_a/d$ | 3 | 4 | 5 | 6 | >6 |
|---|---|---|---|---|---|
| ≤0.4 | 0.06 ~ 0.08 | 0.14 ~ 0.17 | 0.22 ~ 0.26 | 0.32 ~ 0.38 | 0.50 ~ 0.80 |
| 0.4 ~ 0.8 | 0.08 ~ 0.10 | 0.17 ~ 0.20 | 0.26 ~ 0.30 | 0.38 ~ 0.44 | |
| >0.8 | 0.10 ~ 0.12 | 0.20 ~ 0.22 | 0.30 ~ 0.34 | 0.44 ~ 0.50 | |
| 单排桩条形承台 | 0.15 ~ 0.18 | 0.25 ~ 0.30 | 0.38 ~ 0.45 | 0.50 ~ 0.80 | |

注：1. 表中 $s_a/d$ 为桩中心距与桩径之比；$B_c/l$ 为承台宽度与桩长之比。当计算基桩为非正方形排列时，$s_a = \sqrt{\dfrac{A}{n}}$，$A$ 为计算域承台面积，$n$ 为总桩数。

2. 对于桩布置于墙下的箱、筏承台，$\eta_c$ 可按单排桩条形承台取值。

3. 对于单排桩条形承台，当承台宽度小于 $1.5d$ 时，$\eta_c$ 按非条形承台取值。

4. 对于采用后注浆灌注桩的承台，$\eta_c$ 宜取低值。

5. 对于饱和黏性土中的挤土桩基、软土地基上的桩基承台，$\eta_c$ 宜取低值的0.8 倍。

《建筑桩基技术规范》（JGJ 94—2008）规定，对于端承型桩基、桩数少于4 根的摩擦型桩基，以及由于地层土性、使用条件等因素不宜考虑承台效应时，基桩竖向承载力特征值取单桩竖向承载力特征值，$R = R_a$。

**2）桩数的确定及承载力验算**

对于低承台桩基，在桩基承载力特征值确定以后，可按桩基承台的荷载设计值和复合基桩或基桩的承载力设计值来确定桩的根数。

桩基在轴心竖向力作用下（参见图5.2），其桩数 $n$ 应满足下式要求：

$$n = \frac{F_k + G_k}{Q_k}$$

式中，$F_k$ 为相应于荷载效应标准组合时，作用于桩基承台顶面的竖向力，kN；$G_k$ 为桩基承台自重及承台上土自重标准值，kN；$Q_k$ 为相应于荷载效应标准组合轴心竖向力作用下任一单桩竖向力，kN；$R_a$ 为单桩竖向承载力特征值，kN。

因为 $Q_k \leq R_a$，所以 $n \geq \dfrac{F_k + G_k}{R_a}$

在偏心竖向力作用下，对于偏心距固定的桩基，如果桩的布置使得群桩横截面的形心与

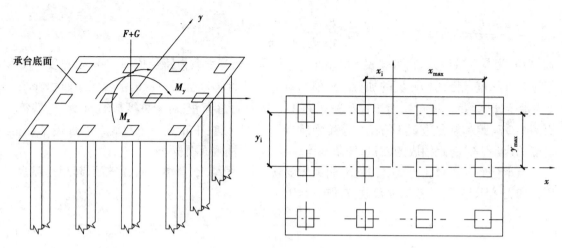

图5.2　桩顶荷载计算简图

荷载合力作用点重合时,仍可按上式确定桩数。否则,桩的根数 $n$ 一般应按上式确定的数量增加 10% ~20% ,再经下式验算后决定:

$$Q_{ik\,max} \leqslant 1.2R_a$$

$$Q_{ik\,max} = \frac{F_k + G_k}{n} + \frac{M_{xk}y_{max}}{\sum y_i^2} + \frac{M_{yk}x_{max}}{\sum x_i^2}$$

式中, $Q_{ik\,max}$ 为相应于荷载效应标准组合偏心竖向力作用下离群桩横截面形心最远处(坐标为 $x_{max}$、$y_{max}$)的复合基桩或基桩的竖向力,kN; $M_{xk}$、$M_{yk}$ 为相应于荷载效应标准组合作用于承台底面通过桩群形心的 $x$、$y$ 轴的力矩,(kN·m); $x_i$、$y_i$ 为桩 $i$ 至桩群形心的 $y$、$x$ 轴线的距离,m。

当桩端平面以下受力层范围内存在低于持力层 1/3 承载力的软弱下卧层时,应按下式验算软弱下卧层的承载力:

$$\sigma_z + \gamma_i z \leqslant f_{az}$$

$$\sigma_z = \frac{(F_k + G_k) - 3/2(A_0 + B_0) \times \sum q_{sik}l_i}{(A_0 + 2t \times \tan\theta)(B_0 + 2t \times \tan\theta)}$$

式中, $\sigma_z$ 为作用于软弱下卧层顶面的附加应力,kPa; $\gamma_i$ 为软弱层顶面以上各土层重度加权平均值,kN/m³; $t$ 为桩端至软弱顶面的深度,m; $f_{az}$ 为软弱下卧层经深度修正后的地基极限承载力标准值,kPa; $A_0$、$B_0$ 为桩群外缘矩形面积的长、短边长,m; $\theta$ 为桩端硬持力层压力扩散角(°),按表 5.9 取值。

表5.9　桩端硬持力层压力扩散角 $\theta$

| $E_{s1}/E_{s2}$ | $t = 0.25B_0$ | $t \geqslant 0.5B_0$ |
|:---:|:---:|:---:|
| 1 | 4° | 12° |
| 3 | 6° | 23° |
| 5 | 10° | 25° |
| 10 | 20° | 30° |

注:1. $E_{s1}$、$E_{s2}$ 为硬持力层、软下卧层的压缩模量。

2. 当 $t < 0.25B_0$ 时取 $\theta = 0°$,必要时,宜由试验确定;当 $0.25B_0 < t < 0.50B_0$ 时,可内取插值。

## 5.3.8 承台抗冲切验算

### 1)桩基承台受柱(墙)冲切

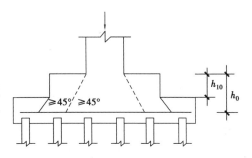

冲切破坏锥体应采用自柱(墙)边和承台变阶处至相应桩顶边缘连线所构成的锥体,锥体斜面与承台底面之夹角不小于45°(图5.3)。

受柱(墙)冲切承载力可按下列公式计算:

$$F_l \leqslant \beta_{hp} \beta_0 f_t u_m h_0$$

$$F_l = F - \sum Q_i$$

$$\beta_0 = \frac{0.84}{\lambda + 0.2}$$

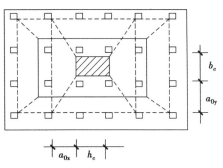

式中,$F_l$ 为不计承台及其上土重,在荷载效应基本组合下作用于冲切破坏锥体上的冲切力设计值,kN;$f_t$ 为承台混凝土抗拉强度设计值,kN;$\beta_{hp}$ 为承台受冲切承载力截面高度影响系数,当 $h \leqslant$ 800 mm 时,$\beta_{hp}$ 取 1.0,$h \geqslant 2\,000$ mm 时,$\beta_{hp}$ 取 0.9,

**图5.3 柱下独立桩基柱对承台的冲切计算**

其间按线性内插法取值;$u_m$ 为承台冲切破坏锥体一半有效高度处的周长,m;$h_0$ 为承台冲切破坏锥体的有效高度,m;$\beta_0$ 为柱(墙)冲切系数;$\lambda$ 为冲跨比,$\lambda = a_0/h_0$,$a_0$ 为冲跨,即柱(墙)边或承台变阶处到桩边的水平距离;当 $\lambda < 0.25$ 时,取 $\lambda = 0.25$;当 $\lambda > 1$ 时,取 $\lambda = 1$;$F$ 为不计承台及其上土重,在荷载效应基本组合作用下柱(墙)底的竖向荷载设计值,kN;$\sum Q_i$ 为不计承台及其上土重,在荷载效应基本组合下冲切破坏锥体内各基桩或复合基桩的净反力设计值之和,kN。

应用上式进行计算是困难的,因为一般情况下,承台两个方向的 $\lambda$ 不同;而且当承台较厚时,满足破坏锥体斜面与承台底面间夹角不小于45°的锥面可能不是单一的,故对柱下矩形独立承台受柱冲切的承载力可按下述公式(见图5.3)计算:

$$F_l \leqslant 2[\beta_{0x}(b_c + a_{0y}) + \beta_{0y}(h_c + a_{0x})]\beta_{hp} f_t h_0$$

式中的 $\beta_{0x}$、$\beta_{0y}$ 由公式 $\beta_0 = \dfrac{0.84}{\lambda + 0.2}$ 求得;$\lambda_{ox} = a_{ox}/h_0$;$\lambda_{oy} = a_{oy}/h_0$;$\lambda_{ox}$、$\lambda_{oy}$ 均应满足 0.25 ~ 1.0 的要求;$h_c$、$b_c$ 分别为 $x$、$y$ 方向的柱截面(变阶承台)的边长,m;$a_{0x}$、$a_{0y}$ 分别为 $x$、$y$ 方向柱边(变阶承台)离最近桩边的水平距离,m。

对于圆柱及圆桩,计算时应将截面换算成方柱及方桩,即取换算柱截面边宽 $b_c = 0.8d_c$($d_c$ 为圆柱直径),换算桩截面边长 $b_p = 0.8d$($d$ 为圆柱直径)。

对于柱下双桩承台不需进行受冲切承载力计算,通过受弯、受剪承载力计算确定承台尺寸和配筋。

### 2)柱(墙)冲切破坏锥体以外的基桩

对位于柱(墙)冲切破坏锥体以外的基桩,应按下式计算承台受基桩冲切的承载力。

①四桩(含四桩)以上承台受角桩冲切的承载力按下列公式计算(图5.4):

$$N_l \leqslant \left[\beta_{1x}\left(c_2 + \frac{a_{1y}}{2}\right) + \beta_{1y}\left(c_1 + \frac{a_{1x}}{2}\right)\right]\beta_{hp} f_t h_0$$

$$\beta_{1x} = \frac{0.56}{\lambda_{1x} + 0.2}$$

$$\beta_{1y} = \frac{0.56}{\lambda_{1y} + 0.2}$$

式中，$N_l$ 为扣除承台及其上土重后，在荷载效应基本组合作用下角桩净反力设计值，kN；$\beta_{1x}$、$\beta_{1y}$ 为角桩冲切系数；$a_{1x}$、$a_{1y}$ 为从承台底角桩内边缘引 45° 冲切线与承台顶面相交点至角桩内边缘的水平距离，m；当柱边（墙）或承台变阶处位于该 45° 线以内时，则取由柱墙边或变阶处与桩内边缘连线为冲切锥体的锥线（图 5.4）；$h_0$ 为承台外边缘的有效高度，m；$\lambda_{1x}$、$\lambda_{1y}$ 为角桩冲跨比，其值满足 $0.25 \sim 1.0$，$\lambda_{1x} = a_{1x}/h_0$，$\lambda_{1y} = a_{1y}/h_0$；$c_1$、$c_2$ 为从角桩内边缘至承台外边缘的距离，m。

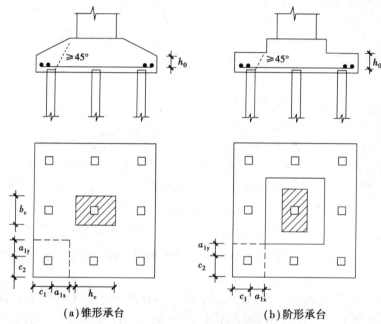

(a) 锥形承台　　　　　　　　　　(b) 阶形承台

**图 5.4　四桩以上承台角桩冲切计算**

②三桩三角形承台受角桩冲切的承载力（图 5.5）：

底部角桩

$$N_l \leqslant \beta_{11}(2c_1 + a_{11})\beta_{hp}\tan\frac{\theta_1}{2}f_t h_0$$

$$\beta_{11} = \frac{0.56}{\lambda_{11} + 0.2}$$

顶部角桩

$$N_l \leqslant \beta_{12}(2c_2 + a_{12})\beta_{hp}\tan\frac{\theta_2}{2}f_t h_0$$

$$\beta_{11} = \frac{0.56}{\lambda_{12} + 0.2}$$

式中，$\lambda_{11}$、$\lambda_{12}$ 为角桩冲垮比，$\lambda_{11} = a_{11}/h_0$，$\lambda_{12} = a_{12}/h_0$；$a_{11}$、$a_{12}$ 为从承台底角桩内边缘向相邻承台边引 45° 冲切线与承台顶面相交点至角桩内边缘的水平距离，m；当柱或承台变阶处位于该 45° 线以内时，则取由柱边与桩内边缘连线为冲切锥体的锥线（图 5.5）。

③对箱形、筏形承台,应按下列公式计算承台受内部基桩的冲切承载力:

a. 按下列公式计算受基桩的冲切承载力(图5.6):

$$N_l \leqslant 2.8(b_p + h_0)\beta_{hp}f_t h_0$$

b. 按下列公式计算受基桩群的冲切承载力(图5.6):

$$\sum N_{li} \leqslant 2[\beta_{0x}(b_y + a_{0y}) + \beta_{0y}(b_x + a_{0x})]\beta_{hp}f_t h_0$$

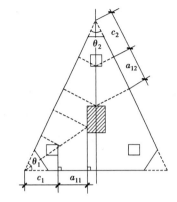

图 5.5　三桩三角形承台角桩冲切验算

式中, $\beta_{0x}$、$\beta_{0y}$ 为由公式 $\beta_0 = \dfrac{0.84}{\lambda + 0.2}$ 求得, $\lambda_{0x} = a_{0x}/h_0, \lambda_{0y} = a_{0y}/h_0$; $N_l$、$\sum N_{li}$ 为扣除承台和其上土重,kN;在荷载效应基本组合下,基桩的净反力设计值、冲切锥体内各基桩或复合基桩净反力设计值之和。

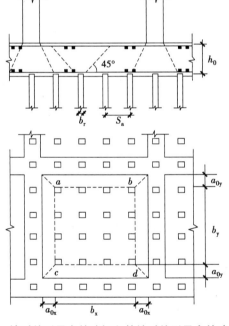

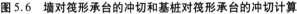

图 5.6　墙对筏形承台的冲切和基桩对筏形承台的冲切计算

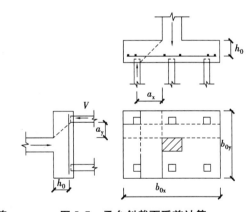

图 5.7　承台斜截面受剪计算

## ▶ 5.3.9　承台斜截面受剪验算

柱(墙)下桩基承台,应分别对柱(墙)边、变阶处和桩边连线形成的贯通承台的斜截面的受剪承载力进行验算。当承台悬挑边有多排基桩形成多个斜截面时,应对每个斜截面的受剪承载力进行验算。

①柱下独立桩基承台斜截面受剪承载力计算

a. 承台斜截面受剪承载力可按下列公式计算:

$$V \leqslant \beta_{hp}\alpha f_t b_0 h_0$$

$$\alpha = \frac{1.75}{\lambda + 1}$$

$$\beta_{hs} = \left(\frac{800}{h_0}\right)^{1/4}$$

式中, $V$ 为扣除承台及其上土自重后在荷载效应基本组合下, 斜截面的最大剪力设计值, kN; $f_t$ 为混凝土轴心抗拉强度设计值, kN; $b_0$ 为承台计算截面处的计算宽度, m; $h_0$ 为承台计算截面处的有效高度, m; $\alpha$ 为承台剪切系数; $\lambda$ 为计算截面的剪跨比, $\lambda_x = a_x/h_0$, $\lambda_y = a_y/h_0$, 此处, $a_x$, $a_y$ 为柱边(墙边)或承台变阶处至 $y$、$x$ 方向计算一排桩的桩边的水平距离, 当 $\lambda < 0.25$ 时, 取 $\lambda = 0.25$; 当 $\lambda > 3$ 时, 取 $\lambda = 3$; $\beta_{hs}$ 为受剪切承载力截面高度影响系数; 当 $h_0 < 800$ mm 时, 取 $h_0 = 800$ mm; 当 $h_0 > 2\,000$ mm 时, 取 $h_0 = 2\,000$ mm; 其间按线性内插法取值。

b. 对于阶梯型承台应分别在变阶处($A_1 - A_1$, $B_1 - B_1$)及柱边处($A_2 - A_2$, $B_2 - B_2$)进行斜截面受剪承载力计算(图 5.8)。

计算变阶处截面 $A_1 - A_1$, $B_1 - B_1$ 的斜截面受剪承载力时, 其截面有效高度均为 $h_{01}$, 截面计算宽度分别为 $b_{y1}$ 和 $b_{x1}$。

计算柱边截面 $A_2 - A_2$, $B_2 - B_2$ 的斜截面受剪承载力时, 其截面有效高度均为 $h_{01} + h_{02}$, 截面计算宽度分别为:

$$\text{对 } A_2 - A_2 \qquad b_{y0} = \frac{b_{y1} \cdot h_{01} + b_{y2} h_{02}}{h_{01} + h_{02}}$$

$$\text{对 } B_2 - B_2 \qquad b_{x0} = \frac{b_{x1} \cdot h_{01} + b_{x2} h_{02}}{h_{01} + h_{02}}$$

c. 对于锥形承台应对 $A - A$ 及 $B - B$ 两个截面进行受剪承载力计算(图 5.9), 截面有效高度均为 $h_0$, 截面的计算宽度分别为:

$$\text{对 } A - A \quad b_{y0} = \left[1 - 0.5 \frac{h_1}{h_0}\left(1 - \frac{b_{y2}}{b_{y1}}\right)\right] b_{y1}$$

$$\text{对 } B - B \quad b_{x0} = \left[1 - 0.5 \frac{h_1}{h_0}\left(1 - \frac{b_{x2}}{b_{x1}}\right)\right] b_{x1}$$

②梁板式筏形承台的梁受剪承载力可按现行《混凝土结构设计规范》计算。

③砌体墙下条形承台梁配有箍筋, 但未配弯起钢筋时, 斜截面的受剪承载力可按下列公式计算:

$$V \leqslant 0.7 f_t b h_0 + 1.25 f_{yv} \frac{A_{sv}}{s} h_0$$

式中, $V$ 为不计承台及其上土自重, 在荷载效应基本组合下, 计算截面处的剪力设计值, kN; $A_{sv}$ 为配置在同一截面内箍筋各肢的全部截面面积, m²; $s$ 为沿计算斜截面方向箍筋的间距, m; $f_{yv}$ 为箍筋抗拉强度设计值, N/mm²; $b$ 为承台梁计算截面处的计算宽度, m; $h_0$ 为承台梁计算截面处的有效高度, m。

d. 砌体墙下承台梁配有箍筋和弯起钢筋时, 斜截面的受剪承载力可按下列公式计算:

$$V \leqslant 0.7 f_t b_0 h_0 + 1.25 f_y \frac{A_{sv}}{s} h_0 + 0.8 f_y A_{sb} \sin \alpha_s$$

式中, $A_{sb}$ 为同一截面弯起钢筋的截面面积, m²; $f_y$ 为弯起钢筋的抗拉强度设计值, N/mm²; $\alpha_s$ 为斜截面上弯起钢筋与承台底面的夹角(°)。

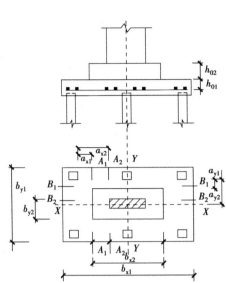

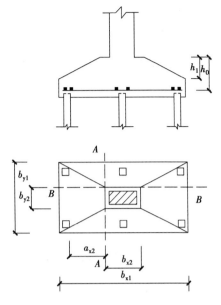

图 5.8 阶形承台斜截面受剪计算      图 5.9 锥形承台斜截面受剪计算

e. 柱下条形承台梁, 当配有箍筋但未配弯起钢筋时, 其斜截面的受剪承载力可按下列公式计算:

$$V \leqslant \frac{1.75}{\lambda + 1} f_t b h_0 + f_y \frac{A_{sv}}{s} h_0$$

式中, $\lambda$ 为计算截面的剪跨比, $\lambda = a/h_0$, $a$ 为柱边至桩边的水平距离; 当 $\lambda < 1.5$ 时, 取 $\lambda = 1.5$; 当 $\lambda > 3$ 时, 取 $\lambda = 3$;

## ▶ 5.3.10 承台受弯计算

### 1) 多桩矩形承台

多桩矩形承台的弯矩计算截面取在柱边和承台高度变化处, 计算公式为:

$$M_x = \sum N_i y_i$$
$$M_y = \sum N_i x_i$$

式中, $M_x$、$M_y$ 为绕 $x$ 轴和 $y$ 轴方向计算截面处的弯矩设计值, kN·m; $x_i$、$y_i$ 为垂直于 $y$ 轴和 $x$ 轴方向自桩轴线到相应计算截面的距离(图 5.10), m; $N_i$ 为扣除承台和承台上方土重后, 在荷载效应基本组合下的第 $i$ 桩竖向净反力设计值, kN。

### 2) 三桩三角形承台

对于等边三桩承台[图 5.11 (a)], 弯矩可按以下简化计算方法确定:

$$M = \frac{N_{\max}}{3} \left( s_a - \frac{\sqrt{3}}{4} c \right)$$

式中, $M$ 为通过承台形心至各边边缘正交截面范围内板带的弯矩设计值, kN·m; $N_{\max}$ 为扣除承台和其上填土自重后的三桩中相应于荷载效应基本组合时的最大单桩竖向力设计值, kN; $s_a$ 为桩中心距, m; $c$ 为方柱边长, m, 若圆柱时, 取 $c = 0.8d$, $d$ 为圆柱直径。

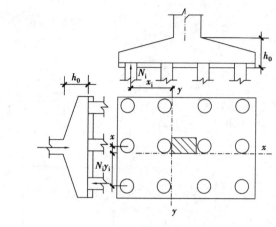

图 5.10　矩形承台弯矩计算

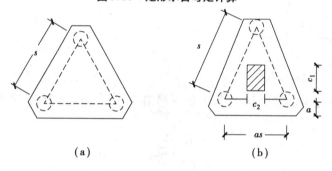

（a）　　　　　　　　　　（b）

图 5.11　三角形承台弯矩计算

对于等腰三桩承台[图 5.11(b)]，弯矩可按以下简化计算方法确定：

$$M_1 = \frac{N_{\max}}{3}\left(s - \frac{0.75}{\sqrt{4-\alpha^2}}c_1\right)$$

$$M_2 = \frac{N_{\max}}{3}\left(\alpha s - \frac{0.75}{\sqrt{4-\alpha^2}}c_2\right)$$

式中，$M_1$ 为通过承台形心至承台两腰边缘正交截面范围内板带的弯矩设计值，kN·m；$M_2$ 为通过承台形心至承台底边边缘正交截面范围内板带的弯矩设计值，kN·m；$s$ 为长向桩中心距，m；$\alpha$ 为短向桩距与长向桩距之比，当 $\alpha$ 小于 0.5 时，应按变截面的二桩承台设计；$c_1$ 为垂直于承台底边的柱截面边长，m；$c_2$ 为平行于承台底边的柱截面边长，m。

## ▶ 5.3.11　承台构造要求

桩基承台的构造，除满足抗冲切、抗剪切、抗弯承载力和上部结构的要求外，根据《建筑地基基础设计规范》(GB 5007—2011)，尚应符合下列要求：

①承台的宽度不应小于 500 mm，边桩中心至承台边缘的距离不宜小于桩的直径或边长，且桩的外边缘至承台边缘的距离不小于 150 mm。对于条形承台梁，桩的外边缘至承台梁边缘的距离不小于 75 mm。

②承台的最小厚度不应小于 300 mm。

③在进行承台配筋时，对于矩形承台，其钢筋应按双向均匀通长布置，见图 5.12(a)，钢筋直径不宜小于 10 mm，间距不宜大于 200 mm；对于三桩承台，钢筋应按三向板带均匀布置，

且最里面的三根钢筋围成的三角形应在柱截面范围内,见图 5.12(b)。承台梁内主筋除须按计算配置外,尚应符合现行《混凝土结构设计规范》(GB50010—2002)关于最小配筋率的规定,主筋直径不宜小于 12 mm,架立筋直径不宜小于 10 mm,箍筋直径不宜小于 6 mm,见图5.12(c)。柱下独立桩基承台的最小配筋率不应小于 0.15%。钢筋锚固长度自边桩内侧(当为圆桩时,应将其直径乘以 0.886 等效为方桩)算起,锚固长度不应小于 35 倍钢筋直径,当不满足时应将钢筋向上弯折,此时钢筋水平段的长度不应小于 25 倍钢筋直径,弯折段的长度不应小于 10 倍钢筋直径。

　　④承台混凝土强度等级不应低于 C20,纵向钢筋的混凝土保护层厚度不应小于 70 mm,当有混凝土垫层时,不应小于 50 mm,且不应小于桩头嵌入承台内的长度。

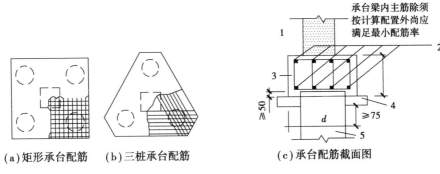

(a)矩形承台配筋　(b)三桩承台配筋　　　(c)承台配筋截面图

图 5.12　承台配筋
1—墙;2—主筋;3—箍筋;4—垫层;5—桩

## ▶ 5.3.12　桩基础沉降计算

　　《建筑桩基技术规范》(JGJ 94—2008)规定,对于桩中心距不大于 6 倍桩径的桩基,其最终沉降量计算可采用等效作用分层总和法。等效作用面位于桩端平面,等效作用面积为桩承台投影面积,等效作用附加应力近似取承台底平均附加压力。等效作用面以下的应力分布采用各向同性均质直线变形体理论。计算模式如图 5.13 所示,桩基最终沉降量可用角点法按下式计算:

$$S = \psi \cdot \psi_e \cdot S' = \psi \cdot \psi_e \cdot \sum_{j=1}^{m} p_{0j} \sum_{i=1}^{n} \frac{z_{ij}\overline{\alpha}_{ij} - z_{(i-1)j}\overline{a}_{(i-1)j}}{E_{si}}$$

式中,$S$ 为桩基最终沉降量,mm;$S'$ 为采用布辛奈斯克(Boussinesq)解,按实体深基础分层总和法计算出的桩基沉降量,mm;$\psi$ 为桩基沉降计算经验系数,当无当地可靠经验时可按表 5.10确定;$\psi_e$ 为桩基等效沉降系数;$m$ 为角点法计算点对应的矩形荷载分块数;$p_{0j}$ 为第 $j$ 块矩形底面在荷载效应准永久组合下的附加压力,kPa;$n$ 为桩基沉降计算深度范围内所划分的土层数;$E_{si}$ 为等效作用面以下第 $i$ 层土的压缩模量,MPa,采用地基土在自重压力至自重压力加附加压力作用时的压缩模量;$z_{ij}$、$z_{(i-1)j}$ 为桩端平面第 $j$ 块荷载作用面至第 $i$ 层土、第 $i-1$ 层土底面的距离,m;$\overline{\alpha}_{ij}$、$\overline{\alpha}_{(i-1)j}$ 为桩端平面第 $j$ 块荷载计算点至第 $i$ 层土、第 $i-1$ 层土底面深度范围内平均附加应力系数,可按《建筑桩基技术规范》附录 D 采用。

　　计算矩形桩基中点沉降时,桩基沉降计算式可简化成下式:

$$S = \psi \cdot \psi_e \cdot S' = 4 \cdot \psi \cdot \psi_e \cdot p_0 \sum_{i=1}^{m} \frac{z_i\overline{\alpha}_i - z_{i-1}\overline{a}_{i-1}}{E_{si}}$$

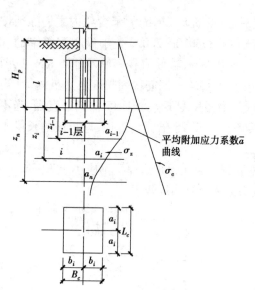

**图 5.13　桩基沉降计算示意图**

式中，$p_0$ 为在荷载效应准永久组合下承台底的平均附加压力，kPa；$\overline{\alpha}_i$、$\overline{a}_{i-1}$ 为平均附加压力系数，根据矩形长宽比 $a/b$ 及深宽比 $\dfrac{z_i}{b} = \dfrac{2z_i}{B_c}$，$\dfrac{z_{i-1}}{b}$

$= \dfrac{2z_{i-1}}{B_c}$ 查《建筑桩基技术规范》附录 D。

桩基沉降计算深度 $z_n$ 应按应力比法确定，即 $z_n$ 处的附加应力 $\sigma_z$ 与土的自重应力 $\sigma_c$ 应符合下式要求：

$$\sigma_z \leqslant 0.2\sigma_c$$

$$\sigma_z = \sum_{j=1}^{m} a_j p_{0j}$$

式中附加应力系数 $a_j$ 根据角点法划分的矩形长宽比及深宽比查附录 D。

桩基等效沉降系数 $\psi_e$ 按下式简化计算：

$$\psi_e = C_0 + \frac{n_b - 1}{C_1(n_b - 1) + C_2}$$

$$n_b = \sqrt{n \cdot B_c / L_c}$$

式中，$n_b$ 为矩形布桩时的短边布桩数，当布桩不规则时可按式上式近似计算，当 $n_b < 1$ 时取 $n_b = 1$；$C_0$、$C_1$、$C_2$ 为根据群桩不同距径比(桩中心距与桩径之比)$s_a/d$、长径比 $l/d$ 及基础长宽比 $L_c/B_c$，由《建筑桩基技术规范》附录 E 确定；$L_c$、$B_c$、$n$ 为矩形承台的长、宽及总桩数。

当布桩不规则时，等效距径比可按下式近似计算：

圆形桩　　　　　　　　$s_a/d = \sqrt{A}/(\sqrt{n} \cdot d)$

方形桩　　　　　　　　$s_a/d = 0.886\sqrt{A}/(\sqrt{n} \cdot b)$

式中，$A$ 为桩基承台总面积，$\mathrm{m^2}$。$b$ 为方形桩边长，m。

当无当地经验时，桩基沉降计算经验系数 $\psi$ 可按表 5.10 选用。

**表 5.10　桩基沉降计算经验系数 $\psi$**

| $\overline{E}_s$/MPa | ≤10 | 15 | 20 | 35 | ≥50 |
|---|---|---|---|---|---|
| $\psi$ | 1.2 | 0.9 | 0.65 | 0.5 | 0.4 |

注：$\overline{E}_s$ 为沉降计算深度范围内压缩模量的当量值，可按下式计算：$\overline{E}_s = \dfrac{\sum A_i}{\sum \dfrac{A_i}{E_{si}}}$，式中 $A_i$ 为第 $i$ 层土附加压力系数沿土层厚度的积分值，可近似按分块面积计算。$\psi$ 可根据 $\overline{E}_s$ 内插取值。

对于采用后注浆施工工艺的灌注桩，桩基沉降计算经验系数应根据桩端持力土层类别，乘以 0.7(砂、砾、卵石) ~ 0.8(黏性土、粉土)折减系数；饱和土中采用预制桩(不含复打、复压、引孔沉桩)时，应根据桩距、土质、沉桩速率和顺序等因素，乘以 1.3 ~ 1.8 挤土效应系数，土的渗透性低，桩距小，桩数多，沉桩速率快时取大值。

# 5.4　桩基础设计计算实例

## ▶ 5.4.1　设计资料

### 1)工程概况

某综合楼,框架结构,柱下拟采用桩基础。柱尺寸为 400 mm × 400 mm,柱网平面布置见图 5.14。室外地坪标高同自然地面,室内外高差 450 mm。上部结构传至柱底的轴向力、弯矩和水平力见表 5.11 ~ 表 5.12。

表 5.11　柱底荷载效应标准组合值

| 纵轴编号 | 轴向力 $F_K$/kN | | | 弯矩 $M_K$/(kN·m) | | | 水平荷载 $V_K$/kN | | |
|---|---|---|---|---|---|---|---|---|---|
| | A 轴 | B 轴 | C 轴 | A 轴 | B 轴 | C 轴 | A 轴 | B 轴 | C 轴 |
| ① | 1 256 | 1 765 | 1 564 | 172 | 169 | 197 | 123 | 130 | 112 |
| ② | 1 713 | 2 198 | 1 860 | 185 | 192 | 203 | 126 | 135 | 114 |
| ③ | 1 680 | 2 150 | 1 810 | 191 | 197 | 208 | 132 | 141 | 120 |
| ④ | 1 775 | 2 065 | 2 080 | 205 | 204 | 213 | 139 | 149 | 134 |
| ⑤ | 2 040 | 2 280 | 2 460 | 242 | 223 | 221 | 145 | 158 | 148 |
| ⑥ | 1 198 | 1 653 | 1 370 | 275 | 231 | 238 | 165 | 162 | 153 |

表 5.12　柱底荷载效应基本组合值

| 纵轴编号 | 轴向力 $F$/kN | | | 弯矩 $M$/(kN·m) | | | 水平荷载 $V$/kN | | |
|---|---|---|---|---|---|---|---|---|---|
| | A 轴 | B 轴 | C 轴 | A 轴 | B 轴 | C 轴 | A 轴 | B 轴 | C 轴 |
| ① | 1 696 | 2 383 | 2 111 | 232 | 228 | 266 | 166 | 176 | 151 |
| ② | 2 313 | 2 967 | 2 511 | 250 | 259 | 274 | 170 | 182 | 154 |
| ③ | 2 268 | 2 903 | 2 444 | 258 | 266 | 281 | 178 | 190 | 162 |
| ④ | 2 396 | 2 788 | 2 808 | 277 | 275 | 288 | 188 | 201 | 181 |
| ⑤ | 2 754 | 3 078 | 3 321 | 327 | 301 | 298 | 196 | 213 | 200 |
| ⑥ | 1 617 | 2 232 | 1 850 | 371 | 312 | 321 | 223 | 219 | 207 |

### 2)工程与水文地质条件

建筑场地平整,地层及物理力学参数见表 5.13。场地抗震设防烈度为 7 度,场地内砂土不会发生液化现象。拟建场区地下水位深度位于地表下 3.5 m,地下水对混凝土结构无腐蚀性。

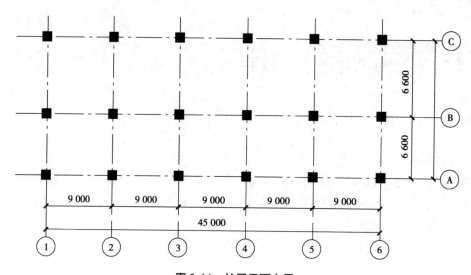

图 5.14　柱网平面布置

表 5.13　地基岩土物理力学参数

| 土层编号 | 土的名称 | 厚度/m | 孔隙比 $e$ | 液性指数 $I_L$ | 天然容重 $\gamma$ /(kN·m⁻³) | 压缩模量 $E_s$/MPa | 地基承载力特征值 $f_{ak}$/kPa | 桩侧土摩阻力特征值 $q_{si}$/kPa | 桩端土承载力特征值 $q_{pu}$ /kPa |
|---|---|---|---|---|---|---|---|---|---|
| 1 | 素填土 | 1.1 | — | — | 17.5 | | | | |
| 2 | 淤泥 | 9.9 | 1.56 | 1.10 | 15.6 | 2.05 | 50 | 9 | 80 |
| 3 | 黏土 | 5.3 | 0.81 | 0.35 | 19.0 | 7.5 | 180 | 35 | 170 |
| 4 | 粉土 | 4.2 | 0.79 | 0.74 | 18.5 | 9.2 | 230 | 32 | 140 |
| 5 | 粉砂层 | 38.5 | 0.58 | — | 20 | 16.8 | 300 | 64 | 250 |

3）其他

本次设计规范采用《建筑桩基技术规范》（JGJ 94—2008）、建筑地基基础设计规范（GB 50007—2011），桩基础设计等级为乙级。

► **5.4.2　桩参数的初步确定**

桩参数的初步确定主要包括桩型的选择、桩持力层的确定、桩长桩径的确定及承台埋深的选取。

根据工程性质及规范中的常用桩型经验，这里可选择钻孔灌注桩、预应力管桩及预制方桩等，本设计初选拟采用边长 400 mm × 400 mm 的预制方桩，打入土层 5 粉砂层不小于 $1.5d$ = 0.6 m。

初选承台埋深 2.0 m（考虑位于地下水位以上，并施工方便）。

考虑桩顶嵌入承台 0.05 m，锥形桩尖 0.5 m，则有效桩长为：
$$L_0 = 0.05 + 9 + 5.3 + 4.2 + 0.6 + 0.5 = 19.65 (\text{m})$$

考虑施工方便，桩基由地面打入，总桩长 $L = 2 + L_0 = 21.6$ m，本设计取总桩长 22 m，分两节预制,每节 11 m。承台埋深及桩长如图 5.15 所示。

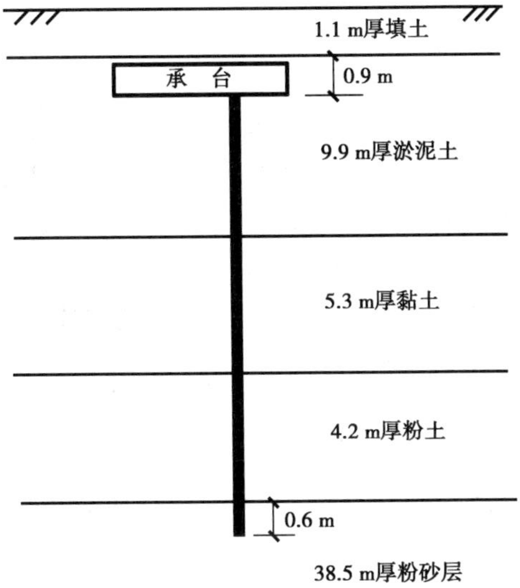

图 5.15  承台埋深及桩长示意图

## ▶ 5.4.3  单桩竖向极限承载力特征值 $R_a$ 的确定

单桩竖向极限承载力特征值 $R_a$,可根据下式进行估算。

$$R_a = u_p \sum q_{sia} l_i + q_{pa} A_p$$

桩周长:$u_p = 4d = 1.6$ m;

桩的横截面积:$A_p = d^2 = 0.16$ m$^2$。

由土层的物理指标有:

2 淤泥:桩侧摩阻力特征值 $q_{sa} = 9$ kPa;

3 黏土:$q_{sa} = 35$ kPa;

4 粉土:$q_{sa} = 32$ kPa;

5 粉砂:$q_{sa} = 64$ kPa,$q_{pa} = 250$ kPa。

则 $R_a = 1.6 \times (9 \times 9 + 5.3 \times 35 + 4.2 \times 32 + 0.6 \times 64) + 250 \times 0.16$

$= 702.88 + 40 = 742.88(\text{kN})$

## ▶ 5.4.4  确定桩数及桩的平面布置

### 1)对 A 轴

最大荷载为 A⑤柱荷载,按柱底竖向荷载效应标准组合 $F_k = 2\ 040$ kN 和 $R_a$ 估算桩数 $n_1$ 为:

$$n_1 = 2\ 040/742.88 = 2.75(\text{根})$$

考虑承台及土荷载,及受较大偏心荷载,增大 20% ~30%,取桩数 $n = 4$ 根。

采用平板式承台,桩最小中心距 $s_a = 3.5d = 1.4$ m,取边桩中心至承台边缘距离为 $1d = 0.4$ m,布置如图 5.16 所示,承台底面尺寸可取为:3.0 m × 2.6 m。

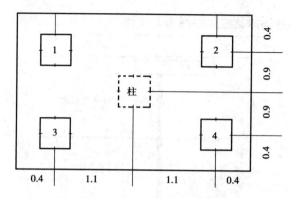

**图 5.16　A⑤柱下承台中桩的布置**

**2)对 B 轴**

最大荷载为 B⑤柱荷载,按柱底竖向荷载效应标准组合 $F_k = 2\,280$ kN 和 $R_a$ 估算桩数 $n_1$ 为:

$$n_1 = 2\,280/742.88 = 3.07(根)$$

考虑承台及土荷载,及受偏心荷载,增大 20% ~ 30%,取桩数 $n = 4$ 根。

采用平板式承台,桩中心距 $s_a = 3.5d = 1.4$ m,取边桩中心至承台边缘距离为 $1d = 0.4$ m,布置如图 5.17 所示,承台底面尺寸可取为:3.0 m × 2.6 m。

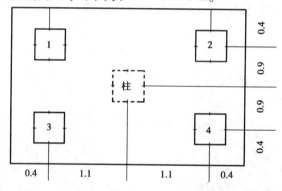

**图 5.17　B⑤柱下承台中桩的布置**

**3)对 C 轴**

最大荷载为 C⑤柱荷载,按柱底竖向荷载效应标准组合 $F_k = 2\,460$ kN 和 $R_a$ 估算桩数 $n_1$ 为:

$$n_1 = 2\,460/742.88 = 3.31(根)$$

考虑承台及土荷载、受偏心荷载,增大 20% ~ 30%,取桩数 $n = 5$ 根。

采用平板式承台,桩中心距 $s_a = 3.5d = 1.4$ m,取边桩中心至承台边缘距离为 $1d = 0.4$ m,布置如图 5.18 所示,则承台底面尺寸为:3.0 m × 2.6 m。

### ▶ 5.4.5　基桩竖向承载力验算

**1)对 A 轴**

A⑤柱,按荷载效应标准组合,则承台及其上土重标准值 $G_k = 3 \times 2.6 \times 20 \times (2 + 2 +$

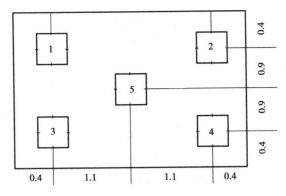

**图 5.18 C⑤柱下承台中桩的布置**

$0.45)/2.0 = 347.1(kN)$。

由于承台底部土层为淤泥,故不考虑承台效应,单桩竖向极限承载力特征值 $R_a = 742.88\ kN$。

单桩所受的平均竖向作用力为:

$$N = \frac{(F_k + G_k)}{n} = (2\,040 + 347.1)/4 = 596.78(kN)$$

桩基中单桩最大受力为:

$$N_{k\,max} = \frac{F_k + G_k}{n} + \frac{M_{ky}x_i}{\sum x_j^2} = \frac{2\,040 + 347.1}{4} + \frac{(242 + 145 \times 2) \times 1.1}{4 \times 1.1^2} = 596.78 + 120.9 = 716.78(kN)$$

桩基中单桩最小受力为:

$$N_{k\,min} = \frac{F_k + G_k}{n} - \frac{M_{ky}x_i}{\sum x_j^2} = \frac{2\,040 + 347.1}{4} - \frac{(242 + 145 \times 2) \times 1.1}{4 \times 1.1^2} = 475.88(kN) > 0$$

本建筑安全等级属于二级,故 $\gamma_0 = 1.0$。

轴心竖向荷载作用下:$\gamma_0 N = 1.0 \times 596.78\ kN < R_a = 742.88\ kN$;

偏心竖向荷载作用下:$\gamma_0 N_{max} = 1.0 \times 716.78\ kN < 1.2R_a = 891.46\ kN$;

故 A⑤柱下复合基桩竖向承载力满足要求。

**2)对 B 轴**

B⑤柱,按荷载效应标准组合,则承台及其上土重标准值 $G_k = 3 \times 2.6 \times 20 \times (2.0 + 0.45) = 382.2(kN)$。

由于承台底部土层为淤泥,故不考虑承台效应,单桩竖向极限承载力特征值 $R_a = 620.9\ kN$。

单桩所受的平均竖向作用力为:

$$N = \frac{(F_k + G_k)}{n} = (2280 + 382.2)/4 = 665.55(kN)$$

桩基中单桩最大受力为:

$$N_{k\,max} = \frac{F_k + G_k}{n} + \frac{M_{ky}x_i}{\sum x_j^2} = \frac{2\,280 + 382.2}{4} + \frac{(223 + 158 \times 2) \times 1.1}{4 \times 1.1^2} = 665.55 + 122.5 = 788.05(kN)$$

桩基中单桩最小受力为:

$$N_{k\,min} = \frac{F_k + G_k}{n} - \frac{M_{ky}x_i}{\sum x_j^2} = \frac{2\,280 + 382.2}{4} - \frac{(223 + 158 \times 2) \times 1.1}{4 \times 1.1^2} = 543.05(kN) > 0$$

本建筑安全等级属于二级,故 $\gamma_0 = 1.0$。

轴心竖向荷载作用下: $\gamma_0 N = 1.0 \times 665.55$ kN $< R_a = 742.88$ kN;

偏心竖向荷载作用下: $\gamma_0 N_{max} = 1.0 \times 788.05$ kN $< 1.2R_a = 891.46$ kN;

故 B⑤柱下复合基桩竖向承载力满足要求。

**3)对 C 轴**

C⑤柱,按荷载效应标准组合,则承台及其上土重标准值 $G_k = 3 \times 2.6 \times 20 \times (2 + 2 + 0.45)/2.0 = 347.1(kN)$。

由于承台底部土层为淤泥,故不考虑承台效应,单桩竖向极限承载力特征值 $R_a = 742.88(kN)$。

单桩所受的平均竖向作用力为:

$$N = \frac{(F_k + G_k)}{n} = (2\,460 + 347.1)/5 = 561.42(kN)$$

桩基中单桩最大受力为:

$$N_{k\,max} = \frac{F_k + G_k}{n} + \frac{M_{ky}x_i}{\sum x_j^2} = \frac{2\,460 + 347.1}{5} + \frac{(221 + 148 \times 2) \times 1.1}{4 \times 1.1^2} = 561.42 + 117.5 = 678.92(kN)$$

桩基中单桩最小受力为:

$$N_{k\,min} = \frac{F_k + G_k}{n} - \frac{M_{ky}x_i}{\sum x_j^2} = \frac{2\,460 + 347.1}{5} - \frac{(221 + 148 \times 2) \times 1.1}{4 \times 1.1^2} = 443.92(kN) > 0$$

本建筑安全等级属于二级,故 $\gamma_0 = 1.0$。

轴心竖向荷载作用下: $\gamma_0 N = 1.0 \times 561.42$ kN $< R_a = 742.88$ kN;

偏心竖向荷载作用下: $\gamma_0 N_{max} = 1.0 \times 678.92$ kN $< 1.2R_a = 891.46$ kN;

故 C⑤柱下复合基桩竖向承载力满足要求。

### ▶ 5.4.6 承台设计及验算

**1)对 A 轴⑤柱**

**(1)柱对承台的冲切验算**

承台平面尺寸为 $3.0$ m $\times 2.6$ m,桩混凝土与承台混凝土均用 C30,承台底板钢筋取 Ⅱ 级。初选承台厚 $0.85$ m,钢筋混凝土保护层厚 $0.05$ m,则 $h_0 = 0.80$ m,承台外缘有效高度取 $0.80$ m,如图 5.19(a)所示。

$$F_l \leqslant 2[\beta_{0x}(b_c + a_{0y}) + \beta_{0y}(h_c + a_{0x})]\beta_{hp}f_th_0$$

式中: $a_{0x} = 0.7$ m, $a_{0y} = 0.5$ m, $h_0 = 0.8$ m, $h_c = b_c = 0.4$ m;

$\lambda_{0x} = a_{0x}/h_0 = 0.7/0.8 = 0.875$, $\lambda_{0y} = a_{0y}/h_0 = 0.5/0.8 = 0.625$;

$\beta_{0x} = \dfrac{0.84}{0.875 + 0.2} = 0.781$, $\beta_{0y} = \dfrac{0.84}{0.625 + 0.2} = 1.018$;

$\beta_{hp} \approx 1$

承台选用 C30 混凝土,则 $f_t = 1\,430$ kPa;

则 $2[\beta_{0x}(b_c + a_{0y}) + \beta_{0y}(h_c + a_{0x})]\beta_{hp}f_th_0$

$= 2 \times [0.781 \times (0.4 + 0.5) + 1.018 \times (0.4 + 0.7)] \times 1 \times 1\,430 \times 0.8 = 4\,170(\text{kN})$;

承台验算中,应取柱底荷载效应基本组合。

本例中 $F_l = F - \sum Q_i = 2\,754 - 0 = 2\,754\ \text{kN}$; $F_l = 2\,754\ \text{kN} < 4\,170\ \text{kN}$。

故 A 轴⑤柱下承台受柱冲切承载力满足要求。

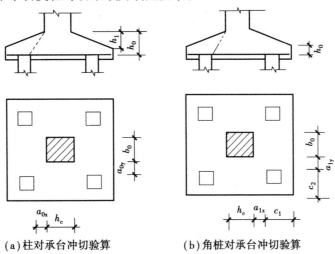

（a）柱对承台冲切验算　　　　（b）角桩对承台冲切验算

**图 5.19　柱下独立桩基承台受冲切计算**

（2）角桩对承台冲切验算

承台平面尺寸为 $3.0\ \text{m} \times 2.6\ \text{m}$,桩混凝土与承台混凝土均用 C30,承台底板钢筋取 Ⅱ 级。初选承台厚 0.85 m,钢筋混凝土保护层厚 0.05 m,则 $h_0 = 0.80$ m,承台外缘有效高度取 0.80 m,如图 5.19(b)所示。

$$N_l \leq \left[\beta_{1x}\left(c_2 + \frac{a_{1y}}{2}\right) + \beta_{1y}\left(c_1 + \frac{a_{1x}}{2}\right)\right]\beta_{hp}f_th_0$$

式中: $c_1 = c_2 = 0.6$ m; $a_{1x} = 0.7$ m, $a_{1y} = 0.5$ m; $h_0 = 0.8$ m;

$\lambda_{1x} = a_{1x}/h_0 = 0.7/0.8 = 0.875$;

$\lambda_{1y} = a_{1y}/h_0 = 0.5/0.8 = 0.625$;

$\beta_{1x} = \dfrac{0.56}{0.875 + 0.2} = 0.52$, $\beta_{1y} = \dfrac{0.56}{0.625 + 0.2} = 0.68$

$\beta_{hp} \approx 1$

承台验算中,应取柱底荷载效应基本组合。

$$N_{\max} = \frac{F}{n} + \frac{M_y x_i}{\sum x_j^2} = \frac{2\,754}{4} + \frac{(327 + 196 \times 2) \times 1.1}{4 \times 1.1^2} = 688.5 + 163.4 = 851.9(\text{kN})$$

取 $N_l = N_{\max} = 851.9$ kN。

$\left[\beta_{1x}\left(c_2 + \dfrac{a_{1y}}{2}\right) + \beta_{1y}\left(c_1 + \dfrac{a_{1x}}{2}\right)\right]\beta_{hp}f_th_0$

$= [0.52 \times (0.6 + 0.5/2) + 0.68 \times (0.6 + 0.7/2)] \times 1.0 \times 1\,430 \times 0.8 = 1\,244.6(\text{kN})$;

$N_l = 851.9$ kN $< 1\,244.6$ kN。

故 A 轴⑤柱下承台受角桩冲切承载力满足要求。

（3）承台受剪计算

承台平面尺寸为 $3.0\ m \times 2.6\ m$，桩混凝土与承台混凝土均用 C30，承台底板钢筋取 Ⅱ 级。初选承台厚 $0.85\ m$，钢筋混凝土保护层厚 $0.05\ m$，则 $h_0 = 0.80\ m$，承台外缘有效高度取 $0.80\ m$。

$$V \leqslant \beta_{hs} \alpha f_t b_0 h_0$$

式中：$a_x = 0.7\ m$，$a_y = 0.5\ m$；$h_0 = 0.8\ m$；$\lambda_x = a_x / h_0 = 0.7/0.8 = 0.875$，$\lambda_y = a_y / h_0 = 0.5/0.8 = 0.625$。

则

$$\alpha_x = \frac{1.75}{\lambda_x + 1} = \frac{1.75}{0.875 + 1} = 0.933, \alpha_y = \frac{1.75}{\lambda_y + 1} = \frac{1.75}{0.625 + 1} = 1.077;$$

$$\beta_{hs} = \left(\frac{800}{h_0}\right)^{\frac{1}{4}} = \left(\frac{800}{800}\right)^{\frac{1}{4}} = 1$$

对 $A—A$ 截面计算宽度：$b_{y0} = b_{y1} = 2.6\ m$；

对 $B—B$ 截面计算宽度：$b_{x0} = b_{x1} = 3.0\ m$；

因承台选用 C30 混凝土，则 $f_t = 1\ 430\ kPa$。

截面 $A—A$：$\beta_{hs} \alpha_x f_t b_{y0} h_0 = 1.0 \times 0.933 \times 1\ 430 \times 2.6 \times 0.8 = 2\ 775.1(kN)$

截面 $B—B$：$\beta_{hs} \alpha_y f_t b_{x0} h_0 = 1.0 \times 1.077 \times 1\ 430 \times 3.0 \times 0.8 = 3\ 696.3(kN)$

$$N_{max} = \frac{F}{n} + \frac{M_y x_i}{\sum x_j^2} = \frac{2754}{4} + \frac{(327 + 196 \times 2) \times 1.1}{4 \times 1.1^2} = 688.5 + 163.4 = 851.9(kN)$$

$$N_{min} = \frac{F}{n} - \frac{M_y x_i}{\sum x_j^2} = \frac{2754}{4} - \frac{(327 + 196 \times 2) \times 1.1}{4 \times 1.1^2} = 688.5 - 163.4 = 525.1(kN)$$

危险截面 $A—A$ 侧共有两根单桩且均为 $N_{max}$，故

$$V = 2 \times 851.9 = 1\ 703.8\ kN < 2\ 775.1\ kN,$$

截面 $B—B$ 侧两根单桩分别为 $N_{max}$ 和 $N_{min}$，故

$$V = 851.9 + 525.1 = 1\ 377\ kN < 3\ 696.3\ kN$$

故 A 轴⑤柱下承台受剪承载力满足要求。

（4）承台受弯计算

承台平面尺寸为 $3.0\ m \times 2.6\ m$，桩混凝土与承台混凝土均用 C30，承台底板钢筋取 Ⅱ 级。初选承台厚 $0.85\ m$，钢筋混凝土保护层厚 $0.05\ m$，则 $h_0 = 0.80\ m$，承台外缘有效高度取 $0.80\ m$，如图 5.16 所示。

1 号桩：

$$N_1 = N_{max} = \frac{F}{n} + \frac{M_y x_i}{\sum x_j^2} = \frac{2\ 754}{4} + \frac{(327 + 196 \times 2) \times 1.1}{4 \times 1.1^2} = 688.5 + 163.4 = 851.9(kN)$$

2 号桩：

$$N_2 = N_{min} = \frac{F}{n} - \frac{M_y x_i}{\sum x_j^2} = \frac{2\ 754}{4} - \frac{(327 + 196 \times 2) \times 1.1}{4 \times 1.1^2} = 688.5 - 163.4 = 525.1(kN)$$

各桩对 $x$ 轴，$y$ 轴的弯矩：

$$M_x = \sum N_i y_i = (851.9 + 525.1) \times 0.7 = 963.9(kN \cdot m)$$

$$M_y = \sum N_i x_i = (851.9 + 851.9) \times 0.9 = 1\ 533.42(kN \cdot m)$$

承台有效计算高度 $h_0 = 0.8$ m $= 800$ mm;承台选用 C30 混凝土;配筋选用 HRB335 级钢筋,$f_y = 300$ N/mm$^2$;$E_s = 2.0 \times 10^5$ N/mm$^2$。

平行 $x$ 向钢筋 $A_{sx} = \dfrac{M_y}{0.9f_y h_0} = \dfrac{1\,533.42 \times 10^6}{0.9 \times 300 \times 800} = 7\,099(\text{mm}^2)$

选用 19 $\Phi$ 22 钢筋,间距 130 mm,则实用钢筋 $A_{sx} = 7\,223$ mm$^2$。

平行 $y$ 向钢筋 $A_{sx} = \dfrac{M_x}{0.9f_y h_0} = \dfrac{963.9 \times 10^6}{0.9 \times 300 \times 800} = 4\,463(\text{mm}^2)$

选用 18 $\Phi$ 18 钢筋,间距 160 mm,则实用钢筋面积 $= 4\,580$ mm$^2$。

### 2)对 B 轴⑤柱

(1)柱对承台的冲切验算

承台平面尺寸为 3.0 m × 2.6 m,桩混凝土与承台混凝土均用 C30,承台底板钢筋取 Ⅱ级。初选承台厚 0.85 m,钢筋混凝土保护层厚 0.05 m,则 $h_0 = 0.80$ m,承台外缘有效高度取 0.80 m,如图 5.19(a)所示。

$$F_l \leqslant 2\big[\beta_{0x}(b_c + a_{0y}) + \beta_{0y}(h_c + a_{0x})\big]\beta_{hp} f_t h_0$$

式中:$a_{0x} = 0.7$ m,$a_{0y} = 0.5$ m,$h_0 = 0.8$ m,$h_c = b_c = 0.4$ m;

$\lambda_{0x} = a_{0x}/h_0 = 0.7/0.8 = 0.875$,$\lambda_{0y} = a_{0y}/h_0 = 0.5/0.8 = 0.625$;

$\beta_{0x} = \dfrac{0.84}{0.875 + 0.2} = 0.781$,$\beta_{0y} = \dfrac{0.84}{0.625 + 0.2} = 1.018$

$\beta_{hp} \approx 1$

承台选用 C30 混凝土,则 $f_t = 1\,430$ kPa。

$2\big[\beta_{0x}(b_c + a_{0y}) + \beta_{0y}(h_c + a_{0x})\big]\beta_{hp} f_t h_0$

$= 2 \times [0.781 \times (0.4 + 0.5) + 1.018 \times (0.4 + 0.7)] \times 1 \times 1430 \times 0.8 = 4\,170(\text{kN})$

承台验算中,应取柱底荷载效应基本组合。

本例中 $F_l = F - \sum Q_i = 3\,078 - 0 = 3\,078$ kN;$F_l = 3\,078$ kN $< 4\,170$ kN。

故 B 轴⑤柱下承台受柱冲切承载力满足要求。

(2)角桩对承台冲切验算

承台平面尺寸为 3.0 m × 2.6 m,桩混凝土与承台混凝土均用 C30,承台底板钢筋取 Ⅱ级。初选承台厚 0.85 m,钢筋混凝土保护层厚 0.05 m,则 $h_0 = 0.80$ m,承台外缘有效高度取 0.80 m,如图 5.19(b)所示。

$$N_l \leqslant \Big[\beta_{1x}\Big(c_2 + \frac{a_{1y}}{2}\Big) + \beta_{1y}\Big(c_1 + \frac{a_{1x}}{2}\Big)\Big]\beta_{hp} f_t h_0$$

式中:$c_1 = c_2 = 0.6$ m;$a_{1x} = 0.7$ m,$a_{1y} = 0.5$ m;$h_0 = 0.8$ m;

$\lambda_{1x} = a_{1x}/h_0 = 0.7/0.8 = 0.875$;

$\lambda_{1y} = a_{1y}/h_0 = 0.5/0.8 = 0.625$;

$\beta_{1x} = \dfrac{0.56}{0.875 + 0.2} = 0.52$,$\beta_{1y} = \dfrac{0.56}{0.625 + 0.2} = 0.68$

$\beta_{hp} \approx 1$

承台验算中,应取柱底荷载效应基本组合。

$$N_{max} = \frac{F}{n} + \frac{M_y x_i}{\sum x_j^2} = \frac{3\,078}{4} + \frac{(301 + 213 \times 2) \times 1.1}{4 \times 1.1^2} = 769.5 + 165.2 = 934.7 (\text{kN})$$

取 $N_l = N_{max} = 934.7$ kN。

$$\left[ \beta_{1x} \left( c_2 + \frac{a_{1y}}{2} \right) + \beta_{1y} \left( c_1 + \frac{a_{1x}}{2} \right) \right] \beta_{hp} f_t h_0$$

$$= \left[ 0.52 \times (0.6 + 0.5/2) + 0.68 \times (0.6 + 0.7/2) \right] \times 1.0 \times 1\,430 \times 0.8 = 1\,244.6 (\text{kN})$$

$N_l = 934.7$ kN $< 1\,244.6$ kN；

故 B 轴⑤柱下承台受角桩冲切承载力满足要求。

（3）承台受剪计算

承台平面尺寸为 $3.0$ m $\times 2.6$ m，桩混凝土与承台混凝土均用 C30，承台底板钢筋取 Ⅱ 级。初选承台厚 $0.85$ m，钢筋混凝土保护层厚 $0.05$ m，则 $h_0 = 0.80$ m，承台外缘有效高度取 $0.80$ m。

$$V \leqslant \beta_{hs} \alpha f_t b_0 h_0$$

式中：$a_x = 0.7$m，$a_y = 0.5$ m；$h_0 = 0.8$ m；

$\lambda_x = a_x / h_0 = 0.7/0.8 = 0.875$，$\lambda_y = a_y / h_0 = 0.5/0.8 = 0.625$。

则 $\alpha_x = \dfrac{1.75}{\lambda_x + 1} = \dfrac{1.75}{0.875 + 1} = 0.933$，$\alpha_y = \dfrac{1.75}{\lambda_y + 1} = \dfrac{1.75}{0.625 + 1} = 1.077$；

$$\beta_{hs} = \left( \frac{800}{h_0} \right)^{\frac{1}{4}} = \left( \frac{800}{800} \right)^{\frac{1}{4}} = 1$$

对 A—A 截面计算宽度：$b_{y0} = b_{y1} = 2.6$ m；

对 B—B 截面计算宽度：$b_{x0} = b_{x1} = 3.0$ m；

因承台选用 C30 混凝土，则 $f_t = 1\,430$ kPa。

截面 A—A：$\beta_{hs} \alpha_x f_t b_{y0} h_0 = 1.0 \times 0.933 \times 1\,430 \times 2.6 \times 0.8 = 2\,775.1 (\text{kN})$

截面 B—B：$\beta_{hs} \alpha_y f_t b_{x0} h_0 = 1.0 \times 1.077 \times 1\,430 \times 3.0 \times 0.8 = 3\,696.3 (\text{kN})$

$$N_{max} = \frac{F}{n} + \frac{M_y x_i}{\sum x_j^2} = \frac{3\,078}{4} + \frac{(301 + 213 \times 2) \times 1.1}{4 \times 1.1^2} = 769.5 + 165.2 = 934.7 (\text{kN})$$

$$N_{min} = \frac{F}{n} - \frac{M_y x_i}{\sum x_j^2} = \frac{3\,078}{4} - \frac{(301 + 213 \times 2) \times 1.1}{4 \times 1.1^2} = 769.5 - 165.2 = 604.3 (\text{kN})$$

危险截面 A—A 侧共有两根单桩且均为 $N_{max}$，故

$$V = 2 \times 934.7 = 1\,869.4 \text{ kN} < 2\,775.1 (\text{kN})$$

截面 B—B 侧两根单桩分别为 $N_{max}$ 和 $N_{min}$，故

$$V = 934.7 + 604.3 = 1\,539 \text{ kN} < 3\,696.3 \text{ kN}$$

故 B 轴⑤柱下承台受剪承载力满足要求。

承台平面尺寸为 $3.0$ m $\times 2.6$ m，桩混凝土与承台混凝土均用 C30，承台底板钢筋取 Ⅱ 级。初选承台厚 $0.85$ m，钢筋混凝土保护层厚 $0.05$ m，则 $h_0 = 0.80$ m，承台外缘有效高度取 $0.80$m。

（4）承台受弯计算

承台平面尺寸为 $3.0$ m $\times 2.6$ m，桩混凝土与承台混凝土均用 C30，承台底板钢筋取 Ⅱ 级。

初选承台厚 0.85 m,钢筋混凝土保护层厚 0.05 m,则 $h_0 = 0.80$ m,承台外缘有效高度取 0.80 m,如图 5.17 所示。

1 号桩:

$$N_1 = N_{\max} = \frac{F}{n} + \frac{M_y x_i}{\sum x_j^2} = \frac{3\,078}{4} + \frac{(301 + 213 \times 2) \times 1.1}{4 \times 1.1^2} = 769.5 + 165.2 = 934.7(\text{kN})$$

2 号桩:

$$N_2 = N_{\min} = \frac{F}{n} - \frac{M_y x_i}{\sum x_j^2} = \frac{3\,078}{4} - \frac{(301 + 213 \times 2) \times 1.1}{4 \times 1.1^2} = 769.5 - 165.2 = 604.3(\text{kN})$$

各桩对 $x$ 轴、$y$ 轴的弯矩:

$$M_x = \sum N_i y_i = (934.7 + 604.3) \times 0.7 = 1077.3(\text{kN} \cdot \text{m})$$

$$M_y = \sum N_i x_i = (934.7 + 934.7) \times 0.9 = 1\,682.46(\text{kN} \cdot \text{m})$$

承台有效计算高度 $h_0 = 0.8$ m $= 800$ mm;承台选用 C30 混凝土;配筋选用 HRB335 级钢筋,$f_y = 300$ N/mm$^2$;$E_s = 2.0 \times 10^5$ N/mm$^2$。

平行 $x$ 向钢筋 $A_{sx} = \dfrac{M_y}{0.9 f_y h_0} = \dfrac{1\,682.46 \times 10^6}{0.9 \times 300 \times 800} = 7\,789(\text{mm}^2)$

选用 21 ⌀ 22 钢筋,间距 110 mm,则实用钢筋 $A_{sx} = 7\,983$ mm$^2$。

平行 $y$ 向钢筋 $A_{sx} = \dfrac{M_x}{0.9 f_y h_0} = \dfrac{1\,077.3 \times 10^6}{0.9 \times 300 \times 800} = 4\,987.5(\text{mm}^2)$

选用 20 ⌀ 18 钢筋,间距 150 mm,则实用钢筋面积 $= 5\,089$ mm$^2$。

### 3)对 C 轴⑤柱

(1)柱对承台的冲切验算

承台平面尺寸为 3.0 m × 2.6 m,桩混凝土与承台混凝土均用 C30,承台底板钢筋取 Ⅱ 级。初选承台厚 0.85 m,钢筋混凝土保护层厚 0.05 m,则 $h_0 = 0.80$ m,承台外缘有效高度取 0.80 m,如图 5.19(a)所示。

$$F_l \le 2[\beta_{0x}(b_c + a_{0y}) + \beta_{0y}(h_c + a_{0x})]\beta_{hp} f_t h_0$$

式中:$a_{0x} = 0.7$ m,$a_{0y} = 0.5$ m,$h_0 = 0.8$ m,$h_c = b_c = 0.4$ m;

$$\lambda_{0x} = a_{0x}/h_0 = 0.7/0.8 = 0.875, \lambda_{0y} = a_{0y}/h_0 = 0.5/0.8 = 0.625;$$

$$\beta_{0x} = \frac{0.84}{0.875 + 0.2} = 0.781, \beta_{0y} = \frac{0.84}{0.625 + 0.2} = 1.018$$

$$\beta_{hp} \approx 1$$

承台选用 C30 混凝土,则 $f_t = 1\,430$ kPa;

$2[\beta_{0x}(b_c + a_{0y}) + \beta_{0y}(h_c + a_{0x})]\beta_{hp} f_t h_0$

$= 2 \times [0.781 \times (0.4 + 0.5) + 1.018 \times (0.4 + 0.7)] \times 1 \times 1430 \times 0.8 = 4\,170(\text{kN})$

承台验算中,应取柱底荷载效应基本组合。

本例中 $F_l = F - \sum Q_i = 3\,321 - 3\,321/5 = 2\,656.8(\text{kN})$;$F_l = 2\,656.8$ kN $< 4\,170$ kN。

故 C 轴⑤柱下承台受柱冲切承载力满足要求。

（2）角桩对承台冲切验算

承台平面尺寸为 $3.0\ m \times 2.6\ m$，桩混凝土与承台混凝土均用 C30，承台底板钢筋取 Ⅱ 级。初选承台厚 $0.85\ m$，钢筋混凝土保护层厚 $0.05\ m$，则 $h_0 = 0.80\ m$，承台外缘有效高度取 $0.80\ m$，如图 5.19(b) 所示。

$$N_l \leqslant \left[ \beta_{1x} \left( c_2 + \frac{a_{1y}}{2} \right) + \beta_{1y} \left( c_1 + \frac{a_{1x}}{2} \right) \right] \beta_{hp} f_t h_0$$

式中：$c_1 = c_2 = 0.6\ m$；$a_{1x} = 0.7\ m$，$a_{1y} = 0.5\ m$；$h_0 = 0.8\ m$；

$\lambda_{1x} = a_{1x}/h_0 = 0.7/0.8 = 0.875$；

$\lambda_{1y} = a_{1y}/h_0 = 0.5/0.8 = 0.625$；

$\beta_{1x} = \dfrac{0.56}{0.875 + 0.2} = 0.52$，$\beta_{1y} = \dfrac{0.56}{0.625 + 0.2} = 0.68$

$\beta_{hp} \approx 1$

承台验算中，应取柱底荷载效应基本组合。

$$N_{max} = \frac{F}{n} + \frac{M_y x_i}{\sum x_j^2} = \frac{3\ 321}{5} + \frac{(298 + 200 \times 2) \times 1.1}{4 \times 1.1^2} = 664.2 + 158.6 = 822.8\ (kN)$$

取 $N_l = N_{max} = 822.8\ kN$。

$$\left[ \beta_{1x} \left( c_2 + \frac{a_{1y}}{2} \right) + \beta_{1y} \left( c_1 + \frac{a_{1x}}{2} \right) \right] \beta_{hp} f_t h_0$$

$= [0.52 \times (0.6 + 0.5/2) + 0.68 \times (0.6 + 0.7/2)] \times 1.0 \times 1\ 430 \times 0.8 = 1\ 244.6\ (kN)$

$N_l = 822.8\ kN < 1\ 244.6\ kN$；

故 C 轴⑤柱下承台受角桩冲切承载力满足要求。

（3）承台受剪计算

承台平面尺寸为 $3.0\ m \times 2.6\ m$，桩混凝土与承台混凝土均用 C30，承台底板钢筋取 Ⅱ 级。初选承台厚 $0.85\ m$，钢筋混凝土保护层厚 $0.05\ m$，则 $h_0 = 0.80\ m$，承台外缘有效高度取 $0.80\ m$。

$$V \leqslant \beta_{hs} \alpha f_t b_0 h_0$$

式中：$a_x = 0.7\ m$，$a_y = 0.5\ m$；$h_0 = 0.8\ m$；

$\lambda_x = a_x/h_0 = 0.7/0.8 = 0.875$，$\lambda_y = a_y/h_0 = 0.5/0.8 = 0.625$。

则 $\alpha_x = \dfrac{1.75}{\lambda_x + 1} = \dfrac{1.75}{0.875 + 1} = 0.933$，$\alpha_y = \dfrac{1.75}{\lambda_y + 1} = \dfrac{1.75}{0.625 + 1} = 1.077$；

$\beta_{hs} = \left( \dfrac{800}{h_0} \right)^{\frac{1}{4}} = \left( \dfrac{800}{800} \right)^{\frac{1}{4}} = 1$

对 A—A 截面计算宽度：$b_{y0} = b_{y1} = 2.6\ m$；

对 B—B 截面计算宽度：$b_{x0} = b_{x1} = 3.0\ m$；

因承台选用 C30 混凝土，则 $f_t = 1\ 430\ kPa$。

截面 A—A：$\beta_{hs} \alpha_x f_t b_{y0} h_0 = 1.0 \times 0.933 \times 1\ 430 \times 2.6 \times 0.8 = 2\ 775.1\ (kN)$

截面 B—B：$\beta_{hs} \alpha_y f_t b_{x0} h_0 = 1.0 \times 1.077 \times 1\ 430 \times 3.0 \times 0.8 = 3\ 696.3\ (kN)$

$$N_{max} = \frac{F}{n} + \frac{M_y x_i}{\sum x_j^2} = \frac{3\ 321}{5} + \frac{(298 + 200 \times 2) \times 1.1}{4 \times 1.1^2} = 664.2 + 158.6 = 822.8\ (kN)$$

$$N_{\min} = \frac{F}{n} - \frac{M_y x_i}{\sum x_j^2} = \frac{3\ 321}{5} - \frac{(298 + 200 \times 2) \times 1.1}{4 \times 1.1^2} = 664.2 - 158.6 = 505.6(\text{kN})$$

危险截面 $A$—$A$ 侧共有两根单桩且均为 $N_{\max}$，故

$$V = 2 \times 822.8 = 1\ 645.6(\text{kN}) < 2\ 775.1(\text{kN})$$

截面 $B$—$B$ 侧两根单桩分别为 $N_{\max}$ 和 $N_{\min}$，故

$$V = 822.8 + 505.6 = 1\ 328.4(\text{kN}) < 3\ 696.3(\text{kN})$$

故 C 轴⑤柱下承台受剪承载力满足要求。

(4)承台受弯计算

承台平面尺寸为 $3.0\ \text{m} \times 2.6\ \text{m}$，桩混凝土与承台混凝土均用 C30，承台底板钢筋取Ⅱ级。初选承台厚 $0.85\ \text{m}$，钢筋混凝土保护层厚 $0.05\ \text{m}$，则 $h_0 = 0.80\ \text{m}$，承台外缘有效高度取 $0.80\ \text{m}$，如图 5.18 所示。

1 号桩：

$$N_1 = N_{\max} = \frac{F}{n} + \frac{M_y x_i}{\sum x_j^2} = \frac{3\ 321}{5} + \frac{(298 + 200 \times 2) \times 1.1}{4 \times 1.1^2} = 664.2 + 158.6 = 822.8(\text{kN})$$

2 号桩：

$$N_2 = N_{\min} = \frac{F}{n} - \frac{M_y x_i}{\sum x_j^2} = \frac{3\ 321}{5} - \frac{(298 + 200 \times 2) \times 1.1}{4 \times 1.1^2} = 664.2 - 158.6 = 505.6(\text{kN})$$

各桩对 $x$ 轴，$y$ 轴的弯矩：

$$M_x = \sum N_i y_i = (822.8 + 505.6) \times 0.7 = 929.88(\text{kN} \cdot \text{m})$$

$$M_y = \sum N_i x_i = (822.8 + 822.8) \times 0.9 = 1\ 481.04(\text{kN} \cdot \text{m})$$

承台有效计算高度 $h_0 = 0.8\ \text{m} = 800\ \text{mm}$；承台选用 C30 混凝土；配筋选用 HRB335 级钢筋，$f_y = 300\ \text{N/mm}^2$；$E_s = 2.0 \times 10^5\ \text{N/mm}^2$。

平行 $x$ 向钢筋 $A_{sx} = \dfrac{M_y}{0.9 f_y h_0} = \dfrac{1\ 481.04 \times 10^6}{0.9 \times 300 \times 800} = 6\ 857(\text{mm}^2)$

选用 22 $\Phi$ 20 钢筋，间距 110 mm，则实用钢筋 $A_{sx} = 6\ 912\ \text{mm}^2$。

平行 $y$ 向钢筋 $A_{sx} = \dfrac{M_x}{0.9 f_y h_0} = \dfrac{929.88 \times 10^6}{0.9 \times 300 \times 800} = 4\ 305(\text{mm}^2)$

选用 22 $\Phi$ 16 钢筋，间距 130 mm，则实用钢筋 $A_{sx} = 4\ 423\ \text{mm}^2$。

## ▶ 5.4.7　桩身结构设计

按标准图选用，分两节预制，用钢板焊接接桩。两段各长 11 m，采用两点吊立的强度进行桩身配筋设计。吊点位置在距桩顶、桩端全截面 $0.207L$（$L = 10\ \text{m}$）处，起吊时桩身最大征服弯矩 $M_{\max} = 0.0214 K q l^2$，其中，$K = 1.3$，$q = 0.4^2 \times 25 \times 1.3 = 5.2\ \text{kN/m}$，为每延米桩的自重（1.3 为恒荷载分项系数）。

桩身混凝土强度等级采用 C30，Ⅱ级钢筋，故在桩身截面有效高度为：

$$h_0 = 0.4 - 0.04 = 0.36(\text{m})$$

又

$$\alpha = 1.0$$

则

$$M_{\max} = 0.021\ 4 \times 1.3 \times 5.2 \times 11^2 = 17.5(\text{kN} \cdot \text{m})$$

$$\alpha_s = \frac{M}{\alpha f_c b h_0^2} = \frac{17.5 \times 10^6}{1.0 \times 14.3 \times 400 \times 360^2} = 0.023\ 6$$

对应 $\gamma_s = \dfrac{1 + \sqrt{1 - 2\alpha_s}}{2} = \dfrac{1 + \sqrt{1 - 2 \times 0.023\ 6}}{2} = 0.988$，则桩身受拉主筋配筋量为

$$A_s = \frac{M}{\gamma_s f_y h_0} = \frac{17.5 \times 10^6}{0.988 \times 300 \times 360} = 164\,(\mathrm{mm}^2)$$

取 2 ⌀ 10。

因此，整个截面主筋为 4B 10（$A_s = 314\ \mathrm{mm}^2$），其配筋率为 $\rho = \dfrac{314}{400 \times 360} = 0.2\%$，不满足最小配筋率，故按构造配筋取 0.8%，有

$$A_s = 0.008 \times 400 \times 360 = 1\ 152\,(\mathrm{mm}^2)$$

取 4 ⌀ 20（$A_s = 1\ 256.64\ \mathrm{mm}^2$），其他构造钢筋详见施工图。

## ▶ 5.4.8 沉降计算

《建筑桩基技术规范》（JGJ 94—2008）规定，对桩中心距不大于 6 倍桩径的桩基，其最终沉降量计算可采用等效作用分层总和法。等效作用面位于桩端平面，等效作用面积为桩承台投影面积，等效作用附加应力近似取承台底平均附加压力。等效作用面以下的应力分布采用各向同性均质直线变形体理论。计算模式如图 5.20 所示，桩基最终沉降量可用角点法按下式计算：

$$S = \psi \cdot \psi_e \cdot S' = 4 \cdot \psi \cdot \psi_e \cdot p_0 \sum_{i=1}^{m} \frac{z_i \overline{\alpha}_i - z_{i-1} \overline{\alpha}_{i-1}}{E_{si}}$$

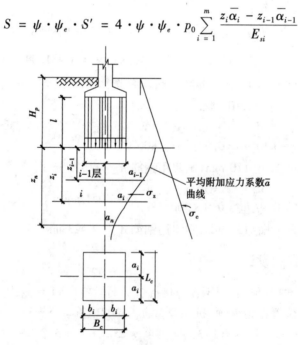

图 5.20 沉降计算模型

### 1）对 A 轴⑤柱

（1）桩端附加压力计算

沉降计算荷载效应取准永久组合，弯矩和剪力数值很小，近似按中心受荷计算。

承台底总压力 $P = \dfrac{F+G}{A} = \dfrac{1\,632 + 3 \times 2.6 \times 20 \times (2+2.45)/2}{3 \times 2.6} = 253.73\,(\text{kPa})$

承台底附加应力 $P_0 = P - \gamma_m d = 253.73 - (17.5 \times 1.1 + 15.6 \times 0.9) = 220.44\,(\text{kPa})$

等效作用桩端附加应力取承台底附加应力。

(2)桩端平面下矩形中点沉降计算

先确定桩基沉降计算深度 $z_n$,根据《建筑地基基础设计规范》(GB 50007—2011),有

$$Z_n = b(2.5 - 0.4\ln b) = 2.6 \times (2.5 - 0.4\ln 2.6) = 5.5\,(\text{m})$$

故取桩端平面以下计算深度 5.5 m 来进行计算,将桩端平面下矩形四等分,则每个小矩形长 $l = 1.5$ m,$b = 1.3$ m。平均附加应力系数 $\overline{\alpha}_i$ 根据 $l/b$ 和 $z/b$ 按《建筑桩基技术规范》(JGJ 94—2008)附录 D 查得,沉降计算结果见表 5.14。

表 5.14　沉降计算结果

| $z$ /m | $l/b$ | $z/b$ | $4\overline{\alpha}_i$ | $4z_i\overline{\alpha}_i$ /mm | $4(z_i\overline{\alpha}_i - z_{i-1}\overline{\alpha}_{i-1})$ /mm | $E_{si}$ /MPa | $S'$ /mm | $\sum S'$ /mm |
|---|---|---|---|---|---|---|---|---|
| 0 | 1.154 | 0 | $4 \times 0.25$ | 0 | | | 0 | 0 |
| 5.5 | 1.154 | 4.23 | $4 \times 0.112\,4$ | 2.472 8 | 2.472 8 | 16.8 | 32.45 | 32.45 |

沉降计算经验系数 $\psi$ 按表《建筑桩基技术规范》(JGJ 942008)取值,$\overline{E}_s = 16.8$ MPa,插值得 $\psi = 0.81$。

桩基等效沉降系数 $\psi_e$ 按下式简化计算:

$$\psi_e = C_0 + \dfrac{n_b - 1}{C_1(n_b - 1) + C_2}$$

由于布桩不规则,等效距径比按下式计算:

$$s_a/d = 0.886\sqrt{A}/(\sqrt{n} \cdot b) = 0.886 \times \sqrt{2.6 \times 3.0}/(\sqrt{4} \times 0.4) \approx 3$$

$L_c/B_c = 3/2.6 = 1.154$,方桩边长为 0.4 m,根据面积相等得到等效桩直径为 0.45 m,因此 $l/d = 19.1/0.45 = 42.44$。

由《建筑桩基技术规范》(JGJ 94—2008)附录 E 查表得 $C_0 = 0.0483$、$C_1 = 1.66$、$C_2 = 10.687$,又有 $n_b = 2$。

因此,$\psi_e = 0.048\,3 + \dfrac{2-1}{1.66 \times (2-1) + 10.687} = 0.129\,3$

桩基最终沉降量 $S = \psi \cdot \psi_e \cdot S' = 0.81 \times 0.1293 \times 32.45 = 3.4\,(\text{mm})$

**2)对 B 轴⑤柱**

(1)桩端附加压力计算

沉降计算荷载效应取准永久组合,弯矩和剪力数值很小,近似按中心受荷计算。

承台底总压力 $P = \dfrac{F+G}{A} = \dfrac{1\,824 + 3 \times 2.6 \times 20 \times 2.45}{3 \times 2.6} = 282.85\,(\text{kPa})$

承台底附加应力 $P_0 = P - \gamma_m d = 282.85 - (17.5 \times 1.1 + 15.6 \times 0.9) = 249.56\,(\text{kPa})$

等效作用桩端附加应力取承台底附加应力。

(2)桩端平面下矩形中点沉降计算

先确定桩基沉降计算深度 $z_n$,根据《建筑地基基础设计规范》(GB 50007—2011),有:

$$Z_n = b(2.5 - 0.4\ln b) = 2.6 \times (2.5 - 0.4\ln 2.6) = 5.5(\text{m})$$

故取桩端平面以下计算深度 5.5 m 来进行计算,将桩端平面下矩形四等分,则每个小矩形长 $l = 1.5$ m, $b = 1.3$ m。平均附加应力系数 $\overline{\alpha}_i$ 根据 $l/b$ 和 $z/b$ 按《建筑桩基技术规范》(JGJ 94—2008)附录 D 查得,沉降计算结果见表 5.15。

表 5.15 沉降计算结果

| $z$ /m | $l/b$ | $z/b$ | $4\overline{\alpha}_i$ | $4z_i\overline{\alpha}_i$ /mm | $4(z_i\overline{\alpha}_i - z_{i-1}\overline{\alpha}_{i-1})$ /mm | $E_{si}$ /MPa | $S'$ /mm | $\sum S'$ /mm |
|---|---|---|---|---|---|---|---|---|
| 0 | 1.154 | 0 | $4 \times 0.25$ | 0 | | | 0 | 0 |
| 5.5 | 1.154 | 4.23 | $4 \times 0.112\,4$ | 2.472 8 | 2.472 8 | 16.8 | 36.73 | 36.73 |

沉降计算经验系数 $\psi$ 按表《建筑桩基技术规范》(JGJ 94—2008)取值,$\overline{E}_s = 16.8$ MPa,插值得 $\psi = 0.81$。

桩基等效沉降系数 $\psi_e$ 按下式简化计算:

$$\psi_e = C_0 + \frac{n_b - 1}{C_1(n_b - 1) + C_2}$$

由于布桩不规则,等效距径比按下式计算:

$$s_a/d = 0.886\sqrt{A}/(\sqrt{n} \cdot b) = 0.886 \times \sqrt{2.6 \times 3.0}/(\sqrt{4} \times 0.4) \approx 3$$

$L_c/B_c = 3/2.6 = 1.154$,方桩边长为 0.4 m,根据面积相等得到等效桩直径为 0.45 m,因此 $l/d = 19.1/0.45 = 42.44$。

由《建筑桩基技术规范》(JGJ 94—2008)附录 E 查表得 $C_0 = 0.048\,3$、$C_1 = 1.66$、$C_2 = 10.687$,又有 $n_b = 2$。

因此,$\psi_e = 0.048\,3 + \dfrac{2 - 1}{1.66 \times (2 - 1) + 10.687} = 0.129\,3$

桩基最终沉降量 $S = \psi \cdot \psi_e \cdot S' = 0.81 \times 0.129\,3 \times 36.73 = 3.85(\text{mm})$

3)对 C 轴⑤柱

(1)桩端附加压力计算

沉降计算荷载效应取准永久组合,弯矩和剪力数值很小,近似按中心受荷计算。

承台底总压力 $P = \dfrac{F + G}{A} = \dfrac{1\,968 + 3 \times 2.6 \times 20 \times (2 + 2.45)/2}{3 \times 2.6} = 296.81(\text{kPa})$

承台底附加应力 $P_0 = P - \gamma_m d = 296.81 - (17.5 \times 1.1 + 15.6 \times 0.9) = 263.52(\text{kPa})$
等效作用桩端附加应力取承台底附加应力。

(2)桩端平面下矩形中点沉降计算

先确定桩基沉降计算深度 $z_n$,根据《建筑地基基础设计规范》(GB 50007—2011),有:

$$Z_n = b(2.5 - 0.4\ln b) = 2.6 \times (2.5 - 0.4\ln 2.6) = 5.5(\text{m})$$

故取桩端平面以下计算深度 5.5m 来进行计算,将桩端平面下矩形四等分,则每个小矩形长 $l = 1.5$ m, $b = 1.3$ m。平均附加应力系数 $\overline{\alpha}_i$ 根据 $l/b$ 和 $z/b$ 按《建筑桩基技术规范》(JGJ 94—2008)附录 D 查得,沉降计算结果见表 6.16。

表 5.16　沉降计算结果

| $z$ /m | $l/b$ | $z/b$ | $4\bar{\alpha}_i$ | $4z_i\bar{\alpha}_i$ /mm | $4(z_i\bar{\alpha}_i - z_{i-1}\bar{\alpha}_{i-1})$ /mm | $E_{si}$ /MPa | $S'$ /mm | $\sum S'$ /mm |
|---|---|---|---|---|---|---|---|---|
| 0 | 1.154 | 0 | $4 \times 0.25$ | 0 | 0 | | 0 | 0 |
| 5.5 | 1.154 | 4.23 | $4 \times 0.112\,4$ | 2.472 8 | 2.472 8 | 16.8 | 38.79 | 38.79 |

沉降计算经验系数 $\psi$ 按表《建筑桩基技术规范》(JGJ 94—2008)取值,$\bar{E}_s = 16.8$ MPa,插值得 $\psi = 0.81$。

桩基等效沉降系数 $\psi_e$ 按下式简化计算:

$$\psi_e = C_0 + \frac{n_b - 1}{C_1(n_b - 1) + C_2}$$

由于布桩不规则,等效距径比按下式计算:

$$s_a/d = 0.886\sqrt{A}/(\sqrt{n} \cdot b) = 0.886 \times \sqrt{2.6 \times 3.0}/(\sqrt{5} \times 0.4) = 2.77$$

$L_c/B_c = 3/2.6 = 1.154$,方桩边长为 0.4 m,根据面积相等得到等效桩直径为 0.4 5m,因此 $l/d = 19.1/0.45 = 42.44$。

由《建筑桩基技术规范》(JGJ 94—2008)附录 E 查表得 $C_0 = 0.0478$、$C_1 = 1.688$、$C_2 = 11.71$,又有 $n_b = \sqrt{n \cdot B_c/L_c} = \sqrt{5 \times 2.6/3} = 2.082$。

因此,$\psi_e = 0.0478 + \dfrac{2.082 - 1}{1.688 \times (2.082 - 1) + 11.71} = 0.127\,7$

桩基最终沉降量 $S = \psi \cdot \psi_e \cdot S' = 0.81 \times 0.1277 \times 38.79 = 4.01$(mm)

### ▶ 5.4.9　施工图绘制

施工图如图 5.21—图 5.26 所示。

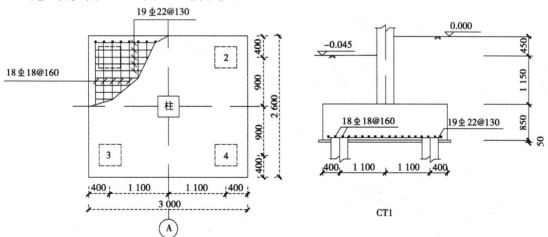

图 5.21　对 A 轴⑤柱下承台配筋图

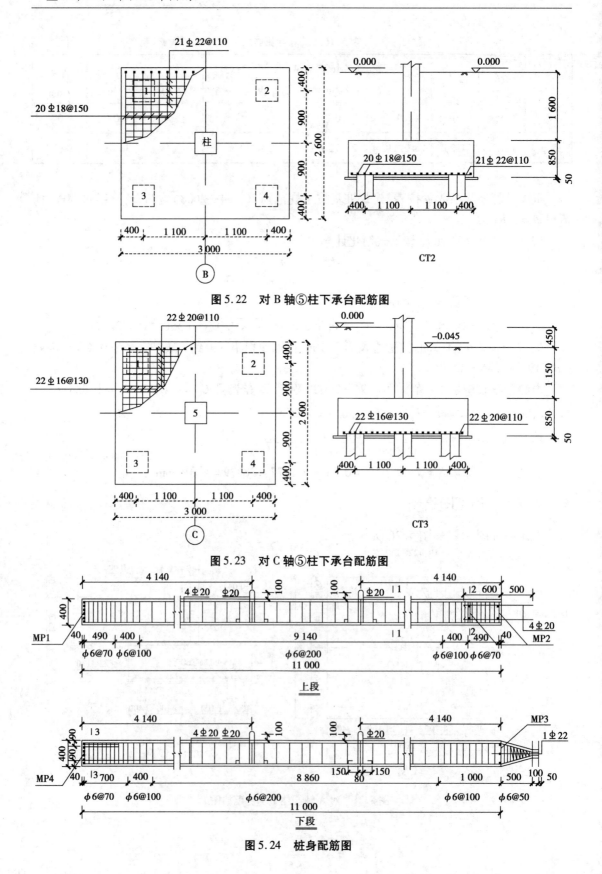

图 5.22　对 B 轴⑤柱下承台配筋图

图 5.23　对 C 轴⑤柱下承台配筋图

图 5.24　桩身配筋图

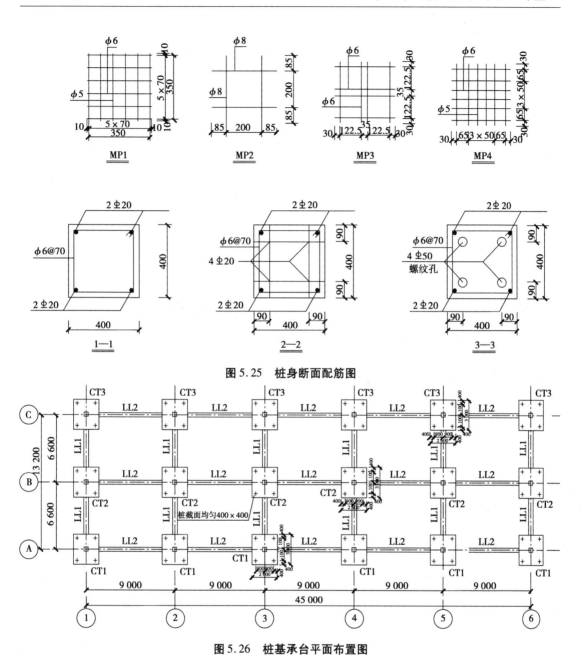

图 5.25　桩身断面配筋图

图 5.26　桩基承台平面布置图

► **【本章参考文献】**

[1] 建筑桩基技术规范(JGJ 94—2008)[S].北京:中国建筑工业出版社,2008.

[2] 建筑地基基础设计规范(GB 5007—2011)[S].北京:中国建筑工业出版社,2011.

[3] 混凝土结构设计规范(GB 5007—2010)[S].北京:中国建筑工业出版社,2015.

[4] 岩土工程勘察规范(GB 50021—2009)[S].北京:中国建筑工业出版社,2009.

[5] 张乾青,张忠苗.桩基工程[M].北京:中国建筑工业出版社,2018.

[6] 张雁,刘金波.桩基手册[M].北京:中国建筑工业出版社,2009.

# 附　录

## 附录1　等截面等跨连续梁在常用荷载作用下的内力系数表

(1)在均布及三角形荷载作用下：

$M = $ 表中系数 $\times ql^2$（或 $\times gl^2$）；

$V = $ 表中系数 $\times ql$（或 $\times gl$）；

(2)在集中荷载作用下：

$M = $ 表中系数 $\times Ql$（或 $\times Gl$）；

$V = $ 表中系数 $\times Q$（或 $\times G$）；

(3)内力正负号规定：

$M$——使截面上部受压、下部受拉为正；

$V$——对临近截面所产生的力距沿顺时针方向者为正。

附表1.1　两跨梁

| 荷载图 | 跨内最大弯矩 | | 支座弯矩 | 剪　力 | | |
|---|---|---|---|---|---|---|
| | $M_1$ | $M_2$ | $M_B$ | $V_A$ | $V_{Bl}$ $V_{Br}$ | $V_c$ |
| 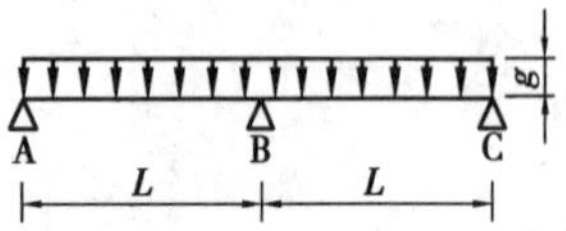 | 0.070 | 0.070 3 | $-0.125$ | 0.375 | $-0.625$ 0.625 | $-0.375$ |
| 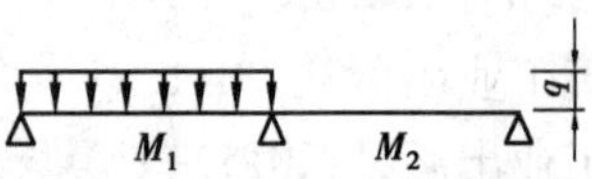 | 0.096 | — | $-0.063$ | 0.437 | $-0.563$ 0.063 | 0.063 |
| 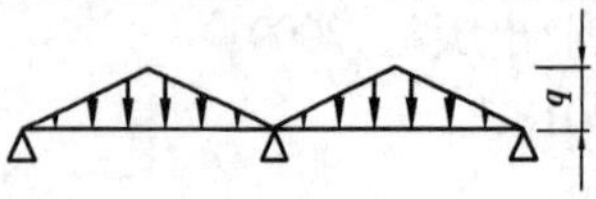 | 0.048 | 0.048 | $-0.078$ | 0.172 | $-0.328$ 0.328 | $-0.172$ |

续表

| 荷载图 | 跨内最大弯矩 | | 支座弯矩 | 剪 力 | | |
|---|---|---|---|---|---|---|
| | 0.064 | — | −0.039 | 0.211 | −0.289<br>0.039 | 0.039 |
| | 0.156 | 0.156 | −0.188 | 0.312 | −0.688<br>0.688 | −0.312 |
| | 0.203 | — | −0.094 | 0.406 | −0.594<br>0.094 | 0.094 |
| | 0.222 | 0.222 | −0.333 | 0.667 | −1.333<br>1.333 | −0.667 |
| | 0.278 | — | −0.167 | 0.833 | −1.167<br>0.167 | 0.167 |

附表 1.2　三跨梁

| 荷载图 | 跨内最大弯矩 | | 支座弯矩 | | 剪力 | | | |
|---|---|---|---|---|---|---|---|---|
| | $M_1$ | $M_2$ | $M_B$ | $M_C$ | $V_A$ | $V_{Bl}$<br>$V_{Br}$ | $V_{cl}$<br>$V_{cr}$ | $V_D$ |
| | 0.080 | 0.025 | −0.100 | −0.100 | 0.400 | −0.600<br>0.500 | −0.500<br>0.600 | −0.400 |
| | 0.101 | — | −0.050 | −0.050 | 0.450 | −0.550<br>0 | 0<br>0.550 | −0.450 |
| | — | 0.075 | −0.050 | −0.050 | 0.050 | −0.050<br>0.500 | −0.500<br>0.050 | 0.050 |
| | 0.073 | 0.054 | −0.117 | −0.033 | 0.383 | −0.617<br>0.583 | 0.083<br>−0.017 | −0.017 |
| | 0.094 | — | −0.067 | 0.017 | 0.433 | −0.567<br>0.083 | 0.083<br>−0.017 | −0.017 |
| | 0.054 | 0.021 | −0.063 | −0.063 | 0.183 | −0.313<br>0.250 | −0.250<br>0.313 | −0.188 |
| | 0.068 | — | −0.031 | −0.031 | 0.219 | −0.281<br>0 | 0<br>0.281 | −0.219 |
| | — | 0.052 | −0.031 | −0.031 | 0.031 | −0.031<br>0.250 | −0.250<br>0.051 | 0.031 |

续表

| 荷载图 | 跨内最大弯矩 | | 支座弯矩 | | 剪力 | | | |
|---|---|---|---|---|---|---|---|---|
| | $M_1$ | $M_2$ | $M_B$ | $M_C$ | $V_A$ | $V_{Bl}$ $V_{Br}$ | $V_{cl}$ $V_{cr}$ | $V_D$ |
| | 0.050 | 0.038 | −0.073 | −0.021 | 0.177 | −0.323 0.302 | −0.198 0.021 | 0.021 |
| | 0.063 | — | −0.042 | 0.010 | 0.208 | −0.292 0.052 | 0.052 −0.010 | −0.010 |
| | 0.175 | 0.100 | −0.150 | −0.150 | 0.350 | −0.650 0.500 | −0.500 0.650 | −0.350 |
| | 0.213 | — | −0.075 | −0.075 | 0.425 | −0.575 0 | 0 0.575 | −0.425 |
| | — | 0.175 | −0.075 | −0.075 | −0.075 | −0.075 0.500 | −0.500 0.075 | 0.075 |
| | 0.162 | 0.137 | −0.175 | −0.050 | 0.325 | −0.675 0.625 | −0.375 0.050 | 0.050 |
| | 0.200 | — | −0.100 | 0.025 | 0.400 | −0.600 0.125 | 0.125 −0.025 | −0.025 |
| | 0.244 | 0.067 | −0.267 | 0.267 | 0.733 | −1.267 1.000 | −1.000 1.267 | −0.733 |
| | 0.289 | — | 0.133 | −0.133 | 0.866 | −1.134 0 | 0 1.134 | −0.866 |
| | — | 0.200 | −0.133 | 0.133 | −0.133 | −0.133 1.000 | −1.000 0.133 | 0.133 |
| | 0.229 | 0.170 | −0.311 | −0.089 | 0.689 | −1.311 1.222 | −0.778 0.089 | 0.089 |
| | 0.274 | — | 0.178 | 0.044 | 0.822 | −1.178 0.222 | 0.222 −0.044 | −0.044 |

附　录□

附表 1.3　四跨梁

| 荷载图 | 跨内最大弯距 | | | | 支座弯距 | | | 剪力 | | | | |
|---|---|---|---|---|---|---|---|---|---|---|---|---|
| | $M_1$ | $M_2$ | $M_3$ | $M_4$ | $M_B$ | $M_C$ | $M_D$ | $V_A$ | $V_{Bl}$ / $V_{Br}$ | $V_{cl}$ / $V_{cr}$ | $V_{Dl}$ / $V_{Dr}$ | $V_E$ |
| | 0.077 | 0.036 | 0.036 | 0.077 | −0.107 | −0.071 | −0.107 | 0.393 | −0.607 / 0.536 | −0.464 / 0.464 | −0.536 / 0.607 | −0.393 |
| | 0.100 | — | 0.081 | — | −0.054 | −0.036 | −0.054 | 0.446 | −0.554 / 0.018 | 0.018 / 0.482 | −0.518 / 0.054 | 0.054 |
| | 0.072 | 0.061 | — | 0.098 | −0.121 | −0.018 | −0.058 | 0.380 | −0.620 / 0.603 | −0.397 / −0.040 | −0.040 / −0.558 | −0.442 |
| | — | 0.056 | 0.056 | — | −0.036 | −0.107 | −0.036 | −0.036 | −0.036 / 0.429 | −0.571 / 0.571 | −0.429 / 0.036 | 0.036 |
| | 0.094 | — | — | — | −0.067 | 0.018 | −0.004 | 0.433 | −0.567 / 0.085 | 0.085 / −0.022 | 0.022 / 0.004 | 0.004 |
| | — | 0.071 | 0.055 | — | −0.049 | −0.054 | 0.013 | −0.049 | −0.049 / 0.496 | −0.504 / 0.067 | 0.067 / 0.013 | −0.013 |
| | 0.062 | 0.028 | 0.028 | 0.052 | −0.067 | −0.045 | −0.067 | 0.183 | −0.317 / 0.272 | −0.228 / 0.228 | −0.272 / 0.317 | −0.183 |
| | 0.067 | — | 0.055 | — | −0.084 | −0.022 | −0.034 | 0.217 | −0.234 / 0.011 | 0.011 / 0.239 | −0.261 / 0.034 | 0.034 |
| | 0.049 | 0.042 | — | 0.066 | −0.075 | −0.011 | −0.036 | 0.175 | −0.325 / 0.314 | −0.186 / −0.025 | −0.025 / 0.286 | −0.214 |

续表

| 荷载图 | 跨内最大弯距 | | | | 支座弯距 | | | 剪力 | | | | |
|---|---|---|---|---|---|---|---|---|---|---|---|---|
| | $M_1$ | $M_2$ | $M_3$ | $M_4$ | $M_B$ | $M_C$ | $M_D$ | $V_A$ | $V_{Bl}$ / $V_{Br}$ | $V_{cl}$ / $V_{cr}$ | $V_{Dl}$ / $V_{Dr}$ | $V_E$ |
| | — | 0.040 | 0.040 | — | −0.022 | −0.067 | −0.022 | −0.022 | −0.022 / 0.205 | −0.295 / 0.295 | −0.205 / 0.022 | 0.022 |
| | 0.088 | — | — | — | −0.042 | 0.011 | −0.003 | 0.208 | −0.292 / 0.053 | 0.063 / −0.014 | −0.014 / 0.003 | 0.003 |
| | — | 0.051 | — | — | −0.031 | −0.034 | 0.008 | −0.031 | −0.031 / 0.247 | −0.253 / 0.042 | 0.042 / −0.008 | −0.008 |
| | 0.169 | 0.116 | 0.116 | 0.169 | −0.161 | −0.107 | −0.161 | 0.339 | −0.661 / 0.554 | −0.446 / 0.446 | −0.554 / 0.661 | −0.330 |
| | 0.210 | — | 0.183 | — | −0.080 | −0.054 | −0.080 | 0.420 | −0.580 / 0.027 | 0.027 / 0.473 | −0.527 / 0.080 | 0.080 |
| | 0.159 | 0.146 | — | 0.206 | −0.181 | −0.027 | −0.087 | 0.319 | −0.681 / 0.654 | −0.346 / −0.060 | −0.060 / 0.587 | −0.413 |
| | — | 0.142 | 0.142 | — | −0.054 | −0.161 | −0.054 | 0.054 | −0.054 / 0.393 | −0.607 / 0.607 | −0.393 / 0.054 | 0.054 |
| | 0.200 | — | — | — | −0.100 | −0.027 | −0.007 | 0.400 | −0.600 / 0.127 | 0.127 / −0.033 | −0.033 / 0.007 | 0.007 |

| | | | | | | |
|---|---|---|---|---|---|---|
| −0.020 | −0.714 | 0.143 | −0.845 | 0.095 | 0.012 | −0.036 |
| 0.100 / −0.020 | −1.095 / 1.286 | −1.048 / 0.143 | −0.107 / 1.155 | −0.810 / 0.095 55 | −0.060 / 0.012 | 0.178 / −0.036 |
| −0.507 / 0.100 | −0.905 / 0.905 | 0.048 / 0.952 | −0.726 / −0.107 | −1.190 / 1.190 | 0.226 / −0.060 | −1.012 / 0.178 |
| −0.074 / 0.493 | 1.286 / 1.095 | −1.143 / 0.048 | −1.321 / 1.274 | 0.095 / 0.810 | −1.178 / 0.226 | −0.131 / 0.988 |
| −0.074 | 0.714 | 0.857 | 0.679 | −0.095 | 0.822 | −0.131 |
| 0.020 | −0.286 | −0.143 | −0.155 | −0.095 | −0.012 | 0.036 |
| −0.080 | −0.191 | −0.095 | −0.048 | −0.286 | 0.048 | −0.143 |
| −0.074 | −0.286 | −0.143 | −0.321 | −0.095 | −0.178 | −0.131 |
| — | 0.238 | — | 0.282 | — | — | — |
| — | 0.111 | 0.222 | — | 0.175 | — | — |
| 0.173 | 0.111 | — | 0.194 | 0.175 | — | 0.198 |
| — | 0.238 | 0.286 | 0.226 | — | 0.274 | — |

附表 1.4　五跨梁

| 荷载图 | 跨内最大弯距 | | | 支座弯距 | | | | 剪力 | | | | | |
|---|---|---|---|---|---|---|---|---|---|---|---|---|---|
| 内力 | $M_1$ | $M_2$ | $M_3$ | $M_B$ | $M_C$ | $M_D$ | $M_E$ | $V_A$ | $V_{Bl}$ / $V_{Br}$ | $V_{Cl}$ / $V_{Cr}$ | $V_{Dl}$ / $V_{Dr}$ | $V_{El}$ / $V_{Er}$ | $V_F$ |
| | 0.078 | 0.033 | 0.046 | −0.105 | −0.079 | −0.079 | −0.105 | 0.394 | −0.606 / 0.526 | −0.474 / 0.500 | −0.500 / 0.474 | −0.526 / 0.606 | −0.394 |
| | 0.100 | — | 0.085 | −0.053 | −0.040 | −0.040 | −0.053 | 0.447 | −0.553 / 0.013 | 0.013 / 0.500 | −0.500 / −0.013 | −0.013 / 0.533 | −0.447 |
| | — | 0.079 | — | −0.053 | −0.040 | −0.040 | −0.053 | −0.053 | −0.053 / 0.513 | −0.487 / 0 | 0 / 0.487 | −0.513 / 0.053 | 0.053 |
| | 0.073 | (2)0.059 / 0.078 | — | −0.119 | −0.022 | −0.044 | −0.051 | 0.380 | −0.620 / 0.598 | −0.402 / −0.023 | −0.023 / 0.493 | −0.507 / 0.052 | 0.052 |
| | (1)— / 0.098 | 0.055 | 0.064 | −0.035 | −0.111 | −0.020 | −0.057 | 0.035 | 0.035 / 0.424 | 0.576 / 0.591 | −0.409 / −0.037 | −0.037 / 0.557 | −0.443 |
| | 0.094 | — | — | −0.067 | 0.018 | −0.005 | 0.001 | 0.433 | 0.567 / 0.085 | 0.086 / 0.023 | 0.023 / 0.006 | 0.006 / −0.001 | 0.001 |
| | — | 0.074 | 0.072 | −0.049 | −0.054 | 0.014 | −0.004 | 0.019 | −0.049 / 0.496 | −0.505 / 0.068 | 0.068 / −0.018 | −0.018 / 0.004 | 0.004 |
| | — | — | 0.034 | 0.013 | 0.053 | 0.053 | 0.013 | 0.013 | 0.013 / −0.066 | −0.066 / 0.500 | −0.500 / 0.066 | 0.066 / −0.013 | 0.013 |
| | 0.053 | 0.026 | 0.059 | −0.066 | −0.049 | 0.049 | −0.066 | 0.184 | −0.316 / 0.266 | −0.234 / 0.250 | −0.250 / 0.234 | −0.266 / 0.316 | 0.184 |
| | 0.067 | — | — | −0.033 | −0.025 | −0.025 | 0.033 | 0.217 | 0.283 / 0.008 | 0.008 / 0.250 | −0.250 / −0.006 | −0.008 / 0.283 | 0.217 |

续表

| 荷载图 | | | | | | | | | | | | | |
|---|---|---|---|---|---|---|---|---|---|---|---|---|---|
| (荷载图) | — | 0.055 | — | −0.033 | −0.025 | −0.025 | −0.033 | 0.033 | −0.033 / 0.258 | −0.242 / 0 | 0 / 0.242 | −0.258 / 0.033 | 0.033 |
| (荷载图) | 0.049 | (2)0.041 / 0.053 | — | −0.075 | −0.014 | −0.028 | −0.032 | 0.175 | 0.325 / 0.311 | −0.189 / −0.014 | −0.014 / 0.246 | −0.255 / 0.032 | 0.032 |
| (荷载图) | (1)− 0.066 | 0.039 | 0.044 | −0.022 | −0.070 | −0.013 | −0.036 | −0.022 | −0.022 / 0.202 | −0.298 / 0.307 | −0.198 / −0.028 | −0.023 / 0.286 | −0.214 |
| (荷载图) | 0.063 | — | — | −0.042 | 0.011 | −0.003 | 0.001 | 0.208 | −0.292 / 0.053 | 0.053 / −0.014 | −0.014 / 0.004 | 0.004 / −0.001 | −0.001 |
| (荷载图) | — | 0.051 | — | −0.031 | −0.034 | 0.009 | −0.002 | −0.031 | −0.031 / 0.247 | −0.253 / 0.043 | 0.049 / −0.011 | −0.011 / 0.002 | 0.002 |
| (荷载图) | — | — | 0.050 | 0.008 | −0.033 | −0.033 | 0.008 | 0.008 | 0.008 / −0.041 | −0.041 / 0.250 | −0.250 / 0.041 | 0.041 / −0.008 | −0.008 |
| (荷载图) | 0.171 | 0.112 | 0.132 | −0.158 | −0.118 | −0.118 | −0.158 | 0.342 | −0.658 / 0.540 | −0.460 / 0.500 | −0.500 / 0.460 | −0.540 / 0.658 | −0.342 |
| (荷载图) | 0.211 | — | 0.191 | −0.079 | −0.059 | −0.059 | −0.079 | 0.421 | −0.579 / 0.020 | 0.200 / 0.500 | −0.500 / −0.020 | −0.020 / 0.579 | −0.421 |
| (荷载图) | — | 0.181 | — | −0.079 | −0.059 | −0.059 | −0.079 | −0.079 | −0.079 / 0.520 | −0.480 / 0 | 0 / 0.480 | −0.520 / 0.079 | 0.079 |
| (荷载图) | 0.160 | (2)0.144 / 0.178 | — | −0.179 | −0.032 | −0.066 | −0.077 | 0.321 | −0.679 / 0.647 | −0.353 / −0.034 | −0.034 / 0.489 | −0.511 / 0.077 | 0077 |
| (荷载图) | (1)− 0.207 | 0.140 | 0.151 | −0.052 | −0.167 | −0.031 | −0.086 | −0.052 | −0.052 / 0.385 | −0.615 / 0.637 | −0.363 / −0.056 | −0.056 / 0.586 | −0.414 |

续表

| 荷载图 | 跨内最大弯距 $M_1$ | 跨内最大弯距 $M_2$ | 跨内最大弯距 $M_3$ | 支座弯距 $M_B$ | 支座弯距 $M_C$ | 支座弯距 $M_D$ | 支座弯距 $M_E$ | 剪力 $V_A$ | 剪力 $V_{Bl}/V_{Br}$ | 剪力 $V_{cl}/V_{cr}$ | 剪力 $V_{Dl}/V_{Dr}$ | 剪力 $V_{El}/V_{Er}$ | 剪力 $V_F$ |
|---|---|---|---|---|---|---|---|---|---|---|---|---|---|
| | 0.200 | — | — | −0.100 | 0.027 | −0.007 | 0.002 | 0.400 | −0.600 / 0.127 | 0.127 / −0.031 | −0.034 / 0.009 | 0.009 / −0.002 | −0.002 |
| | — | 0.173 | — | −0.073 | −0.081 | 0.022 | −0.005 | −0.073 | −0.073 / 0.493 | −0.507 / 0.102 | 0.102 / −0.027 | −0.027 / 0.005 | 0.005 |
| | — | — | 0.171 | 0.020 | −0.079 | −0.079 | 0.020 | 0.020 | 0.020 / −0.099 | −0.099 / 0.500 | −0.500 / −0.020 | 0.090 / −0.020 | −0.020 |
| | 0.240 | 0.100 | 0.122 | −0.281 | −0.211 | 0.211 | −0.281 | 0.719 | −1.281 / 1.070 | −0.930 / 1.000 | −1.000 / 0.930 | 1.070 / 1.281 | −0.719 |
| | 0.287 | — | 0.228 | −0.140 | −0.105 | −0.105 | −0.140 | 0.860 | −1.140 / 0.035 | 0.035 / 1.000 | 1.000 / −0.035 | −0.035 / 1.140 | −0.860 |
| | — | 0.216 | — | −0.140 | −0.105 | −0.105 | −0.140 | −0.140 | −0.140 / 1.035 | −0.965 / 0 | 0.000 / 0.965 | −1.035 / 0.140 | 0.140 |
| | (1)−0.282 / 0.227 | (2)0.189 / 0.209 | 0.198 | −0.319 | −0.057 | −0.118 | −0.137 | 0.681 | −1.319 / 1.262 | −0.738 / −0.061 | −0.061 / 0.981 | −1.019 / 0.137 | 0.137 |
| | 0.274 | 0.172 | — | −0.093 | −0.297 | −0.054 | −0.153 | −0.093 | −0.093 / 0.796 | −1.204 / 1.243 | −0.757 / −0.099 | −0.099 / 1.153 | −0.847 |
| | — | — | — | −0.179 | 0.048 | −0.013 | 0.003 | 0.821 | −1.179 / 0.227 | 0.227 / −0.061 | −0.061 / 0.016 | 0.016 / −0.003 | −0.003 |
| | — | 0.198 | — | −0.131 | −0.144 | 0.038 | −0.010 | −0.131 | −0.131 / 0.987 | −1.013 / 0.182 | 0.182 / −0.048 | −0.048 / 0.010 | 0.010 |
| | — | — | 0.193 | 0.035 | −0.140 | −0.140 | 0.035 | 0.035 | 0.035 / −0.175 | −0.175 / 1.000 | −1.000 / 0.175 | 0.175 / −0.035 | −0.035 |

# 附录2　等截面等跨连续梁考虑塑性内力重分布的内力系数表

（1）在均布荷载作用下

$M = \alpha_m(g+q)l_0^2$；

$V = \alpha_v(g+q)l_n$；

（2）在集中荷载作用下

$M = \eta\alpha_m(g+q)l_0^2$；

$V = \alpha_v n(g+q)l_n$；

（3）内力正负号规定

$M$——使截面上部受压、下部受拉为正；

$V$——对临近截面所产生的力距沿顺时针方向者为正。

附表2.1　连续梁和连续单向板考虑塑性内力重分布的弯矩计算系数 $\alpha_m$

| 支承情况 | | 截面位置 | | | | | |
|---|---|---|---|---|---|---|---|
| | | 端支座 | 边跨跨中 | 离端第二支座 | 离端第二跨跨中 | 中间支座 | 中间跨跨中 |
| | | $A$ | Ⅰ | $B$ | Ⅱ | $C$ | Ⅲ |
| 梁、板搁支在墙上 | | 0 | 1/11 | 两跨连续：−1/10　三跨及以上连续：−1/11 | 1/16 | −1/14 | 1/16 |
| 板 | 与梁整浇连接 | −1/16 | 1/14 | | | | |
| 梁 | | −1/24 | | | | | |
| 梁与柱整浇连接 | | −1/16 | 1/14 | | | | |

附表2.2　连续梁和连续单向板考虑塑性内力重分布的集中荷载修正系数 $\eta$

| 支承情况 | 截面位置 | | | | | |
|---|---|---|---|---|---|---|
| | 端支座 | 边跨跨中 | 离端第二支座 | 离端第二跨跨中 | 中间支座 | 中间跨跨中 |
| | $A$ | Ⅰ | $B$ | Ⅱ | $C$ | Ⅲ |
| 当在跨内中点处作用一个集中荷载时 | 1.5 | 2.2 | 1.5 | 2.7 | 1.6 | 2.7 |
| 当在跨内三分点处作用两个集中荷载时 | 2.7 | 3.0 | 2.7 | 3.0 | 2.9 | 3.0 |
| 当在跨内四分点处作用三个集中荷载时 | 3.8 | 4.1 | 3.8 | 4.5 | 4.0 | 4.8 |

附表2.3　连续梁考虑塑性内力重分布的剪力计算系数 $\alpha_v$

| 支承情况 | 截面位置 | | | | |
| --- | --- | --- | --- | --- | --- |
| | A 支座内侧 | 离端第二支座 | | 中间支座 | |
| | $A_{in}$ | 外侧 $B_{ex}$ | 内侧 $B_{in}$ | 外侧 $C_{ex}$ | 内侧 $C_{in}$ |
| 搁支在墙上 | 1.5 | 1.5 | 2.7 | 1.6 | 2.7 |
| 与梁或柱整体连接 | 2.7 | 2.7 | 3 | 2.9 | 3 |

附表2.4　连续梁和连续单向板考虑塑性内力重分布的计算跨度 $l_0$

| 支承情况 | 计算跨度 | |
| --- | --- | --- |
| | 梁 | 板 |
| 两端与梁(柱)整体连接 | 净跨 $l_n$ | 净跨 $l_n$ |
| 两端支承在砖墙上 | $1.05l_n(\leqslant l_n + b)$ | $l_n + h(\leqslant l_n + a)$ |
| 一端与梁(柱)整体连接,另一端支承在砖墙上 | $1.025l_n(\leqslant l_n + b/2)$ | $l_n + h/2(\leqslant l_n + a/2)$ |

附图

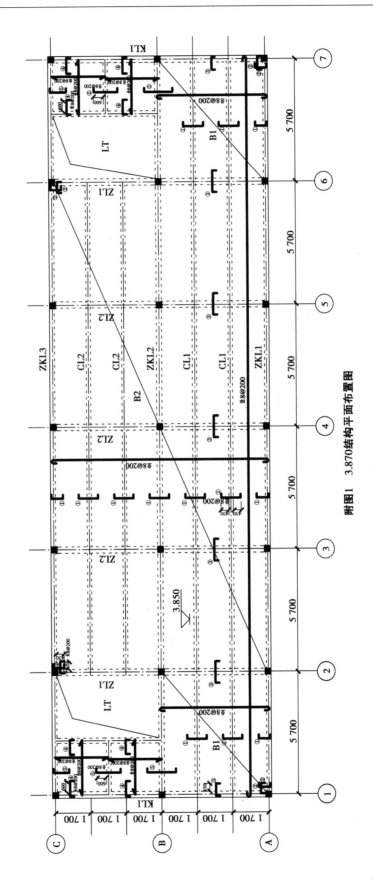

附图1　3.870结构平面布置图

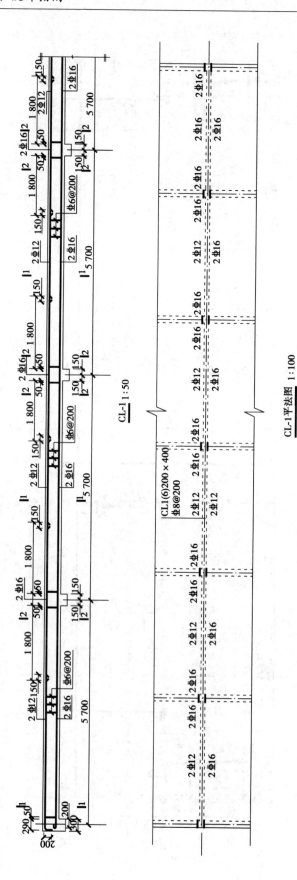

CL-1 1:50

CL-1平法图 1:100

**附图2  3.870梁平法图及CL-1配筋图**

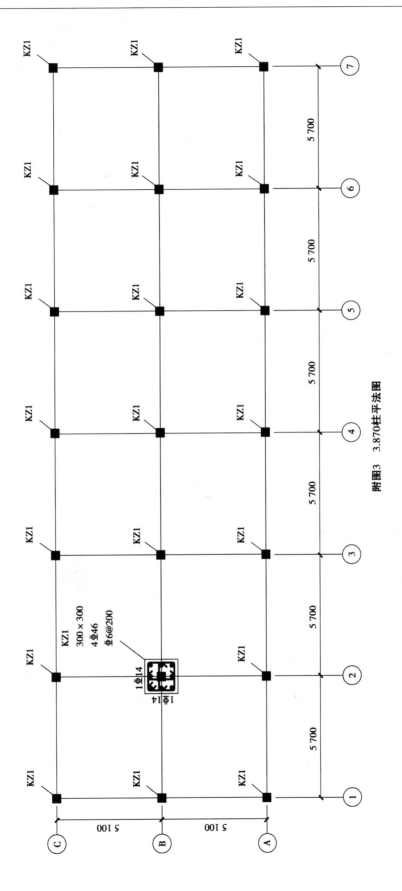

附图3　3.870柱平法图

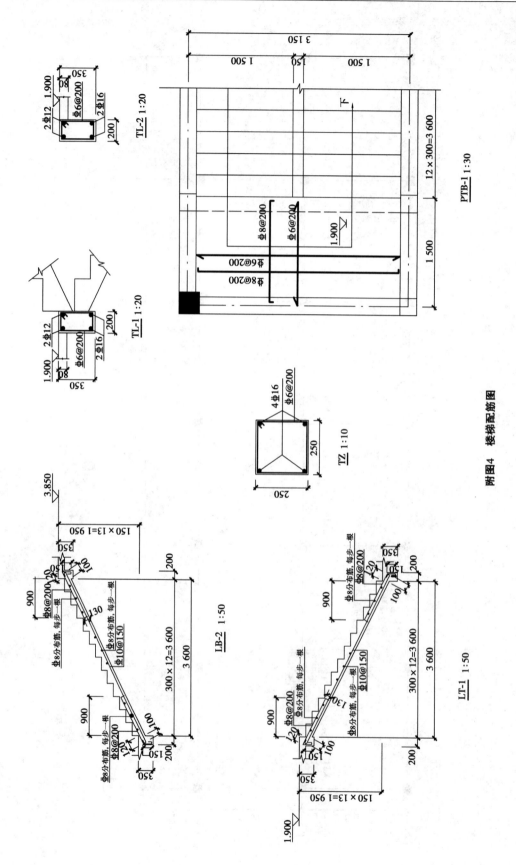

附图4　楼梯配筋图

# 参考文献

[1] 建筑桩基技术规范(JGJ 94—2008)[S].北京:中国建筑工业出版社,2008.

[2] 建筑地基基础设计规范(GB 5007—2011)[S].北京:中国建筑工业出版社,2011.

[3] 混凝土结构设计规范(GB 5007—2010)[S].北京:中国建筑工业出版社,2015.

[4] 岩土工程勘察规范(GB 50021—2009)[S].北京:中国建筑工业出版社,2009.

[5] 张乾青,张忠苗.桩基工程[M],北京:中国建筑工业出版社,2018.

[6] 张雁,刘金波.桩基手册[M],北京:中国建筑工业出版社,2009.

[7] 袁聚云,等.基础工程设计原理[M],北京:人民交通出版社,2011.

[8] 姚继涛.土木工程专业课程设计指南[M],北京:科学出版社,2012.